ÖSTERREICHISCHES MONTANWESEN

SOZIAL- UND WIRTSCHAFTSHISTORISCHE STUDIEN

Herausgegeben von

ALFRED HOFFMANN und MICHAEL MITTERAUER

Institut für Wirtschafts- und Sozialgeschichte
Universität Wien

Wissenschaftliche Arbeit auf dem Gebiet der Sozial- und Wirtschaftsgeschichte steht heute in einem besonderen Spannungsfeld. Die Geschichtswissenschaft erkennt immer klarer die Bedeutung gesellschaftlicher Grundlagen für die Beantwortung ihrer Fragestellungen. Traditionelle Themen müssen unter diesem Aspekt neu durchdacht werden. Von seiten der Sozialwissenschaften erfährt die historische Dimension stärkere Beachtung — ein reiches Aufgabenfeld für die ihr nahestehenden historischen Teildisziplinen.

Die „Sozial- und wirtschaftshistorischen Studien" bemühen sich um einen möglichst weiten thematischen Rahmen. Sowohl Spezialuntersuchungen wie Überblicksdarstellungen werden Aufnahme finden. Neuzeitliche und mittelalterliche Arbeiten sollen einander das Gleichgewicht halten. Von Problemstellung und Quellenlage her ergibt sich insofern ein räumlicher Akzent — im Mittelpunkt stehen Österreich und seine Nachbarländer —, als die veröffentlichten Untersuchungen in erster Linie aus der Forschungsarbeit am Institut für Wirtschafts- und Sozialgeschichte der Universität Wien hervorgehen.

ÖSTERREICHISCHES MONTANWESEN

Produktion, Verteilung, Sozialformen

Herausgegeben von
MICHAEL MITTERAUER

unter redaktioneller Mitarbeit von
PETER FELDBAUER

R. OLDENBOURG VERLAG MÜNCHEN 1974

Gedruckt mit Unterstützung des Bundesministeriums
für Wissenschaft und Forschung

© 1974 Verlag für Geschichte und Politik Wien
Druck: Druckerei Manz, 1090 Wien
Einband: Renate Uschan-Boyer
Zeichnungen: Irmgard Grillmayer

ISBN 3-486-47881-8
Auch erschienen im Verlag für Geschichte und Politik Wien
ISBN 3-7028-0072-7

Alfred Hoffmann zum 70. Geburtstag

INHALT

Vorwort 9

OTHMAR PICKL
Die Salzproduktion im Ostalpenraum am Beginn der Neuzeit 11

GUSTAV OTRUBA
Quantitative Aspekte der Salzproduktion in der österreichischen Reichshälfte unter besonderer Berücksichtigung der alpinen Salinen im 19. Jahrhundert 29

ROMAN SANDGRUBER
Die Innerberger Eisenproduktion in der frühen Neuzeit . . 72

KARL BACHINGER und HERBERT MATIS
Strukturwandel und Entwicklungstendenzen der Montanwirtschaft 1918 bis 1938. Kohlenproduktion und Eisenindustrie in der Ersten Republik 106

ÁKOŠ PAULINYI
Der technische Fortschritt im Eisenhüttenwesen der Alpenländer und seine betriebswirtschaftlichen Auswirkungen (1600—1860) 144

HEINRICH KUNNERT
Bergbauwissenschaft und technische Neuerungen im 18. Jahrhundert. Die „Anleitung zu der Bergbaukunst" von Chr. Tr. Delius (1773) 181

HERBERT KNITTLER
Salz- und Eisenniederlagen. Rechtliche Grundlagen und wirtschaftliche Funktion 199

MICHAEL MITTERAUER
Produktionsweise, Siedlungsstruktur und Sozialformen im österreichischen Montanwesen des Mittelalters und der frühen Neuzeit 234

Abkürzungen 316

VORWORT

Das Montanwesen hat von den natürlichen Voraussetzungen des Raumes her gerade für die Wirtschaftsgeschichte Österreichs besondere Bedeutung. Eine Vielzahl historischer Einzelstudien liegt zu dieser Thematik vor. Zusammenfassende Darstellungen sind hingegen rar. Einen Gesamtüberblick vermag auch der vorgelegte Band nicht zu leisten. Es soll jedoch versucht werden, hinsichtlich einiger wesentlicher Grundzüge der Entwicklung eine Zusammenschau zu erarbeiten. Dabei geht es zunächst um zeitlich umfassende Längsschnitte, zum Teil innerhalb der einzelnen Beiträge selbst, zum Teil in inhaltlicher Verbindung mehrerer Artikel. Quantitative Angaben über die Veränderung der Produktion finden in diesem Zusammenhang besondere Berücksichtigung. Weiters sollen Vergleichsmöglichkeiten bezüglich der Entwicklung in den verschiedenen Zweigen des Montanwesens geboten werden. Salz und Eisen stehen dabei im Vordergrund. Die ursprünglich geplante Einbeziehung des Edel- und Buntmetallbergbaus konnte leider nicht in der vorgesehenen Form durchgeführt werden. Schließlich soll die Montanproduktion unter verschiedenen für sie relevanten Aspekten Behandlung finden. Perspektiven der Technik-, Handels-, Rechts-, Siedlungs- und Sozialgeschichte sind in die Untersuchungen einbezogen. Die Erstfassung von vier der hier publizierten Studien lag den Diskussionen in der Sektion Wirtschaftsgeschichte am 12. Österreichischen Historikertag in Bregenz zugrunde.

Kollegen und Schüler widmen diese Beiträge zum österreichischen Montanwesen Alfred Hoffmann zum 70 Geburtstag. Das wissenschaftliche Werk des Jubilars hätte auf vielen Gebieten Ansatzpunkte geboten. Die Autoren glauben in seinem Sinne zu handeln, wenn sie bloß ein Thema herausgreifen, dieses aber von verschiedenen Problemansätzen ausgehend in einer Zusammenschau behandeln. Die Wahl des Montanthemas ist kein Zufall. Überblickt man die Liste der Publikationen Alfred Hoffmanns, so stößt man immer wieder auf Titel, die eine besondere Beziehung zur Montanproduktion und zum Handel mit Montanprodukten verraten. Salz und Eisen durchziehen wie ein Leitmotiv seine „Wirtschaftsgeschichte des Landes Oberösterreich". Und auch in der Lehrtätigkeit, die in seinem 7. Lebensjahrzehnt im Mittelpunkt seines Wirkens gestanden ist, klang immer wieder das Thema Montanwesen an. Zahlreiche Seminare, mehrere Exkursionen waren diesem Gegenstand gewidmet — für den großen Kreis der Teilnehmer ein bleibender Eindruck. So dürfen die Autoren hoffen, mit einem fachlichen Anliegen einen persönlichen Wunsch erfüllt zu haben.

Wien, im Februar 1974　　　　　　　　　　　　　Michael Mitterauer

OTHMAR PICKL

DIE SALZPRODUKTION IM OSTALPENRAUM AM BEGINN DER NEUZEIT*

Alfred Hoffmann hat mit seiner Wirtschaftsgeschichte des Landes Oberösterreich u. a. auch einen wichtigen Beitrag zur Geschichte des Salzwesens geliefert. Deshalb sei dem Jubilar dieser Versuch einer zusammenfassenden Darstellung der Salzproduktion im Ostalpenraum am Beginn der Neuzeit mit den herzlichsten Glückwünschen gewidmet.

Eine zusammenfassende Betrachtung der Ausbeutung der ostalpinen Salzlagerstätten erscheint nicht nur auf Grund der weitgehenden geologischen Ähnlichkeiten gerechtfertigt; vielmehr ist die Geschichte der drei großen Produktionsgruppen, der habsburgischen, salzburgischen und bayerischen Salinen, so eng miteinander verflochten, daß sie eigentlich nur aus einer Gesamtdarstellung verständlich wird.

Zum besseren Verständnis sei zunächst kurz die Lage und Zugehörigkeit der einzelnen Salinen aufgezeigt.

1. Habsburgisch waren ab dem 13. bzw. 14. Jahrhundert die Salinen Aussee, Hallstatt, Hall in Tirol, das 1563 eröffnete Salzwerk Ischl und das 1607 in Betrieb genommene Sudhaus Ebensee.

2. Dem Erzbischof von Salzburg unterstanden direkt oder indirekt die noch im 13. Jahrhundert abgekommenen Werke am Tuval, die einzige auf Salzburger Territorium gelegene Saline Hallein sowie die Saline Schellenberg des Stiftes Berchtesgaden.

3. Unter dem Obereigentum der Herzoge von Bayern stand seit ihrer ersten urkundlichen Nennung um 696 die Saline

---

* Vortrag im Rahmen des 12. Österreichischen Historikertages 1973 in Bregenz.

Reichenhall; dorthin wurde auch die Sole der 1554 vom Stift Berchtesgaden angeschlagenen Salzquelle von Fronreuth geliefert.

4. Die kleinen Solequellen und Salinen Hall bei Admont und Weißenbach waren Privatsalinen, die dem Kloster Admont unterstanden; die Salzquellen im Halltal bei Mariazell gehörten dem Kloster St. Lambrecht. Sie alle wurden von König Ferdinand I. geschlossen und damit das landesfürstliche Salzmonopol in den habsburgischen Alpenländern aufgerichtet.

DIE ENTWICKLUNG DER OSTALPINEN SALZGEWINNUNG IM MITTELALTER

Die in der Vorgeschichte und auch noch in der Römerzeit so bedeutenden Salzbergbaue auf dem Dürrenberg bei Hallein und bei Hallstatt scheinen spätestens in der Völkerwanderungszeit zugrunde gegangen zu sein. Jedenfalls kann nach dem bisherigen Stand der Forschung im östlichen Alpenraum eine Kontinuität von der antiken zur mittelalterlichen Salzgewinnung wohl nur für Reichenhall angenommen werden[1].

Die Salzproduktion um Reichenhall hatte nämlich schon um 700 wieder einen bedeutenden Umfang erreicht. Der Raffelstettener Zollordnung von 904/06 können wir entnehmen, daß das für Mensch und Tier unentbehrliche Mineral damals in großen Mengen auf der Donau nach dem Osten und auch in den böhmischen Raum verfrachtet worden ist[2]. Wo dieses Salz gewonnen wurde, erfahren wir zwar nicht, doch kann es wohl nur aus den Salinen von Reichenhall stammen; übrigens ist die Verfrachtung von Reichenhaller Salz bereits für 837 bezeugt[3].

---

[1] Herbert Klein, Zur älteren Geschichte der Salinen Hallein und Reichenhall, in: Beiträge zur Siedlungs-, Verfassungs- und Wirtschaftsgeschichte von Salzburg. Festschrift zum 65. Geburtstag von Herbert Klein (Mitteilungen der Gesellschaft für Salzburger Landeskunde Erg. Bd. 5, 1965), 395 ff.

[2] Michael Mitterauer, Wirtschaft und Verfassung in der Zollordnung von Raffelstetten, Mitteilungen des Oberösterreichischen Landesarchivs 8 (1964), 344 ff.

[3] Klein, Salinen, 396, Anm. 49.

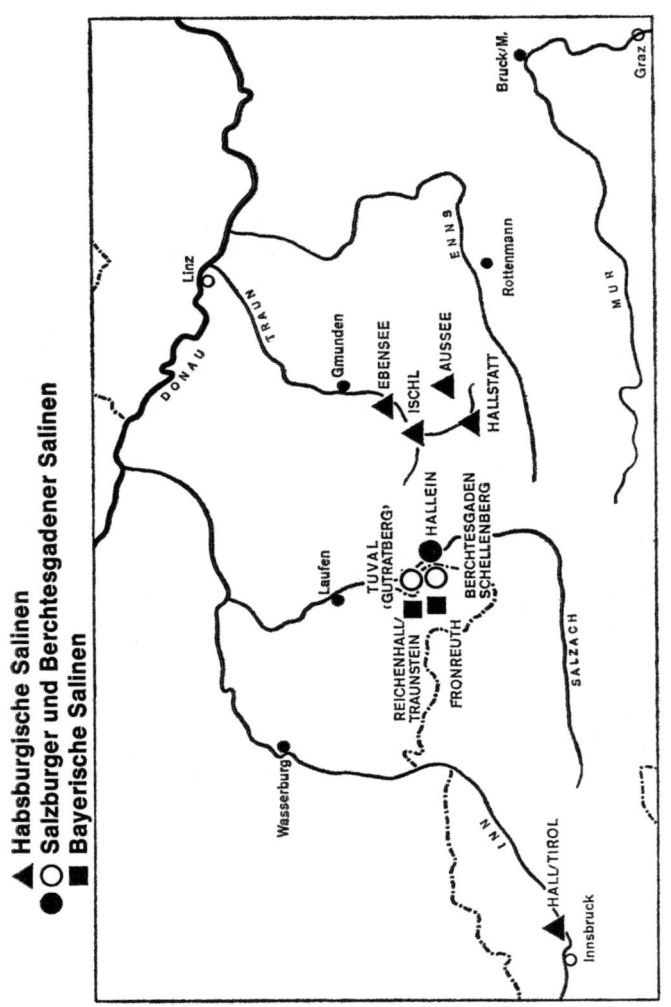

Die wichtigsten ostalpinen Salinen am Beginn der Neuzeit

Alle übrigen ostalpinen Salzvorkommen werden erst später urkundlich erwähnt, wie zum Beispiel jene zu Hall bei Admont (931) oder jene im Halltal bei Mariazell (1025), um nur einige zu nennen[4].

Das wichtigste Salzlager in den nachmaligen habsburgischen Territorien, nämlich jenes im Sandling bei Aussee, wird urkundlich erst 1147 genannt. Markgraf Ottokar III. von Steyr schenkte damals zwei Salzpfannen am Ahornberg auf der östlichen Seite des Sandlings an das Zisterzienserkloster Rein bei Gratwein. Die Mönche entdeckten um 1200 eine reiche Salzader und beuteten diese — anscheinend bereits im Laugverfahren[5] — so erfolgreich aus, daß Herzog Leopold VI. dadurch bewogen wurde, in unmittelbarer Nähe einen eigenen Salzbergbau zu eröffnen. 1211 löste er kraft seiner landesfürstlichen Machtvollkommenheit den Zisterziensern ihre Salzgerechtigkeit ab. Der wirtschaftlich außerordentlich versierte Babenbergerherzog vereinigte damit nicht nur die Rechte des Regalherrn mit jenen des Grundherrn in seiner Hand, sondern betrieb die Saline Aussee außerdem in Eigenregie. Der Konzentrierung der Eigentumsverhältnisse entsprach eine ebenso straffe technische Konzentrierung des Bergwerksbetriebes[6]. Offenbar spielte Aussee gerade dadurch während des Mittelalters und der frühen Neuzeit eine führende Rolle im ostalpinen Salzbergbau.

Doch nicht nur die Eigentumsverhältnisse, sondern mehr noch die geologischen Gegebenheiten hatten entscheidende Auswirkungen auf die Produktionsweise und die Produktionsverhältnisse. Überall dort, wo die Sole von Salzquellen oder Salzbrunnen versotten wurde — wie zum Beispiel in Reichenhall[7] oder Hall bei Admont[8] — finden wir eine starke Zer-

---

[4] Heinrich von Srbik, Studien zur Geschichte des österreichischen Salzwesens (Forschungen zur inneren Geschichte Österreichs 12, 1917), 10 ff.

[5] Klein, Salinen, 401, bes. Anm. 78 und ders., Zur Geschichte der Technik des alpinen Salzbergbaues im Mittelalter, Mitteilungen der Gesellschaft für Salzburger Landeskunde 101 (1961), 263.

[6] Srbik, Studien, 38 ff.

[7] Klein, Salinen, 401 und 406, Anm. 95.

[8] Srbik, Studien, 32.

splitterung der Besitzverhältnisse. Hingegen konnten die Salzlagerstätten mit vorwiegendem „Haselgebirge" — worunter man ein Gemenge von Steinsalz, Ton, Gips, Mergel und anderen Mineralen versteht — wirklich ökonomisch nur durch das komplizierte Laugeverfahren genutzt werden[9]. Die kostspielige Produktionsweise der Schöpf- und Sinkwerke aber hatte wiederum entscheidende Rückwirkungen auf die gesellschaftlichen Produktionskräfte. Die Grundherren bzw. Werksherren trachteten nach einer möglichsten Einheitlichkeit sowohl bei der Soleerzeugung — meist im Laugwerkbetrieb — als auch im Sudwesen. Daher entspricht bei den gleichartigen Salzvorkommen von Berchtesgaden, Hallein, Hall in Tirol, Hallstatt/Ischl und Aussee der durch die Produktionsweise des Laugwerkverfahrens geförderten Besitzkonzentration auch eine entsprechende Konzentration im Siedewesen. Am frühesten wurden in Hallein (um 1220) an Stelle der vielen kleinen einige wenige, doch dafür wesentlich rationellere große Pfannen eingeführt[10].

In Aussee erfolgte diese systematische Verminderung und Vergrößerung der Pfannen in zwei Etappen; zuerst um die Mitte des 13. und schließlich um die Mitte des 14. Jahrhunderts auf zwei Pfannen[11].

In Hall in Tirol gab es anscheinend von Anfang an nur vier Pfannen, um 1400 nur noch zwei; um 1450 doch wieder vier[12].

Die habsburgischen Salinen

Bei den drei großen Salzvorkommen der nachmals habsburgischen Territorien — Aussee, Hall in Tirol und Hallstatt/Ischl — lassen sich über die oben erwähnten Gemeinsamkeiten hinaus weitere entscheidende Übereinstimmungen sowohl in der Produktionsweise als auch in den Produktionsverhältnissen feststellen. Sie erklären sich daraus, daß sowohl der Salzbergbau Hall in Tirol (zwischen 1281 und 1288) wie auch die oberösterreichischen Salzlager bei Hallstatt ab 1311 durch den

---

[9] Ebd., 33 und Klein, Technik, 261—268.
[10] Klein, Salinen, 402 und 406.
[11] Srbik, Studien, 51 ff.
[12] Ebd., 49 und 51.

zuvor in Aussee tätigen Nikolaus von Röhrenbach eben nach dem Ausseer Vorbild bergmännisch erschlossen wurden[13]. Auch später noch war der Einfluß des Ausseer Bergbaues auf Hall in Tirol und auch auf Hallstatt bedeutend.

Alle drei oben genannten Salinen wurden schon im 13. bzw. zu Beginn des 14. Jahrhunderts als landesfürstliche Regalbetriebe organisiert. Das straffste salinenherrliche Produktionsprinzip finden wir in Hallstatt. Diese Saline war eine Schöpfung Königin Elisabeths, der Gemahlin König Albrechts I. und Tochter Meinhards II. von Tirol, unter dem der Ausbau der Saline Hall in Tirol erfolgte[14].

Durch die völlige Ausschaltung aller anderen Grundherren konnte um Hallstatt/Ischl ein rein landesfürstliches Territorium geschaffen werden, dessen Einkünfte ausschließlich der landesfürstlichen Kammer zuflossen. So entstand das Salz-Kammergut, das von Alfred Hoffmann sehr treffend als kleiner „Salzwirtschaftsstaat" bezeichnet wurde[15]. Zunächst setzten sich allerdings sowohl in Hallstatt wie auch in Hall in Tirol und in Aussee im 14. Jahrhundert im Salzwesen privatwirtschaftliche Grundsätze durch. In Aussee zum Beispiel verpachtete Herzog Rudolf IV. im Jahre 1360 den gesamten Salinenbetrieb an die qualifizierten Siedearbeiter, die sogenannten „Hallinger". Ganz ähnlich verlief die Entwicklung auch in Hall und in Hallstatt[16].

Die Gewinne der privaten Unternehmer veranlaßten die stets geldbedürftigen Herrscher Friedrich III., Maximilian I. und Ferdinand I., die Salinenbetriebe von Aussee (1449)[17], Hall in Tirol (1490—1517)[18] und Hallstatt (1524)[19] wieder

---

[13] Ebd., 42 ff.
[14] Ebd., 49 ff.
[15] Alfred Hoffmann, Wirtschaftsgeschichte des Landes Oberösterreich 1 (1952), 114.
[16] Srbik, Studien, 81 ff.; für Hall in Tirol 84 ff., für Hallstatt 141. Für Hall in Tirol vgl. auch Liselotte Peter, Die Saline Tirolisch Hall im 17. Jahrhundert (Züricher Studien zur allgemeinen Geschichte 5, 1952), 22 f.
[17] Srbik, Studien, 144 ff.
[18] Peter, Saline, 23 f.
[19] Carl Schraml, Die Entwicklung des oberösterreichischen Salzbergbaues im 16. und 17. Jahrhundert, Jahrbuch des oberösterreichischen Musealvereins 83 (1930), 173.

der staatlichen Aufsicht zu unterstellen. Der von Maximilian I. vertretene Regalgedanke wurde schließlich zum Rechtsgedanken, der den Ideen der privatwirtschaftlichen Genossenschaft das regalistische Direktionsprinzip entgegensetzte.

Unter Ferdinand I. wurde diese Entwicklung weitergeführt und bis 1542 den Klöstern Admont und St. Lambrecht ihre privaten Salinen Hall und Weißenbach bzw. Halltal bei Mariazell abgelöst. Mit den genannten wurden die letzten privaten Salinen in den habsburgischen Alpenländern geschlossen bzw. durch die Einleitung von Süßwasser unbrauchbar gemacht[20].

Damit war das staatliche Monopol der Salzproduktion in den habsburgischen Alpenländern durchgesetzt.

Die Salinen Hallein, Berchtesgaden/Schellenberg und Reichenhall

Den Erzbischöfen von Salzburg war es noch vor den Habsburgern gelungen, in ihrem Fürstentum das Salzmonopol zu verwirklichen, indem sie zwischen 1398 und 1530 alle Anteile an der Saline Hallein in ihrer Hand vereinigten[21]. Durch den rasanten Aufschwung, den diese Salzburger Saline unmittelbar nach ihrer Eröffnung im Jahre 1190 nahm, hatte Hallein schon um 1210 die bisherige Vormachtstellung der Saline Reichenhall gebrochen; und dies sowohl durch die Eroberung des Wasserweges Salzach—Inn—Donau als auch durch die Anwendung neuer technischer Verfahren im Bergbetrieb[22]. Wurde doch in Hallein schon in der 2. Hälfte des 13. Jahrhunderts das sogenannte Wöhrwerk-Verfahren, die intensivste Form des Laugeverfahrens, angewendet. Hallein stand dadurch in der Salzproduktion im 14. und 15. Jahrhundert an der Spitze aller ostalpinen Salinen[23]. Dazu kam, daß seit 1375 das Salz der Berchtesgadener Saline Schellenberg nur als Halleiner Salz vertrieben werden durfte und seit der Verpfändung des Schellenberger Salzbergswerks an Salzburg (1387 und 1409 bis zum

---

[20] Srbik, Studien, 172 ff.
[21] Klein, Salinen, 394.
[22] Ebd., 397 ff.
[23] Klein, Technik, 264 ff.

Jahre 1556) das Berchtesgadener-Schellenberger-Salz zusammen mit dem Salzburg-Halleiner-Salz unter dem Namen „Halleiner Salz" auf den Markt kam. „Berchtesgaden war dadurch zugunsten Salzburgs als selbständiger Salzproduzent ausgeschieden[24]".

Auch Reichenhall war am Beginn der Neuzeit kein ernsthafter Konkurrent Halleins mehr; denn seine Produktion betrug zu dieser Zeit nur noch rund ein Drittel der Halleiner Erzeugung[25].

Damit standen sich seit dem Beginn der Neuzeit die fürstlichen Salzmonopole der Habsburger und der Erzbischöfe von Salzburg — das heißt die habsburgischen Salinen Aussee, Hall in Tirol und Hallstatt/Ischl einerseits und die Salzburger Salinen Hallein-Schellenberg andererseits als die schärfsten Konkurrenten gegenüber. Wenn man jetzt auch nicht mehr wie im 12. und 13. Jahrhundert die Salinen gegenseitig niederbrannte und zerstörte[26], so entbrannte dafür nun ein erbitterter Kampf um die wichtigsten Absatzgebiete.

Im 13. Jahrhundert war Hallein im Kampf um den Salzhandel über Reichenhall Sieger geblieben, indem es der bayerischen Saline den größten Teil ihres Absatzgebietes — das heißt vor allem die Wasserstraße Salzach—Inn—Donau mit den davon abhängigen Gebieten Österreichs, Böhmens und des Regensburger Raumes — abgenommen hatte[27].

---

[24] Eckart Schremmer, Die Wirtschaft Bayerns. Vom hohen Mittelalter bis zum Beginn der Industrialisierung. Bergbau, Gewerbe, Handel (1970), 44 ff.

[25] Nach Schremmer, Wirtschaft Bayerns, 45, betrug die Reichenhaller Produktion „um die Wende des 15. und 16. Jahrhunderts nur etwa 180.000 Ztr." Die Halleiner Produktion von 398.193 Zentnern und die Schellenberger Produktion von zirka 30.000 Zentnern erreichten zusammen um 1515 keineswegs die Gesamtproduktion der drei habsburgischen Salinen (vgl. Tabelle 2).

[26] 1196 ließ Erzbischof Adalbert III. von Salzburg die Stadt Reichenhall und ihre Salinenanlagen niederbrennen (vgl. dazu Klein, Salinen, 403 f.). Sein Nachfolger, Erzbischof Konrad, ließ hundert Jahre später, im November 1295, die habsburgischen Salzpfannen in Gosau zerstören und besetzte die Saline Aussee. Vgl. dazu Hans Pirchegger, Geschichte der Steiermark 1282—1740 (1931), 14 ff. und Srbik, Studien, 55 f.

[27] Klein, Salinen, 404 f.

Andererseits hatten die donauösterreichischen Herzöge Wilhelm und Albrecht IV. 1398 bestimmt, daß das Halleiner-Schellenberger-Salz nur nördlich der Donau vertrieben werden dürfe, das Gebiet südlich der Donau aber dem Gmundener — das heißt dem Hallstätter Salz — vorbehalten sein solle[28].

Unter Maximilian I. und Ferdinand I. verstärkte sich der Kampf um die Absatzgebiete, denn die Habsburger suchten ihre Länder von jeder fremden Salzzufuhr abzuschließen. Nachdem schon Kaiser Maximilian I. seit 1508 den Verkauf des Halleiner und Schellenberger Salzes in den Herzogtümern ob und unter der Enns strengstens untersagt hatte, sperrte König Ferdinand I. schließlich auch Böhmen und Mähren weitgehend für das nichthabsburgische Salz[29].

Dem Halleiner Salz blieb dadurch fast nur noch der Ausfuhrweg nach dem Westen offen, auf den die Herzoge von Bayern im 16. Jahrhundert immer stärkeren Einfluß nahmen. Es gelang den Herzogen von Bayern wiederholt, den Preis des Halleiner Salzes mitzubestimmen und den Handel damit entscheidend zu kontrollieren[30]. Schließlich mußten die Erzbischöfe von Salzburg in den Salzverträgen von 1594 und 1611 den Handel mit Halleiner Salz zu Wasser zur Gänze den Herzogen von Bayern gegen einen Pauschalpreis überlassen[31].

Auf diese Weise hatte Bayern, das am Beginn der Neuzeit (1509) in Reichenhall gleichfalls ein Produktionsmonopol auf Salz begründet hatte[32], gegen Ende des 16. Jahrhunderts auch das Handelsmonopol erreicht, indem es Salzburg den größten Teil seiner Salzerzeugung ablöste[33].

Die Regelung der Absatzmärkte aber wirkte entscheidend auf die Produktion zurück, der wir uns nun zuwenden wollen.

---

[28] Srbik, Studien, 125 f. und 178 ff.
[29] Ebd., 182 ff., und Schremmer, Wirtschaft Bayerns, 47 f. und 53 f.
[30] Schremmer, Wirtschaft Bayerns, 46 ff.
[31] Ebd., 54 ff. über die Salzverträge von 1594 und 1611.
[32] Ebd., 49 f.
[33] Ebd., 54 f. Bayern kaufte von Salzburg seit 1611 jährlich 1100 Pfund Fuder Salz (1 Fuder = ca. 115 Pfund), also ca. 304.000 Zentner.

DIE SALZPRODUKTION IN DEN OSTALPENLÄNDERN AM BEGINN DER NEUZEIT

Die Hauptschwierigkeit einer quantitativen Analyse der Salzproduktion in den Ostalpenländern am Beginn der Neuzeit ergibt sich aus der Tatsache, daß aus dem 16. Jahrhundert nur für wenige Salinen (wie zum Beispiel Hall in Tirol und Reichenhall) geschlossene Reihen von Produktionszahlen vorliegen[34]. Für die meisten Salinen haben wir nur sporadische Angaben, deren Umrechnung in das metrische System keineswegs in allen Fällen mit absoluter Genauigkeit möglich ist[35].

Dennoch wollen wir in der Folge versuchen, für die Zeit von 1520 bis um 1700 zumindest die Entwicklung der Salzproduktion 1. bei den drei großen Salinen des habsburgischen Territoriums (Aussee, Hall in Tirol und Hallstatt/Ischl/Ebensee) zu untersuchen und 2. die Gesamtproduktion dieser drei habsburgischen Salinen mit der Erzeugung der Salzburger Salinen (Hallein/Schellenberg) und der bayerischen Salinen, vor allem Reichenhall/Traunstein zu vergleichen, und zugleich einige falsche Produktionszahlen zu korrigieren, die noch in der jüngsten Literatur aufscheinen[36].

---

[34] Für Hall in Tirol ab 1507 geschlossen bis 1716; Liste bei Peter, Saline, 116, nach Carl Lindner, Systematische Geschichte des Salzsudwesens zu Hall im Inntal (1806). Für Reichenhall von 1503 an geschlossen bis 1619 bei Mathias Flurl, Ältere Geschichte der Saline Reichenhall (1811), Anhang; teilweise Wiedergabe mit Umrechnung in Pfundzentner bei Schremmer, Wirtschaft Bayerns, 59.

[35] So nahm z. B. das Gewicht des Ausseer Fuders seit der Zeit Herzog Ernsts (1402—1424) ständig ab. Unter Herzog Ernst wurde das Gewicht des Fuders um ein Drittel von etwa 125 Pfund auf ca. 81—87 Pfund verringert (Srbik, Studien, 119, Anm. 3 und 124, Anm. 1) und scheint unter Maximilian abermals verringert worden zu sein. Bis 1750 sank das Gewicht des Ausseer Fuders allmählich auf 60 bis 70 Pfund (Srbik, Studien, 165, Anm. 2). Erst 1789 wurde in Aussee die Verrechnung von Fuder auf Zentner umgestellt. Zum schwankenden Gewicht des Hallstätter Fuders vgl. die Erläuterungen zu Tabelle 1, Anm. 1.

[36] So beruhen die von Ferdinand Treml, Wirtschafts- und Sozialgeschichte Österreichs (1969), 155, genannten Produktionszahlen für Hallein offenbar auf der irrigen Annahme, die von Klein, Salinen, 408, gebrachten Halleiner Produktionswerte seien Meterzentner; tat-

Gleichsam als Stichjahre haben wir die Zeit um 1520, um
1550, um 1618, um 1660 und um 1700 gewählt. Da es jedoch
auch für diese Richtjahre nicht möglich ist, von allen Salinen
Vergleichszahlen beizubringen, geht es uns vor allem darum,
zumindest den säkularen Trend der Produktion festzustellen,
was unseres Erachtens durchaus möglich ist.

Wenden wir uns nun zunächst der Produktion der drei
habsburgischen Salinen Aussee, Hall in Tirol und Hallstatt/
Ischl im oberösterreichischen Salzkammergut zu. (Vgl. dazu
Tabelle 1!)

Die für die Zeit um 1520 überlieferten Produktionszahlen
zeigen, daß damals Hallstatt mit rund 9700 Tonnen Jahreserzeugung
an der Spitze der drei habsburgischen Salinen stand.
Rund 36 Prozent der Gesamtproduktion entfielen auf Hallstatt.
Es folgte Hall in Tirol mit rund 32 Prozent, während
Aussee mit etwa 8200 Tonnen Jahreserzeugung — die etwa
31 Prozent entsprechen — an letzter Stelle rangierte[37].

Da uns um 1550 für Hallstatt keine Produktionszahlen
überliefert sind, sind diese nach Angaben für die Zeit nach
1563 — als auch die Saline Ischl bereits produzierte — vorsichtig
auf 10.000 Tonnen geschätzt. Demnach hätten um 1550
die drei habsburgischen Salinen ihre Gesamtproduktion gegenüber
1520 um rund ein Drittel gesteigert. Die stärkste Steigerung
wies Aussee auf, das gegenüber 1520 seine Erzeugung
um 39 Prozent erhöhen konnte und damit beinahe die Produktion
von Hall in Tirol erreichte. Diese beiden Salinen
hatten Anteile von 33 Prozent (Aussee) und rund 38 Prozent
(Hall), während der Anteil Hallstatts an der Gesamtproduktion
auf etwa 29 Prozent zurückgefallen zu sein scheint[38].

---

sächlich aber handelt es sich um Pfundzentner. Ebenso ist die
Feststellung Schremmers, Wirtschaft Bayerns 45, daß Hallein zusammen
mit Schellenberg um 1500—1520 mehr Salz erzeugt habe
als die drei habsburgischen Salinen zusammengenommen, zu korrigieren.
Vgl. dazu Tabelle 2.

[37] Vgl. Tabelle 1.

[38] Vgl. Tabelle 1, die Hallstätter Produktion für die Zeit um
1550 ist bisher nicht bekannt geworden.

Tabelle 1. *Jahresproduktion der Salinen Aussee, Hall in Tirol, Hallstatt, Ebensee und Ischl von zirka 1520 bis zirka 1700*[1]

Jahr	Aussee		Hall i. Tirol		Hallstatt, Ebensee, Ischl		Gesamt- produktion	
	in t	in %	in t	in %	in t	in %	in t	in %
1520	8.182[2]	30,8	9.733[3]	36,6	8.680[4]	32,6	26.595	100
1550	11.404[5]	33	12.649[6]	38	10.000[7]	29	34.053	100
1618	19.791[8]	38	15.133[9]	29	16.300[10]	33	51.224	100
1660	12.390[11]	35	10.055[12]	27	14.000[13]	38	36.445	100
1700	12.371[14]	26,7	12.274[15]	25,4	22.700[16]	47,9	47.345	100

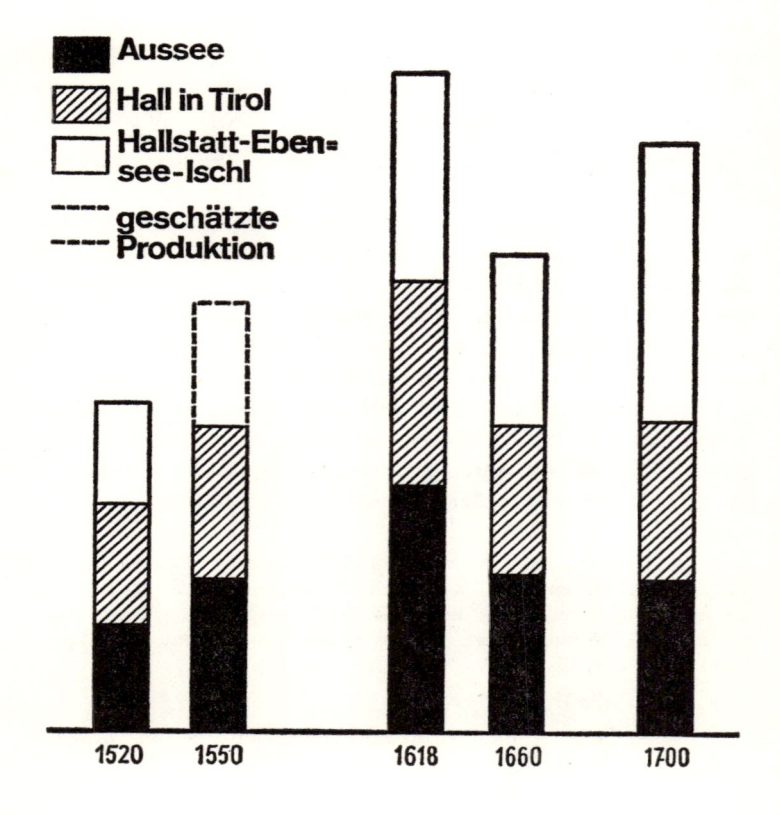

[1] Die Werte der Tabelle stammen aus Srbik, Studien; Peter, Saline; Hans Neffe, Die wirtschaftlichen und sozialen Verhältnisse der Saline Aussee vom 12. bis zum Anfang des 18. Jahrhunderts, phil. Diss. Graz 1950 und Schraml, Salinenwesen. Srbik gibt die Ausseer Produktion des Jahres 1523 in Fuder à $^3/_4$ Pfundzentner = 42 kg an, während die Angaben für Hallstatt, Ebensee und Ischl 1515 bis 1524 auf 1 Fuder = ca. 1,076 Pfundzentner (à 56 kg) basieren. Peter verwendet für die Produktionsangaben von Hall in Tirol immer 1 Pfundzentner = 56 kg. Die Ausseer Produktionsziffern der Jahre um 1550, 1618 und 1660 von Neffe basieren auf Fuder zu 42 kg, für die Zeit knapp vor 1700 gilt jedoch 1 Fuder = 37 kg. Schraml schließlich gibt die Produktion der drei oberösterreichischen Salinen in Pfund Fuder (= 240 Fuder) an und legt seinen Berechnungen für das 17. Jahrhundert ein Fudergewicht von 107 bis 108 Pfund zugrunde.

[2] Srbik, Studien, 170 Anm. 2: Produktion von 1523 = 194.824 Fuder.

[3] Peter, Saline, 116: $\emptyset$ der Jahre 1512—1521 = 173.804 Pfundzentner.

[4] Srbik, Studien, 170 Anm. 2: $\emptyset$ der Jahre 1515—1524 = 144.000 Fuder (à ca. 107,5 lb).

[5] Neffe, Verhältnisse, 17: $\emptyset$ der Jahre 1547/48 und 1554—56 = 271.526 Fuder.

[6] Peter, Saline, 116: $\emptyset$ der Jahre 1542—1551 = 225.881 Pfundzentner.

[7] Angenommener Wert allein für Hallstatt nach Angaben bei Schraml, Entwicklung, 201 (ohne Ischl). 1563 erzeugten beide Pfannen 18.144 t.

[8] Neffe, Verhältnisse, 18: $\emptyset$ der Jahre 1612—1619 = 471.220 Fuder.

[9] Peter, Saline, 116: $\emptyset$ der Jahre 1612—1621 = 270.227 Pfundzentner.

[10] Schraml, Salinenwesen 216: Produktion von 1618 = 1134 Pfund Fuder $\approx$ 163.000 Meterzentner.

[11] Neffe, Verhältnisse, 19: $\emptyset$ der Jahre 1656—1658, 1660—1661 = 295.000 Fuder.

[12] Peter, Saline, 116: $\emptyset$ der Jahre 1652—1661 = 179.554 Pfundzentner.

[13] Schraml, Salinenwesen, 216: $\emptyset$ der Jahre 1657—1663 = 969 Pfund Fuder $\approx$ 140.000 Meterzentner.

[14] Neffe, Verhältnis, 19: $\emptyset$ der Jahre 1692—1695 = 334.351 Fuder (à 37 kg).

[15] Peter, Saline, 116: $\emptyset$ der Jahre 1692—1701 = 219.177 Pfundzentner.

[16] Schraml, Salinenwesen, 216: Produktion von 1694 = 1576 Pfund Fuder $\approx$ 227.000 Meterzentner.

Für die Zeit um 1618 liegen wieder für alle drei Kammer-Salinen Produktionszahlen vor. Die Gesamterzeugung erreichte damals, unmittelbar vor dem Ausbruch des Dreißigjährigen Krieges, mit rund 51.220 Tonnen einen Höhepunkt. Besonders auffällig ist die überdurchschnittliche Produktionserhöhung in Aussee; sie betrug gegenüber der Zeit um 1550 über 73 Prozent. Aussee konnte dadurch seinen Anteil an der Gesamtproduktion der habsburgischen Salinen auf 38 Prozent erhöhen, während Hall auf 29 Prozent zurückfiel. Die Produktion Hallstatts und Ischls bzw. der Siede Ebensee zusammengenommen, erreichte damals mit rund 16.300 Tonnen genau 33 Prozent der Gesamterzeugung[39].

Die Produktionsergebnisse von 1618 vermitteln keinen so schlechten Eindruck von der Lage des österreichischen Salzwesens, wie ihn eine 1615 zur Untersuchung abgeordnete Kommission befand. Diese meinte, daß beim Salzwesen so ziemlich alles im argen liege und hatte tiefgreifende Reformen empfohlen[40]. Der Ausbruch des Dreißigjährigen Krieges, der von 1621 bis 1628 die Verpfändung des Salzkammergutes an Bayern brachte[41], verhinderte diese Reformen jedoch.

Welch schweren Rückschlag der Dreißigjährige Krieg im habsburgischen Salzwesen bewirkte, zeigen die Zahlen aus der Zeit um 1660. Die Produktion war damals gegenüber 1618 um rund ein Drittel gesunken; am stärksten ist Aussee, wo man jetzt nur noch rund 35 Prozent der Gesamtproduktion erzeugte. Hall in Tirol verzeichnete einen fast ebenso starken Rückgang auf zirka 10.000 Tonnen oder 27 Prozent. Am geringsten war der Produktionsrückgang bei den drei Salinen des Salzkammergutes, auf die nun 38 Prozent der Gesamterzeugung entfielen[42].

Gegen Ende des 17. Jahrhunderts hatte sich die Produktion in Hall in Tirol leicht erholt und war in den drei obderennsischen Pfannstätten gegenüber 1660 um mehr als die Hälfte

---

[39] Vgl. Tabelle 1.
[40] Carl Schraml, Das oberösterreichische Salinenwesen vom Beginn des 16. bis zur Mitte des 18. Jahrhunderts (1932), 6 ff.
[41] Schraml, Salinenwesen, 8 ff.
[42] Vgl. Tabelle 1.

und damit so kräftig gestiegen, daß diese nun beinahe die Hälfte (etwa 48 Prozent) der Gesamtproduktion lieferten. In Aussee dagegen war die Produktion etwa auf dem Stand der Zeit um 1660 verblieben. Der Produktionsanteil Aussee betrug dadurch nur noch rund 27 Prozent der Gesamtproduktion; das bedeutet den geringsten Anteil während des gesamten Untersuchungszeitraumes[43].

VERGLEICH DER SALZPRODUKTION DER HABSBURGISCHEN, SALZBURGISCHEN UND BAYERISCHEN SALINEN VON 1520 BIS 1700

In welchem Verhältnis stand — so wollen wir zuletzt fragen — die Produktion der habsburgischen Salinen zu jener Salzburgs (Hallein und bis 1550 auch Schellenberg) und zur bayerischen Saline Reichenhall, zu der ab 1619 auch die Saline Traunstein kam, deren Produktion rasch etwa ein Viertel der Reichenhaller erreichte[44]?

Wie Tabelle 2 zeigt, verlief die Entwicklung von 1520 bis 1618 für die habsburgischen Salinen durchaus erfreulich. Diese konnten ihren Anteil an der Gesamtproduktion von rund 42 Prozent um 1520 und um 1550 schließlich auf zirka 60 Prozent in der Zeit um 1618 steigern[45]. Das hängt entscheidend damit zusammen, daß die habsburgischen Salinen ihre Produktion von 1520 bis um 1618 beinahe verdoppelten. Es kann wohl kein Zweifel darüber bestehen, daß diese Produktionsausweitung eine direkte Folge der Salzhandelspolitik der Habsburger war; suchten diese doch das Salzburger Salz in immer stärkerem Maße aus den habsburgischen Territorien, zu denen seit 1526 auch Böhmen, Mähren und Schlesien gehörten, zu verdrängen. 1530 und 1535 wurde zwar vereinbart, daß Böhmen noch über Passau und Wegscheid mit Salzburger Salz beliefert

---

[43] Vgl. Tabelle 1. Möglicherweise ergibt sich auch aus unserem, der Ausseer Produktion dieser Jahre zugrunde gelegten Umrechnungsschlüssel: 1 Ausseer Fuder = 37 kg eine kleine Verschiebung zuungunsten von Aussee. Das Gewicht des Ausseer Fuders ist jedoch für diese Zeit nicht exakt festzustellen. Vgl. dazu Anm. 35.
[44] Schremmer, Wirtschaft Bayerns, 60 f.
[45] Vgl. Tabelle 2.

Tabelle 2. *Vergleich der Salzproduktion der habsburgischen, salzburgischen und bayerischen Salinen zirka 1510 bis 1700*[1]

Jahr	Habsburgische Salinen		Bayerische Salinen		Salzburgische Salinen		Gesamtproduktion	
	in t	in %	in t	in %	in t	in %	in t	in %
1520	26.595[2]	42,6	13.482[3]	21,6	22.293[4]	35,8	62.370	100
1550	34.053[5]	42,4	15.474[6]	19,3	30.796[7]	38,3	80.323	100
1618	51.224[8]	59,1	13.436[9]	15,5	22.064[10]	25,4	86.724	100
1660	36.445[11]	—	2.408[12]	—	—[13]	—	—	—
1700	47.345[14]	—	13.430[15]	—	—[16]	—	—	—

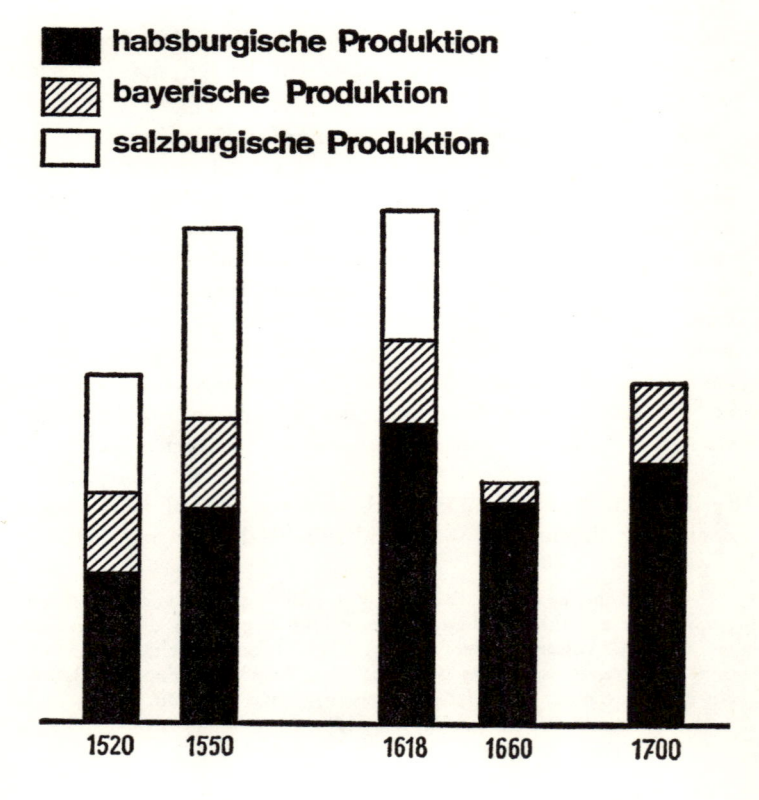

werden durfte[46]. Doch schon am Ende seiner Regierungszeit versuchte Ferdinand I., das Halleiner Salz gänzlich von Böhmen auszuschließen; Maximilian II. und Rudolf II. konnten diese Absicht weitgehend verwirklichen[47].

Salzburg sah sich dadurch schließlich gezwungen, in zwei Verträgen — von 1594 und 1611 — den größten Teil seiner Salzproduktion — nämlich rund 15.200 Tonnen jährlich — an Bayern zu veräußern[48].

Diese Vorgänge im Bereich des Salzhandels spiegeln sich deutlich in der Salzproduktion Halleins wider. Halleins Pro-

[46] Schremmer, Wirtschaft Bayerns, 53 f.
[47] Schraml, Salinenwesen, 334 ff.
[48] Schremmer, Wirtschaft Bayerns, 54 ff.

---

[1] Die Werte der Tabelle stammen aus Tab. 1, weiters aus Mathias von Flurl, Ältere Geschichte der Saline Reichenhall vorzüglich in technischer Hinsicht (1809); Schremmer, Wirtschaft; Klein, Salinen. Die Angaben bei Flurl bzw. Schremmer für Bayern basieren auf Reichenhaller Fuder; nach Schremmer, Wirtschaft, 55, wog ein Reichenhaller Fuder nach dem Trocknen 54 Pfund à 0,4989 kg. Klein gibt die salzburgische Produktion in Pfundzentner zu 56 kg an.
[2] Vgl. Tabelle 1, Gesamtproduktion 1520.
[3] Flurl, Ältere Geschichte, Anhang: ⌀ der Jahre 1515—1524.
[4] Klein, Salinen, 408: Produktion des Jahres 1515 = 398.093 Pfundzentner.
[5] Vgl. Tabelle 1, Gesamtproduktion 1550.
[6] Schremmer, Wirtschaft, 59, bzw. Flurl, Ältere Geschichte, Anhang: ⌀ der Jahre 1548—1557.
[7] Klein, Salinen, 408: Produktion von 1557 für Hallein und Schellenberg = ca. 549.931 Pfundzentner.
[8] Vgl. Tabelle 1, Gesamtproduktion 1618.
[9] Flurl, Ältere Geschichte, Anhang: Produktion des Jahres 1618.
[10] Schremmer, Wirtschaft, 55 f. = ca. 394.000 Pfundzentner.
[11] Vgl. Tabelle 1, Gesamtproduktion 1660.
[12] Schremmer, Wirtschaft, 62: ⌀ der Jahre 1640—1648 = ca. 43.000 Pfundzentner.
[13] Halleiner Wert unbekannt.
[14] Vgl. Tabelle 1, Gesamtproduktion 1700.
[15] Zirkawert nach Schremmer, Wirtschaft, 63, wobei Traunsteins Produktion mit etwa 25% der Reichenhaller angenommen wurde.
[16] Halleiner Wert unbekannt.

duktion hatte um 1520 jene der habsburgischen Salinen beinahe erreicht; in den folgenden Jahrzehnten bis 1550 konnte die Halleiner/Schellenberger Produktion sogar etwas mehr gesteigert werden als jene der Habsburger Salinen. Nach den Salzverträgen mit Bayern von 1594 und 1611 aber scheint die Halleiner Produktion sogar unter die Produktion des Jahres 1520 abgesunken zu sein[49].

Für die folgenden Jahrhunderte bis 1803 blieb die durch die Salzverträge von 1594 und 1611 getroffene Arbeitsteilung zwischen Salzburg und Bayern im großen und ganzen bestehen: Salzburg produzierte und Bayern verkaufte das Salz[50].

Im Falle von Absatzschwierigkeiten setzte Bayern natürlich das Salz der eigenen Salinen Reichenhall und Traunstein bevorzugt ab. Bayern drosselte die eigene Produktion auf keinen Fall, sondern übernahm dann von Salzburg einfach nicht das vereinbarte Salzquantum[51].

Das Erzbistum war damit im Salzwesen der Konkurrenz seiner beiden großen Nachbarn — Österreich und Bayern — eindeutig erlegen. Die Herrscher dieser beiden Territorien aber zogen durch ihre merkantilistische Wirtschaftspolitik aus dem Salzmonopol so bedeutenden Gewinn, daß in beiden Fällen die Einnahmen aus dem Salzwesen zu den wichtigsten Aktivposten der Staatseinkünfte zählten[52].

---

[49] Für Hallein sind bisher für das 17. Jahrhundert keine Produktionszahlen bekannt geworden. Nach dem Salzvertrag von 1611 kaufte Bayern von Salzburg jährlich 1100 Pfund Fuder Salz, was einer Menge von ca. 304.000 Pfundzentnern entspricht. Da dem Erzbistum aber auch noch eine gewisse Menge Salz für den Eigenvertrieb verblieb, die Schremmer, Wirtschaft Bayerns, 56, auf etwa 90.000 Pfundzentner schätzt, dürfte die Salzburger Produktion um 1618 etwa jener des Jahres um 1515 entsprochen haben.

[50] Schremmer Wirtschaft Bayerns, 54.

[51] Ebd., 272 ff., über die salzburgisch-bayerischen Salzübernahmsverträge und die daraus erwachsenden Streitigkeiten.

[52] Über den Anteil der Salzgefälle an den bayerischen Staatseinnahmen im 18. Jahrhundert vgl. Schremmer, Wirtschaft Bayerns, 257 ff. In Österreich floß, nach Franz Mensi, Die Finanzen Österreichs 1701—1740 (1890), 155, 1708—1710 etwa ein Drittel aller Kameraleinnahmen aus dem „vorzüglichsten Kammerkleinode des Salzregals".

Gustav Otruba

QUANTITATIVE ASPEKTE DER SALZPRODUKTION IN DER ÖSTERREICHISCHEN REICHSHÄLFTE UNTER BESONDERER BERÜCKSICHTIGUNG DER ALPINEN SALINEN IM 19. JAHRHUNDERT

Das Salzmonopol galt als das „vornehmste Kleinod der Hofkammer" für die Merkantilisten. Im Jahre 1875 zitiert N. J. Schleiden[1] ein Wort Liebigs, wonach die „Salzsteuer die häßlichste, den Verstand des Menschen entehrende und unnatürlichste aller Steuern" wäre. So umstritten auch die Berechtigung der Höhe dieser Staatseinnahme war, so findet sich noch am Ausgang des 19. Jahrhunderts in einem einschlägigen Werk[2] die Feststellung: „Salz bildet in Österreich gleich wie in den meisten übrigen Staaten der Welt einen Gegenstand der indirekten Besteuerung und bei seiner Unentbehrlichkeit daher eine der sichersten und ergiebigsten Einnahmsquellen des Staatsschatzes!"

Quantitative Aspekte bieten sich zunächst hinsichtlich der Einnahmen des Salzgefälles beziehungsweise dessen Erträge im Rahmen des Staatshaushaltes an. Der Wert des Salzgefälles im 18. und am Beginn des 19. Jahrhunderts für die Staatseinnahmen sinkt bis zu Beginn des 20. Jahrhunderts nahezu bis zur Bedeutungslosigkeit ab, worüber im einzelnen noch abgehandelt werden wird. Ein weiterer wichtiger quantitativer Aspekt ist die Produktionsmenge, die erst am Beginn des 19. Jahrhunderts allgemein erfaßbar wird und einen ständigen Anstieg verrät. Die Verschleißpreise des Salzes lassen im dritten Drittel des 19. Jahrhunderts einen starken Rückgang erkennen, wobei

---

[1] M. J. Schleiden, Das Salz (1875), 221.
[2] Joseph Ottokar Frh. von Buschmann, Das Salz, dessen Production, Vertrieb und Verwendung in Österreich mit besonderer Berücksichtigung der Zeit von 1848 bis 1898 (1898), 55.

vor allem das immer häufiger verwendete Viehsalz und das zum Selbstkostenpreis abgegebene Fabrikssalz zu diesem Preisverfall beitrugen. Auf der anderen Seite ermöglichten technische Errungenschaften, wie die Umstellung auf Kohlenfeuerung, die Verwendung der Elektrizität als Antriebskraft für Bohrmaschinen und zur Beleuchtung, vor allem aber das Eisenbahnnetz zur Verschleißförderung eine Rationalisierung, insbesondere bei den Alpensalinen, die bis zur Reduzierung der Beschäftigten auf ein Drittel führte. Die Ertragslage im Salzbergbau erklärt jedoch nicht seine Bedeutungslosigkeit im Rahmen der Staatseinnahmen.

FRÜHESTE QUANTITATIVE ANGABEN

Relativ weit zurück reichen Aufstellungen über die Salzeinnahmen und die Erfordernisse. Eine im Hofkammerarchiv verwahrte „Gehaimbe Instruktion vor einen Kays. Minister bevorab einem Reichshof oder Hof-Cammer Rath aus dem Jahre 1672"[3] enthält den Hinweis: „Dieweilen das vornehmste Cammer Kleinod das Salzwesen ist, so ist demnach vonnöten, daß ein wenig weitläuffiger davon gehandlet werde, und der Hof Cammerrat solches notwendig zu wissen: Daß underschiedliche Ladstatt sein, in welchen das Salz versilbert wird, als nemblichen in Österreich under der Enns, Wien, Corneuburg, Clost-Neuburg ... In Mähren, Brünn, Iglau, Znâmb, Olmiz, Neustatt, Hördisch, Holleschau, Rackhowicz, Nicolspurg." Die Salzgefälle betragen dem Mittel nach in Böhmen 314.071 Gulden, die ordentlichen Ausgaben, bestehend in Bezahlung des Gmundnerischen Salzes, des Verlages und der Besoldung, davon 65.652 Gulden. Der Preis einer großen Kueffen (1¼ Fueter)[4] steigerte sich je nach der Entfernung vom Verlag, Güte und Erzeugungsort. In Linz betrug der Preis 4 Gulden 40 Kreuzer,

---

[3] Oe. St. A., Hofkammerarchiv, Handschrift 214.

[4] Eckhart Schremmer (Hrsg.), Handelsstrategie und betriebswirtschaftliche Kalkulation im ausgehenden 18. Jahrhundert, Der süddeutsche Salzmarkt (1971), 489: 1 Fuder ist ein kegelförmiger Salzstock, in Hallein 115 Pfund. 1 Kufe in Hallein ein hölzernes Geschirr, etwa 21 Zoll hoch, unten im Durchschnitt 1 Schuh 5 Zoll, oben 1 Schuh 11 Zoll weit.

in Freistatt 5 Gulden 15 Kreuzer, in Budweis 5 Gulden 50 Kreuzer, in Prag 6 Gulden 45 Kreuzer und in Leitmeriz 7 Gulden 30 Kreuzer. Es mußte auch Chur Bayerisches und Hallingisches Salz in die Länder der Krone Böhmens eingeführt werden. Das Einnehmeramt Gmunden verzeichnete 1669 eine Einnahme von 75.135 und 1670 von 85.578 Gulden, das Salzamt Wien eine solche von 372.728 beziehungsweise 389.568 Gulden. Zwischen dem Kaiser und dem König von Polen wurde am 25. Mai 1657 ein Kontrakt geschlossen, wonach der Kaiser dem König ein Exercitium von 12.000 Mann zu Fuß und Pferd zur Verfügung stellte, wogegen ihm dieser 300.000 Gulden versprach, solange dieses Exercitium in polnischen Diensten verblieb. Als Pfand dafür erhielt das Rentamt die Erträge der Salzgruben von Wieliczka. Die beträchtlichen Salzeinnahmen flossen zu dieser Zeit noch nicht ausschließlich in die Staatskassen. Ein Abschnitt der geheimen Instruktion handelt von der „Verteilung des Küefes in die Classen": „Daß Salzamt oder ein iedes Küefel Salz so heutigen Tags pro 27 kr verkauft, ist abgeteilt in 9 Classes. Die erste gebürth den Fertigern von iedem Küeffel 5 kr 1 Heller. Die andere ist die refernirte kayserl. Quota von Küeffel 8 kr, die dritte das Bisthumb Wienn von Küeffel 1 kr, die vierte ist der Frau Gräffin von Teuffenbach von dem Herrn Graffen Portia von Küeffel 1 kr zugeeignet, deren Praetensionen aber gar bald exspiriren werden. Alsdann ware rathsamb, diesen Kreuzer zu besserer Bezahlung der Regirung zuzutragen. Die fünfte Class ist zu Contentirung erstgedachter N. Ö. Buchhalterey gewidmet, von jeden Küeffel 2 kr 2 Pfennige. Die sechste Class gehört zu ordinari Außgab von Küeffel 3 Pfennige. Die achte ist die neue Aufschlag von Küeffel 3 Kreuzer, die neunte und lezte Class ist auf Kriegsausgaben gemein von Küeffel 4 Kreuzer. Nach diesen Classibus nun führet das Salzambt seine Ausgaben und bezahlet ein iedweden Classen, waß die Salz Versilberung mit sich bringt." Diese Aufstellung zeigt, daß vier Fünftel des Salzgefälles bereits als Salzsteuer anzusehen waren.

90 Jahre später verfaßte Julius Reichsgraf von Zinzendorf als k. k. Hofrechnungskammerpräsident für das Jahr 1762 ein Staatsinventarium, welches das Camerale Germanicum in sich

umfaßte[5]. Danach lieferte das Salzerzeugungsamt Gmunden 301.552 Gulden und das Hallamt Aussee 332.122 Gulden an die Wienerische Stadt-Banco ab, der diese Gefälle verpfändet waren. Das kaiserlich-königliche Salzamt zu Hall in Tirol warf einen Ertrag von 386.337 Gulden aus, wobei der Amtsverlag der Erzeugungserfordernisse allein 155.605 Gulden betrug. Hinzukamen noch 1242 Gulden für Pensionen. Auch späterhin sollte sich Hall in Tirol als ein sehr aufwendiger Bergbau erweisen. Von den gesamten Einnahmen des Salzgefälles in Höhe von 12,381.444 Gulden entfiel damals fast genau ein Drittel auf die alpenländischen Salinen.

Um die Mitte des Jahres 1763 wurde eine Tabelle[6] verfaßt, worin die Contributions-Finanzen, der Bergwerks Commerzial- und Bevölkerungsstand der ungarischen deutschen Oesterreichischen Erblande aufscheinen (vgl. Tab. 1).

Tabelle 1. *Einnahmen und Amts-Unkosten des Salzgefälles 1763*

	Einnahmen	Amts-Unkosten
	(fl. C. M.)	
Österreich o. d. Enns	355.869	521.279
Steiermark	427.505	54.554
Tirol	425.237	169.885
Österreich-Ungarn, gesamtes Salzgefälle	6,849.641	2,157.749
davon Ungarn	2,187.984	774.442

Ein „Entwurf, wie die Erfordernisse des Staates sich mit nächst eintretenden 1770sten Militär Jahre bedecket finden"[7] rechnete mit insgesamten Salzgefälleinnahmen von 6,950.027 Gulden, das entsprach 14% der gesamten ordentlichen und außerordentlichen Einnahmen des Staates, 4,119.880 Gulden entfielen davon auf die deutschen Erbländern. Zusätzliche Transportkosten entstanden in Höhe von 2,830.146 Gulden.

---

[5] Oe. St. A., Hofkammerarchiv, Handschrift 243 a.
[6] Ebd., Handschrift 243.
[7] Ebd., Handschrift 721.

Aus der Regierungszeit Josef II. existieren „Berechnungen der Ein- und Ausgaben der österreichischen Monarchie vom Militär-Jahr 1781 bis inclusive 1790 nach den rectificirten Central Abschlüssen"[8] (vgl. Tab. 2).

Tabelle 2. *Salzgefäll in Prozenten des ganzen Empfanges (Staatseinnahmen)*

Jahr	Salzgefäll (fl.)	Ganzer Empfang	
1781	9,372.008	68,621.053	13,6%
1782	10,064.772	85,023.839	11,8%
1783	11,707.530	76,250.875	15,4%
1784	11,446.572	88,739.479	12,9%
1785	6,164.446	86,346.013	7,1%
1786	11,825.600	88,843.908	13,3%
1787	12,421.583	92,512.923	13,4%
1788	11,759.124	112,662.871	10,4%
1789	12,232.492	111,596.177	11,0%
1790	13,702.716	127,757.833	10,7%

Der Ausfall im Jahre 1785 war vorzüglich darauf zurückzuführen, daß das Vermögen der an das Montanisticum in Ungarn überlassenen Güter weggelassen wurde, weiters in Böhmen die Salzvorräte nahezu aufgebraucht und in Galizien die Salzpreise vermindert wurden. Die Steigerung im Jahre 1790 erfolgte wegen des erhöhten Salzabsatzes in Galizien beziehungsweise dadurch, daß in Ungarn bis Ende April von jedem Zentner Salz 1 Gulden 40 Kreuzer mehr Aufschlag abgenommen wurde. Der Beitrag des Salzgefälles zur gesamten Staatsbedeckung bewegte sich im Berichtszeitraum noch immer zwischen 10 und 15%, wobei allerdings ein Rückgang feststellbar ist.

Rechnungsabschlüsse des obersten Rechnungshofes ermöglichen eine „Übersicht der Einnahmen und Ausgaben aller Staats-Haupt- und Netto-Kassen in den Jahren 1811 bis 1817"[9], also während der napoleonischen Kriegszeit (vgl. Tab. 3).

---

[8] Ebd., Handschrift 710.
[9] Ebd., Oberster Rechnungshof, Rechnungsabschlüsse 836.

Tabelle 3. *Einnahmen des Salzgefälles im Verhältnis zu den Gesamtstaatseinnahmen 1811—1817*

Jahr	Gewöhnliche Einnahmen des Salzgefälles (fl.)	Summe aller Einnahmen (fl.)	% des Salzgefälls im Verhältnis zur Gesamtsumme
1811	7,618.796	508,023.055	1,5
1812	9,074.971	419,682.744	2,2
1813	14,251.871	427,083.050	3,3
1814	24,697.177	797,451.918	3,1
1815	28,768.972	973,587.901	3,0
1816	27,159.189 W. W.	922,930.898 W. W.	2,8
	(11,941.989[1])	(425,717.136[1])	
	1,078.313 C. M.	56,544.777 C. M.	
1817	29,186.437 W. W.	1,204,801.330 W. W.	1,9
	(12,668.785[1])	(677,404.830[1])	
	994.210 C. M.	195,484.298 C. M.	

[1] Umrechnung der Wiener Währung in Conventionsmünze.

Währungsmanipullationen[10] während der napoleonischen Kriege führten zu einem weitgehenden Ausfall der Salzeinnahmen, die großteils in Papiergeld „Wiener Währung" erfolgten. In den rückeroberten westlichen Ländern blieben die Salzgefälle allerdings in Conventionsmünze bestehen. Das Tiroler Salzgefälle tauchte als Einnahmsquelle erst wieder 1814 mit 65.785 Gulden und 1815 mit 362.719 Gulden auf. Im Jahre 1816 nahm Tirol 608.805 Gulden und Salzburg 119.250 Gulden ein. 1817 stiegen die Salzgefällerträgnisse Tirols auf 688.813 Gulden und jene Salzburgs auf 321.686 Gulden.

Die Salinen Hall und Hallein erbrachten 1816 somit 6,1% der gesamten Salzgefälleinnahmen der Monarchie.

Für das Jahr 1818 und die folgenden stehen der „Voranschlag des Staats-Erfordernisses und der Bedeckung für das Militärjahr 1819 und Vergleichung desselben mit dem Voranschlag für das Militärjahr 1818"[11] zur Verfügung. Bis 1824 erfolgten die Einnahmen sowohl in Conventionsmünze als auch

---

[10] 100 fl. C. M. = 250 fl. W. W. (Papiergeld) seit 1811.
[11] Oe. St. A., Hofkammerarchiv, Handschrift A 8.

Quantitative Aspekte der Salzproduktion 35

Papiergeld und erfordern Umrechnungen. Im Jahre 1819 finden sich erstmals Angaben über alle alpenländische Salinen (vgl. Tab. 4).

Tabelle 4. *Veranschlagte Einnahmen und Auslagen des Salzgefälles der Alpenländer im Verhältnis zu den Gesamteinnahmen des Voranschlages der Monarchie im Jahre 1819*

1819	Einnahmen		%-Anteil	Auslagen	
	C. M.	Papiergeld		C. M.	Papiergeld
Österreich o. d. Enns	(524.660[1])	1,311.649	16,7	12.277	228.549
Steiermark	(1,360.056[1])	3,400.139	43,3	24.371	1,444.506
Salzburg u. Innkreis	232.502	—	7,4	111.506	—
Tirol, Vorarlberg	1,024.774	—	32,6	637.316	—
	1,257.276 (3,141.992[1])	4,711.788			
Gesamteinnahmen des Voranschlages	68,319.251 (C. M. 105,094.354[1])	91,937.757			

[1] Umrechnung in Conventionsmünze.

Demnach betrug der Anteil des Salzgefälles 3% der Gesamteinnahmen. Die in die Provinzialeinnahmskasse 1820 eingelaufenen wirklichen Beträge boten allerdings ein anderes Bild (vgl. Tab. 5).

Tabelle 5. *Tatsächlicher Wert der alpenländischen Salzproduktion nach dem Rechnungsabschluß des Jahres 1820*

1820	Conventionsmünze	Wiener Währung		%-Anteil
Österreich o. d. Enns	172.577	1,017.998	(579.776[1])	23,9
Steiermark	423.000	1,641.160	(1,079.464[1])	44,4
Salzburg	264.833			10,9
Tirol	506.731			20,8
	1,367.141	2,659.158	(2,430.804[1])	100,0

[1] Umrechnung in Conventionsmünze.

Da die Gesamt-Brutto-Einnahmen des Salzgefälles 1820 23,248.006 Gulden Conventionsmünze und 15,645.182 Gulden Wiener Währung (das sind in Umrechnung insgesamt 29,506.079 C. M.) ausmachten, betrug der Anteil der alpenländischen Salinen 8,2%. Von den Gesamtstaatseinnahmen der Monarchie betrug der Anteil des Salzgefälles 3,4%.

Für die Salzerzeugung und Ablieferung an die Legstätte zum Verschleiße (nach Absatz des Mußsalzes) ergeben sich im Jahre 1820 folgende Werte (vgl. Tab. 6, 7).

Tabelle 6. *Salzerzeugung der alpenländischen Bergbaue 1820*

1820	Hallein	Gmunden	Aussee	Hall
Sudsalz	250.000	649.380	200.000	266.260
Steinsalz	1.500	620	1.200	—
Zusammen	251.500	650.000	201.200	266.260
In %	18,4	47,5	14,7	19,4

Tabelle 7. *Ablieferung an die Salzverschleißorte*

1820	Hallein	Gmunden	Aussee	Hall
Sudsalz	307.000	616.135	200.000	264.460
Steinsalz	1.500	1.200	1.400	—
Zusammen	308.500	617.335	201.400	264.460

Im Jahre 1829 wurden auch erstmals die Gestehungskosten eines Zentners Salz, dargestellt an den Kosten vom Erzeugungsort bis zur Ablieferung an die Verschleißplätze, errechnet (vgl. Tab. 8).

Nach dem Voranschlag von 1821 wurden von der Hofkammer die Aufteilungsverhältnisse der Auslagen berechnet (vgl. Tab. 9).

Tabelle 8. Gestehungskosten nach dem Voranschlag der Staatseinnahmen und Ausgaben für das Militärjahr 1820[12]

A. In Conventionsmünze (Die Kosten in Papiergeld sind nach dem Kurse zu 250 auf C. M. reduziert)	Hallein		Gmunden			Aussee	Hall		Im Durchschnitt
	Fässer- oder Kuffen-Salz	Stein-salz	Küffel- oder Zentner Fassel-Salz	Fuderl-Salz, Pfann- und Bergkern, Stein-salz	Im Durch-schnitt	Fuderl-Salz, Berg-kern, Stein-salz	Salz in Säcken, gedörrtes Weiß-schluder Schreck-stein, Igelsalz	Salz in Fässern (gedörr-tes)	
	fl. kr.	fl. kr.	fl. kr.	fl. kr.	fl. kr.	fl. kr.	fl. kr.	fl. kr.	fl. kr.
1. Im Orte der Erzeugung									
a) ohne Verpackung	1 9	1 9	1 4	1 4	—	58	1 16	1 16	
b) mit Verpackung	1 26	1 9	1 23	1 4	—	58	1 16	1 31	
2. In loco des Oberamtes	1 26	1 9	1 29	1 10	—	58	1 16	1 31	
3. Bis zur Ablieferung an die Verschleißlagerstätte									
a) ohne dem Betriebe der Nebenwirtschaften	1 26	2 46	—	—	2 10	58	1 16	1 31	20 10
b) mit dem Betriebe der Nebenwirtschaften	1 26	2 46	—	—	2 11	56	—	—	19 13
Die Verpackung allein kostet per Zentner	0 16	0 16	—	—	0 18	—	—	—	0 15

[12] Ebd.

Tabelle 9. *Aufteilungsverhältnisse der Auslagen*

Salzanschaffung und Erzeugung	26,8%
Frachtkosten	40,0%
Ein- und Auslagerung	1,0%
Verschleißprovisionen	0,2%
Manipulations-Auslagen	2,4%
Besoldungen	11,4%
Pensionen und Provisionen	1,8%
Deputate und Quartiergelder	0,8%
Zinsen für Magazine und Ämter	0,3%
Bauauslagen	5,7%
Kanzlei- und Amtserfordernisse	1,5%
Reisegelder und Diäten	2,0%
Belohnung und Aushilfen	0,1%
Cordons-Beköstigung	1,5%
Contrabandkosten	0,1%
Verschiedene gewöhnliche Auslagen	2,5%
Außerordentliche Auslagen	1,7%
Insgesamt	100,0%

Alle diese Betrachtungen wurden bereits in Hinblick auf die Abschaffung des aerarischen Verschleißsystems angestellt, dessen Kosten viel zu hoch erschienen. Im Jahre 1821 tauchte zum ersten Mal eine Zusammenstellung der Produktionsmengen mit den Gestehungskosten und den Verkaufsüberschüssen auf (vgl. Tab. 10).

Tabelle 10. *Produktionsmengen, Erstehungskosten, Verkauf und Überschüsse der alpenländischen Salzbergbaue im Jahre 1821*

1821	Zentner	Erstehungs-kosten (fl. in C. M.)	Verkauf	Über-schuß
Österreich o. d. Enns				
für die Provinz	54.900	114.450	435.650	321.200
für Böhmen	6.000	27.250	57.200	29.950
Steiermark	156.800	386.000	1,244.000	858.000
Salzburg	58.000	98.100	227.100	129.000
Tirol	171.400	322.100	610.000	287.900

Die alpenländischen Salinen erzeugten der Menge nach 13,9% des Salzes der Gesamtmonarchie und 24,1% der österreichischen Reichshälfte. Ihre Überschüsse trugen zum gesamten Salzgefälle 10,7% innerhalb der Gesamtmonarchie und 20,2% in der österreichischen Reichshälfte bei.

Im Jahre 1824 wurde eine „Übersicht der Salzerzeugung und der damit verbundenen Auslagen für das Militärjahr 1824"[13] in der Weise angefertigt, daß man die Verteilung der Erträge der einzelnen Salinen auf die Kronländer feststellen kann. Vom Gmundner Salz, dessen Gestehungskosten pro Zentner 1 Gulden 11 Kreuzer ausmachten, gingen 199.160 Zentner nach Niederösterreich im Werte von 237.740 Gulden, 60.840 Zentner nach Österreich ob der Enns im Werte von 72.630 Gulden, 306.000 Zentner nach Böhmen im Werte von 365.320 Gulden und 22.000 Zentner nach Mähren und Schlesien im Werte von 26.260 Gulden, insgesamt 588.000 Zentner im Werte von 701.950 Gulden. Vom Ausseer Salz, dessen Gestehungskosten pro Zentner auf 1 Gulden 5 Kreuzer kamen, lieferte man 142.000 Zentner im Werte von 153.840 Gulden in die Steiermark, 30.730 Zentner im Werte von 33.290 Gulden in den Klagenfurter Kreis, insgesamt 172.730 Zentner im Werte von 187.130 Gulden. Vom Halleiner Salz, mit einem Gestehungspreis von 1 Gulden 4 Kreuzer, wurden 30.000 Zentner mit einem Wert von 66.230 Gulden nach Salzburg und Parzellen und 25.000 Zentner mit einem Wert von 26.690 Gulden in das Laibacher Gebiet geliefert, insgesamt 137.000 Zentner im Werte von 146.310 Gulden. Weitere 60.000 Zentner im Werte von 64.070 Gulden gingen auf Kontrakte in das Ausland, vorzüglich nach Bayern. Vom Haller Salz, mit einem Gestehungspreis von 1 Gulden 12 Kreuzer pro Zentner, gingen 164.800 Zentner im Werte von 200.150 Gulden nach Tirol und Vorarlberg, weitere 35.000 Zentner im Werte von 42.490 Gulden auf Kontrakte ins Ausland und 1750 Zentner im Werte von 2130 Gulden in den freien Verkauf. Zum weiteren Vorrat wurden auf Lager gelegt: in Gmunden 30.380 Zentner im Werte von 36.390 Gulden, in Aussee 22.770 Zentner im Werte von 24.670 Gulden, in Hallein 5000 Zentner im Wert von 5340 Gulden. Die Ertragsverhältnisse der folgenden Jahre sind aus Tafel 1 ersichtlich, die aufgrund der Staatsvoranschläge[14], aber auch

---

[13] Ebd.

[14] Voranschlag der Staatseinnahmen und Ausgaben für das Militärjahr 1818 ff.

der zentralen Rechnungsabschlüsse[15] der Monarchie beziehungsweise ab 1880 der österreichischen Reichshälfte erstellt wurden. Daraus geht einerseits hervor, daß das Salz etwa seit der

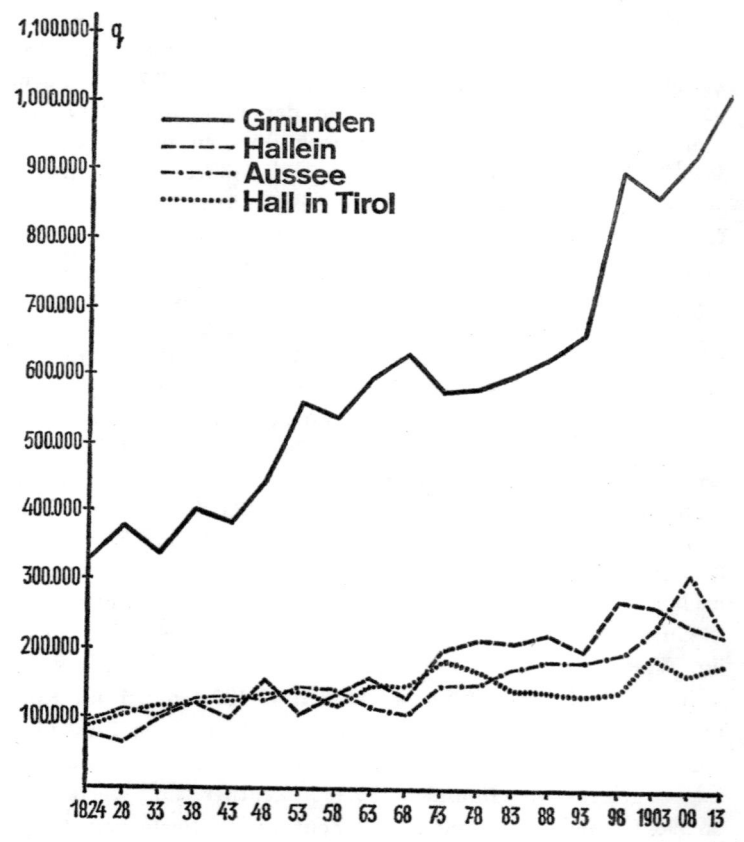

Tafel 1. Salzproduktion in den Alpenländern

Jahrhundertmitte in steigendem Umfang an Bedeutung verlor und zuletzt als Staatseinnahme kaum mehr von Wichtigkeit blieb. Andererseits behaupteten die Erträge des alpenländischen

---

[15] Rechnungs-Abschluß über den gesamten Staatshaushalt der österreichischen Monarchie im Verwaltungsjahre 1851 ff.

Salzbergbaues ihre Bedeutung im Rahmen der übrigen Salzerzeugung der Monarchie, was den Wert ihrer Produkte betrifft. Dieser ist in einem ständigen Anstieg begriffen und erreicht zuletzt mehr als die Hälfte des Wertes der Salzerzeu-

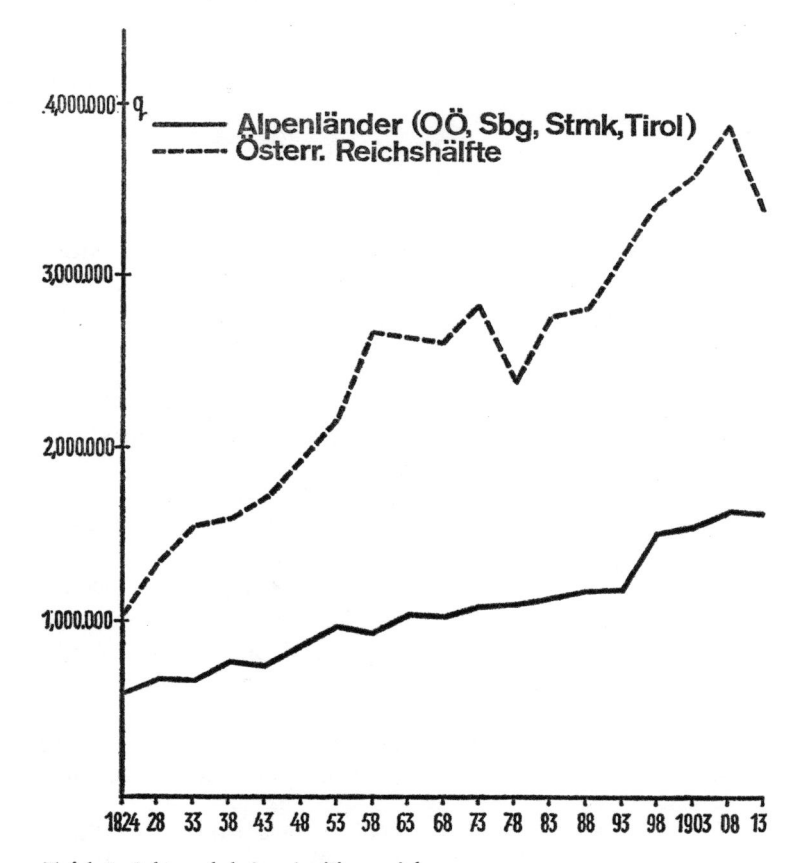

Tafel 2. Salzproduktion in Österreich

gung der übrigen österreichischen Reichshälfte. Vergleicht man die Produktionsmengen der einzelnen Alpensalinen, so zeigt sich die führende Rolle von Hallstatt, Ischl und Ebensee, während Hallein und Aussee stagnieren und Hall einen deutlichen

Rückgang aufweist. Bezieht man die Erträge in diese Betrachtung ein, verändert sich das Bild insofern, als diese erst gegen Ausgang des 19. Jahrhunderts sich den Produktionsverhältnissen angleichen. Im ersten Drittel und um die Mitte des Jahrhunderts bestand vor allem bei Bergbauen wie Hall und Aussee eine ausgesprochene Diskrepanz zuungunsten der Erträge. Dieser Ausgleich dürfte vor allem auf die technischen Errungenschaften, die überall gleichzeitig zur Anwendung gelangen konnten, zurückzuführen sein.

Zur Technologie[16] in der zweiten Hälfte des 19. Jahrhunderts

In der Donaumonarchie wurden Steinsalz, Sudsalz und Meer- oder Seesalz produziert. Das Steinsalz wie auch den Großteil der zur Sudsalzerzeugung dienenden Salzsole gewann man im Bergbau (Grubenbau). Der Abbau des Steinsalzes erfolgte entweder durch Abschrämmen (Schrämmarbeit) mittels der Keilhaue und Keile oder nach vorherigem Anbohren durch Sprengen mit Pulver oder Dynamit (Sprengarbeit). Mancherorts wurden beide Verfahren kombiniert angewendet. Früher waren Abschrämmen, wobei die abzubauende Gesteinsmasse durch einen Schlitz (Schramm) unterhöhlt und dann mittels Schlages und Eisenkeil abgelöst wurde, sowie das Anbohren reine Handarbeit. Seit neuerer Zeit dienen dazu Handschrämmaschinen System Lilienthal und die mittels komprimierter Luft betriebene Schrämmaschine System Hurd und Simpson von Reska in Prag; dann weiters die hydraulisch betriebene Bohrmaschine Harras und Trauzl. Seit 1894 wurde die elektrisch betriebene Siemens'sche Dreh- und Schlagbohrmaschine eingesetzt. Die Schachtförderung des noch an Ort und Stelle mit Keilen und

---

[16] J. Karsten, Lehrbuch der Salinenkunde (1846/47); Michael Kefer, Beschreibung der verschiedenen Manipulations-Methoden bei dem k. k. Salzberge zu Ischl (1836); Karl Riezinger, Schema der Fassmaterial-Erzeugung in der Schanzsäge bey der k. k. Salzfactorie Hallein (1845); Karl Riezinger, Schema der Kuffenerzeugung bey der k. k. Salzfactorie Hallein, für die Krone Bayern (1845); Carl Schraml, Über die Ausgestaltung der alpinen Salzbergbaue (1913); Franz von Schwind, Die Verwässerung des Haselgebirges als Motiv der Bauanlagen mit besonderer Rücksicht auf die jüngsten Erfolge

Zersetzeisen verkleinerten Salzes erfolgte in Rollwagen (Hunden), die mittels Tier-, Wasser- oder Dampfkraft von Maschinen zutage gezogen und gehoben wurden.

Steinsalz kam in größeren oder kleineren Stücken (Naturalstücken oder Minutien) oder vermahlen (Mahlsalz) in den Handel. Sogenannter Bergkern der alpinen Salinen besaß infolge seines wenig gefälligen Äußeren wenig Anwert und wurde nur für Badezwecke oder zur Viehfütterung verwendet.

Sudsalz erzeugte man aus der Sole durch Verdampfung derselben mittels Feuer (Versiedung)[17]. Natürliche Sole aus Salzquellen wurde wegen des geringen Salzgehaltes gegen Ende des 19. Jahrhunderts nur mehr vereinzelt, zumeist für Heilzwecke oder zur Viehfütterung, ausgebeutet und unterlag nicht mehr dem Salzmonopol. Künstlich erzeugte Sole wurde in salzhältigen Gebirgen (Haselgebirge, Salzton), die nur geringe Einschlüsse reinen Steinsalzes enthalten, mittels sogenannten Wehren oder Werken (Laugwerken) auf Sole verlaugt (verwässert). Zunächst trieb man von der Grube in die hiezu bestimmten Teile des Salzgebirges Strecken von geringen Querschnitten (Öfen), die Gitter-, Kreis- oder Parallelöffnung aufwiesen. Die Werksanlage wurde mit dem oberen Horizont der Grube durch einen schrägen Bau (Sinkwerk) verbunden, durch den man Süßwasser einleitete. Die Solenableitung erfolgte mittels eines in einen Ablaßdamm vertikal oder horizontal eingebetteten Ablaßrohres. Die Laugwerke besaßen zumeist die Gestalt einer Ellipse oder eines Kreises in einer Höhe von ungefähr zwei Metern, von oft ganz gewaltigen Dimensionen bis zu 6000 Quadratmetern Himmelsfläche und 200.000 Hektoliter Fassungsvermögen. Ein solches Laugwerk bleibt oft bis zu hundert Jahre in Betrieb. Verschiedene moderne Methoden der Verwässerung sind die Schnellwässerung, Doppelwerke, Schernthanners Schachtwerke, Überwässerung (Hutterwerk). In Einschlagswerken erfolgte die Klärung der Sole, die durch eine Solenleitung

---

der schnellen und der sogenannten kontinuirlichen Wässerung (1854); A. von Miller-Hauenfeld, Über eine rationellere Methode der Salzgewinnung in den Alpen (1869).

[17] August Aigner, Die alpinen Salzsiedewerke am Ende des 19. Jahrhunderts, Österreichische Zeitschrift für Berg- und Hüttenwesen 46 (1898).

(Solensträhn) zur Sudhütte gebracht wurde. Sofern ein Werk auch als Einschlagwerk nicht mehr benützbar erschien, erfolgte seine „Totsprechung". Die in eigenen Reservoirs gesammelte Sole wurde nach Bedarf den in den Sudhäusern eingebauten Pfannen zur Versiedung zugeführt. Die Pfannen waren früher kreisrund, später hufeisenförmig (Frauenreither Pfannen), dann rechteckig aus gewalztem Blech mit Kesselnietung zwischen 45 bis 250 Quadratmeter Bodenfläche. Seit den siebziger Jahren wird bei den alpinen Salinen Kohlenfeuerung angewandt. Ursprünglich wurde das Holz auf offenen, gemauerten Planrosten verbrannt. Anstelle dieser unökonomischen Methode trat die rationell arbeitende Pultfeuerung und die Treppenroste. In der Saline Aussee wird auch Torf als Brennstoff verwendet, in Hall die Haeringer Braunkohle, in Ischl in ausgedehntem Maße Gasfeuerung, die sich ansonsten jedoch wenig bewährt hat. Der Verdampfungsprozeß führt zur Kristallisation des in größeren und kleineren Korn enthaltenen Salzes, das in Zwischenräumen von zwei bis drei Stunden mit Krücken (früher aus Holz, jetzt aus Eisen) ausgezogen („ausgepehrt") wird. Eine solche Sudkampagne dauerte zumeist mehrere Wochen, wobei die verdampfte Sole immer wieder durch neue ersetzt wurde. Die zurückbleibende, mit Nebensalzen angereicherte Sole (Mutterlauge) ließ man zuletzt in die Labstuben ab, wo sie nach Auskristallisierung als Salz für Badezwecke oder auch als Fabriksalz abgegeben wurde. Die Dörrung des Salzes erfolgte ursprünglich in eigenen, separat geheizten Dörr-(Pfiesel-)Häusern, während dies später die von den Pfannen abziehenden heißen Gase besorgen. Eine vollkommene rauchfreie Verbrennung der Kohle am Rost war daher eine Grundbedingung für die Erzeugung reinen Salzes.

DIE WICHTIGSTEN IN DEN VERKAUF GELANGENDEN SALZSORTEN

In den allgemeinen Verschleiß kam sowohl Formsalz als auch Blanksalz. Zu ersterem zählte bei den alpinen Salinen das Füderl- oder Stöckelsalz (zwischen 17 und 20 kg pro Stück). Das ausgepehrte, noch heiße Salz, mit der noch an ihm haftenden Mutterlauge, wurde händisch in Kugelstutzen aus Holz (Kufen) oder Gußeisenformen, in neuester Zeit auch aus Aluminium gegossen. Nach etwa zwei Stunden stürzte man es aus den Formen, reinigte es und brachte dieses in die Dörrkammern. Noch in der Pfanne entfernte man den gipshältigen „Pfannstein", der zu Zwecken der Viehfütterung diente. Früher wurde das sogenannte „Fasselsalz" durch Zerstoßen des Formsalzes vor allem dann gewonnen, wenn dieses nicht die nötige Festigkeit aufwies. Beim losen „Blanksalz" wurde das in der Pfanne sich kristallisierende Salz dreistündig ausgepehrt und nach 24 bis 30 Stunden, nachdem die Mutterlauge gut abgeronnen war, auf offenen Dörrpfannen zirka drei Stunden lang bis auf einen Wassergehalt von 2 bis 4% ausgetrocknet und in Säcken für den Verkauf bereitgestellt. Die Salinen in Ebensee und Ischl erzeugten seit Mitte der siebziger Jahre aus Blanksalz mittels einer Handschraubenpresse sogenanntes „Briquettesalz" in Würfel-, früher auch Prismenform. Täglich konnten 3000 Briquetts von 5 bis 10 kg Gewicht hergestellt werden. Später setzte man dafür hydraulisch betriebene Pressen ein, die 1 kg schwere Briquettes herstellten. Entsteht bei Formsalz Bruch, so mahlen einige Salinen daraus besonderes „Mahlsalz". Aus Blank- oder Mahlsalz gewann man Viehsalz und Fabrikssalz I. Sorte, hingegen aus den Sudbetriebsabfällen Fabrikssalz II. Sorte, das auch als „Dungsalz" sehr verbilligt abgegeben wurde.

DIE MEER-(SEE-)SALZERZEUGUNG[18]

Meerwasser enthält im Durchschnitt 3,43% Salze, darunter vorwiegend Chlornatrium. Im Verkaufsstand verblieben neben 5% Wasser 2% fremde Salze, insbesondere Glaubersalz, Chlormagnesium und Gips, die dem Meersalz einen schärferen, aber auch bekömmlicheren Geschmack als jenen des Steinsalzes verleihen. Meersalz läßt sich daher im Bereich der Küstengebiete nur schwer von Steinsalz verdrängen. Die Gewinnung des Meersalzes erfolgte in den Seesalinen („Salzgärten"), die zumeist zahlreichen privaten Grundbesitzern gemeinsam gehörten. Das Meerwasser wurde bei Flut oder künstlich mit Hubpumpen oder Windmotoren in ein System von flachen, abgeschlossenen Bassins (Salzbeete) geleitet und unter Wirkung der Sonnen-

---

[18] Max von Arbesser, Die Seesalinen der österreichisch-ungarischen Monarchie (1894).

strahlen allmählich verdunstet, bis es kristallisierte. Am Schluß der Salzkampagne mußten die Salzkristalle an die ärarischen Magazine abgeliefert werden, wo noch eine zirka zweijährige Lagerung und Austrocknung bis zur Verschleißfähigkeit erfolgte. Infolge minimaler Tonbeimengungen unterschied man zwei Sorten: weißes und graues Seesalz. Von den einstmals zahlreichen Salinenanlagen, welche für die arme einheimische Bevölkerung eine wichtige Erwerbsquelle darstellten, bestanden Ende des 19. Jahrhunderts nur noch wenige: Capodistria und Pirano in Istrien, die Salinen St. Eufemia und St. Pietro auf Arbe sowie jene zu Pago als Privatsalinen, während Stagno in Dalmatien in Staatsregie geführt wurde. Die Gesamtfläche aller Salinen blieb von 1847 bis 1897 mit etwa 11,000.000 Quadratmetern nahezu gleich groß. Die Erzeugung stieg im gleichen Zeitraum von 351.946 auf 453.619 Zentner, wobei vor allem das graue Seesalz seinen Anteil bedeutend steigern konnte. Die Zahl der während der Kampagne hauptbeschäftigten Arbeiter verminderte sich von 3706 auf 2448, während die Zahl der nur zeitweilig Beschäftigten von 1132 auf 1667 anstieg. Relativ hoch dabei war der Anteil jugendlicher Hilfsarbeiter und der Frauen. Die Jahreserzeugung auf 1 Hektar Salinengrund konnte von 1847 bis 1897 von 321,9 auf 416,6 Zentner gesteigert werden. Der Preis des weißen Seesalzes lag nur knapp unter jenem des Fassel- oder Stöckelsalzes, er betrug 1847 11 Gulden 6 Kreuzer und wurde 1859/62 auf 13 Gulden 90 Kreuzer erhöht, um dann allerdings wieder auf 9 Gulden 40 Kreuzer 1897 abzufallen. Das Domesticalsalz war etwa um die Hälfte verbilligt, und das Fischersalz, das zur Herstellung von Konserven diente, erreichte 1897 überhaupt einen Tiefstand von 3 Gulden 75 Kreuzer.

DIE ALPENSALINEN[19]

Die Zoll- und Staatsmonopolordnung vom 11. Juli 1835 bestimmte, daß alles auf oder unter der Oberfläche des Staatsgebietes von der Natur erzeugte in reinem Zustand oder in

---

[19] August Aigner, Der Salzbergbau in den österreichischen Alpen (1892); ders., Die Salzbergbaue in den Alpen von ihrem Beginn bis zur Jetztzeit, Montanistische Rundschau 5 (1913); ders., Die

Gemenge mit anderen Stoffen vorhandene Kochsalz ausschließlich Staatseigentum ist und niemand ohne Bewilligung der Gefällsbehörden privat Salz erzeugen darf. Private haben das von ihnen erzeugte Salz gegen angemessene Vergütung an den Staat abzuliefern, sofern ihnen aber eine Befugnis zum Verkauf dieses Salzes (z. B. durch chemische Fabriken) eingeräumt wurde, hatten sie dafür eine Lizenz- oder Monopolsgebühr (Fabrikatssteuer) zu entrichten. Während alle übrigen ärarischen Montanwerke dem k. k. Ackerbauministerium unterstellt waren, wurden die vom Staat in eigener Regie betriebenen Salinen (Salzbergbaue und Sudhütten bzw. Seesalinen) vom k. k. Finanzministerium verwaltet. Diesem Ministerium unterstanden Ende des 19. Jahrhunderts 18 Salzbergbaue, davon fünf in den Alpen (Hallstatt, Ischl mit der Sudhütte Ebensee, Aussee, Hallein, Hall), zwei in Westgalizien, zehn in Ostgalizien und eine in der Bukowina sowie die Seesaline Stagno in Dalmatien.

Die wichtigste Gruppe der Alpensalinen stellten die bis 1878 vom k. k. Salzverschleißamt in Gmunden verwalteten Bergbaue Hallstatt und Ischl sowie die Sudhütte Ebensee dar. Der Ort Hallstatt[20] wurde 1750 mit der dortigen Salinenanlage ein Raub der Flammen, worauf die Sudhütte samt den Verwaltungs- und Nebengebäuden in der zirka einen Kilometer entfernten Ortschaft Lahn wieder aufgebaut wurden. Die Soleleitungen nach Ischl und Ebensee existieren bereits seit 1613. Im Jahre 1856 wurde hier vom Monarchen persönlich der

---

Salzberge der Alpen am Ende des 19. Jahrhunderts, Österreichische Zeitschrift für Berg- und Hüttenwesen 46 (1898); Carl Schraml, Das oberösterreichische Salinenwesen (1932); Heinrich von Srbik, Studien zur Geschichte des österreichischen Salzwesens (1917); Joseph Ernst Ritter von Koch-Sternfeld, Die teutschen, insbesondere die bayrischen und österreichischen Salzwerke (1836); Mathilde Haag, Das ober-österreichische Salinenwesen, ungedr. Diss. (1951).

[20] Ramsauer, Tabelle über die Wasser- und Salzstollen zu Hallstatt, nach ihrer aufeinanderfolgenden Ordnung, nebst derselben Seigerteufe und Aufschließungs-Jahre (1845); Adolf Sallmann, Der Hallstätter Salzberg, ungedr. Diss. (1953); Michael Mosshammer und Michael Kefer, Vollständige Beschreibung über die Entstehung, äußere Lage, innere Beschaffenheit und eingeführte Bearbeitung des k. k. Salzberges zu Hallstatt, mit Ende des mil. Jahres 1813, nebst Atlas und Beschreibung und Erklärung der Karten (1814); Blaschke, Geschichte des Salzbergbaues zu Hallstatt (1928); Anton Dicklberger,

bisher tiefste Einbau angeschlagen, der Franz-Josef-Stollen. Reines Steinsalz (Bergkern) gewann man 1847: 3817 Zentner, 1897 jedoch nur mehr 2054 Zentner. Die Soleerzeugung konnte von 1,1 Millionen im Jahre 1847 auf $2^1/_4$ Millionen Hektoliter bis 1897 gesteigert werden. 49 Laugwerke besaßen eine Himmelsfläche von 105.000 Quadratmetern und einen Fassungsraum von 2,140.000 Hektoliter. 17 weitere Werke standen in Vorbereitung, wobei alle zwei Jahre fünf neue betriebsfähig wurden. Große Fortschritte im Abbau brachte die planmäßige, den Gebirgsverhältnissen angepaßte Anlage der Strecken und Werke, die Wiederinstandsetzung längst totgesprochener Werke, die Anlage von Doppel-Überwässerungs- und Schachtwerken, die Einführung eigener Wasserleitungen auf allen Einwässerungsstrecken und damit die Schnellwässerung, dann der Handbohrmaschinenbetrieb in ausgedehntem Maße (System Bornet, vorher Reska und Balzberg). 1897 wurde eine elektrische Zentralkraftstation eröffnet, die dem Betrieb der Förderhaspeln, Ventilatoren und Bohrmaschinen sowie der Beleuchtung diente. Für die Montag bis Freitag am Berg kasernierte Arbeiterschaft adaptierte man Wohnungen und errichtete ein Arbeiterhaus, das auch ein Werksbad besaß. Ein weiterer Arbeiterwohnhausbau entstand beim Franz-Josef-Stollen. Der weitaus größte Teil der Hallstätter Sole wurde mittels eiserner Leitungen über den Gosauzwang nach Ischl und von hier, mit der Sole des Ischler Salzberges vermengt, nach Ebensee in die dortige Sudhütte und Ammoniak-Soda-Fabrik geleitet. Ungefähr eine Viertelmillion Hektoliter gingen mittels einer hölzernen Leitung an die eigene Sudhütte in der Lahn, die als letzte der alpinen Hütten 1885 ebenfalls Braunkohlenfeuerung einführte. Im Jahre 1847 verbrauchte man hier 17.817 Kubikmeter Holz, 1897 waren es 67.276 Zentner Kohle. 1847 konnten 82.218 Zentner Füderlsalz, 1897 aber 84.359 Zentner Blanksalz gewonnen werden. Die Umstellung auf Blanksalz erzwang den Umbau des Sudhauses, wo anstelle zweier kleiner Pfannen eine große von

---

Systematische Geschichte der Salinen Oberösterreichs in Verbindung mit der allgemeinen Geschichte der benachbarten zur nähmlichen Salzformation gehörigen steyermarkischen, salzburgischen, tyrolischen und bayrischen Salinen (1817).

276 Quadratmetern Bodenfläche trat. Die Viehsalzerzeugung war im gleichen Zeitraum von 3817 auf 2054 Zentner zurückgegangen, wobei 1897 zusätzlich noch 1429 Zentner Fabriksalz erzeugt wurden. Der Absatz diente teilweise zur Bedeckung des Bedarfes von Hallstatt und Umgebung. Die Überschüsse wurden früher über den See nach Steeg und weiter auf der Traun zur Salinenverwaltung Ebensee verschifft. Seit 1885 verfrachtete man das Salz nach Obertraun: Durch Einführung einer elektrischen Kraftübertragung, die zum Betrieb der Werksschmiede und der Beleuchtung diente, den Bau von Materialmagazinen und zweier Arbeiterwohnhäuser nahm diese kleinste der Alpensudhütten regen Anteil am allgemeinen Aufschwung im Salinenwesen.

In Ischl[21] befindet sich der Salzberg eine halbe Meile südöstlich vom Markt bei der Ortschaft Pernegg. Unter allen alpinen Salzlagern weist Ischl die geringsten Störungen auf. Reines Steinsalz (Bergkern) wurde hier allerdings fast nicht gefunden. Zur Soleerzeugung standen 24 Werke mit einem Fassungsraum von 1,010.510 Hektolitern zur Verfügung. Die Produktion hatte sich in der zweiten Hälfte des 19. Jahrhunderts nahezu verdreifacht. (1847 waren es 432.687 Hektoliter, 1897: 1,165.610 Hektoliter Sole.) Im Jahre 1895 wurde ein neuer Erbstollen bei Lauffen angeschlagen, der eine Teufe von 156 Metern unterfahren und eine Länge von zirka drei Kilometern besaß. Der Vortrieb erfolgte mittels elektrisch betriebener Siemens'scher Dreh- und Schlagbohrmaschinen, für welche sich die Primärstation in Lauffen befand. 1890 kamen an zwei Tiefbauschächten Fördermaschinen zur Aufstellung, welche durch Philipp Mayer'sche Wassersäulenmaschinen betrieben wurden. Die Sole wurde zur Hütte nach Ischl geleitet und mit der von Hallstatt kommenden vermengt, teils in Ischl selbst versotten, großteils aber nach Ebensee weitergeführt. Der Sudhüttenbetrieb in Ischl erfuhr mehrfache Änderungen. 1823 errichtete man das Tirolerwerk, das später den Namen Erzherzog-Franz-Carl-Werk erhielt. 1834 entstand das größere Kolowratwerk. Seit 1888 wurde durchwegs Kohle verwendet,

---

[21] Winfried Aubell, Das Salinenwesen von Bad Ischl und seine Geschichte, in: Bad Ischl. Ein Heimatbuch (1966), 374 ff.

1847 benötigte man 40.920 Kubikmeter Holz, 1897: 100.963 Zentner Kohle. Die drei Pfannen verfügten insgesamt über 547 Quadratmeter Bodenfläche. Im Kolowratwerk erzeugte man Füderlsalz, im Erzherzog-Franz-Carl-Werk seit 1892 Blanksalz. Die Formsalzerzeugung war zwischen 1847 und 1897 von 137.045 auf 76.043 Zentner zurückgegangen, dafür wurden 1897 zusätzlich 48.648 Zentner Blanksalz hergestellt. Ein Teil des letzteren wird mittels einer im Jahre 1895 aufgestellten hydraulischen Salzbriquettepresse (System Philipp Mayer) zu Briquettes verarbeitet. Der Antrieb erfolgte durch eine hydraulische Transmission mit eingeschaltetem Akkumulator. Die Antriebsturbinen lieferten gleichzeitig den Strom für die Werksschmiede, wofür als Reserve 1897 auch eine Dampfmaschinenanlage installiert wurde. Der elektrische Strom betrieb auch die zur Trocknung des Blanksalzes aufgestellten Zentrifugen sowie die für die Herstellung des Mahlsatzes bestimmten Mühlen. In Ischl wurden 1847 erst 56 Zentner Dungsalz produziert, 1897 waren es bereits 2664 Zentner und zusätzlich 1903 Zentner Fabrikssalz. Die Produktion wurde großteils per Bahn nach Ebensee überstellt.

Die am südlichen Ufer des Traunsees 1607 errichtete Sudhütte Ebensee[22] verdankte ihr Entstehen dem eingetretenen Holzmangel um Hallstatt und Ischl sowie der günstigen Verkehrslage zum Hauptumschlagplatz des Salzes in Gmunden. Im Jahre 1835 wurde die allmählich auf drei Sudhäuser erweiterte Saline ein Raub der Flammen. Neun Monate später arbeitete bereits wieder ein neues Sudhaus, 1837 ein zweites, die den Namen Metternich- und Lobkowitzwerk erhielten. Die Bodenfläche der Pfannen betrug 870 Quadratmeter. 1849 entstand das Schillerwerk mit zwei Pfannen und 1870 ein Reservewerk mit einer Pfanne. 1894 wurde das Schillerwerk um zwei weitere Pfannen erweitert und 1897 mit dem Bau des Bilinskiwerkes begonnen. Im Jahre 1897 betrug die Bodenfläche der neun bereits im Betrieb stehenden Pfannen 1884 Quadratmeter. Die gesamte Sudsalzerzeugung erhöhte sich von 1847 bis 1897 von 208.996 auf 512.092 Zentner, davon 15.198

---

[22] Jos. Edl. von Freibergswall Kočiczka, Das Salzkammergut und die Salzerzeugung von der ältesten Zeit bis zur Gegenwart (1868).

Zentner Nebensalz. 1847 produzierte man nur 208.996 Zentner Formsalz. 1897 verteilte sich die Produktion auf 301.206 Zentner Formsalz, 119.125 Zentner Blanksalz, 63.485 Zentner Viehsalz, 19.173 Zentner Fabrikssalz und 9102 Zentner Dungsalz. Damit war Ebensee zur Zeit der Jahrhundertwende die größte und leistungsfähigste Sudhütte Österreichs, die vor allem auch Fabriks- und Dungsalz herstellte. Mit diesen Erweiterungsbauten hielt eine Reihe technischer Verbesserungen Schritt. Pfanne für Pfanne wurde auf Kohlenfeuerung umgestellt. Im Jahre 1847 benötigte man 88.646 Kubikmeter Holz, 1897 jedoch 398.372 Zentner Kohle. Vom Treppenrost ging man zur Gasfeuerung über, um dann wieder zum Treppenrost zurückzukehren. 1876 wurde das erste Mahlsalz, 1877 das erste Blanksalz erzeugt, 1881 begannen Versuche mit dem Piccard'schen Salzerzeugungsapparat. Eine 1884 in Ebensee gegründete Ammoniak-Soda-Fabrik verarbeitete jährlich bis zu 800.000 Hektoliter Sole, wodurch eine bedeutende Verstärkung der Soleleitungen aus Ischl notwendig wurde. Im Jahre 1895 kam nach mehrjährigen Versuchen im Schillerwerk die erste Salzbriquettepresse (System F. J. Müller in Prag) zur Aufstellung. Die Briquettesalzerzeugung, die Herstellung von Mahl-, Vieh- und Dungsalz, für welch letzteres die Nebensalze vermahlen werden mußten, erforderte die Schaffung neuer elektrischer Kraftquellen, welche gleichzeitig auch für Beleuchtung und Betrieb der Schmiede sowie für verschiedene Motoren und Aufzüge als Antriebskraft dienten. 1896 entstand ein neues Dampfkesselhaus und Maschinenhaus. Eine Flügelbahn verband die Saline mit den k. k. Staatsbahnen. 1878 wurde der gesamte Verschleiß von Gmunden nach Ebensee verlegt, was den Bau eines Zentral-Salzmagazins nebst einem Viehsalz- und Dungsalzmagazin notwendig machte. Dieses konnte 1898 fertiggestellt werden. Zur Unterbringung der Arbeiterschaft wurden bereits mehrere Arbeiterwohnhäuser und ein eigenes Werksbad errichtet.

Das steirische Aussee[23] gehört seit 1492 zum Kammergut. Damals baute man auch die ersten Sudpfannen im Markt und in der Kainisch. In diesem salzreichsten aller alpinen Bergbaue

---

[23] Übersicht der österreichischen Salinen, ihrer Production und Gestehungskosten während der Verwaltungs-Periode 1841—1852 (1853).

4*

konnte die Gewinnung künstlicher Sole von 1847 bis 1897 etwa verdreifacht werden, von 294.952 auf 856.590 Hektoliter. Daneben gewann man jährlich auch einige tausend Zentner reinen Steinsalzes (Bergkern) 1847: 1650 Zentner, 1897: 8293 Zentner. Letzteres wird mittels einer 1897 von Siemens und Halske erbauten elektrischen Förderanlage zutage gebracht und dann auf einer 1894 errichteten 1125 m langen oberirdischen Drahtseilbahn mit einer Leistungsfähigkeit von täglich 250 Zentner zu Tal gebracht, von wo dieses per Achse der Hütte zugeführt wird. Eine eigene Stromerzeugungsanlage diente auch für die Beleuchtung und zum Betrieb der Bohrmaschinen. Nach einem großen Grubenbrand im Jahre 1852 erfolgten zahlreiche Neuinvestitionen. Die Streckenlänge der Schächte betrug Ende des 19. Jahrhunderts zirka 40 Kilometer. Ein 1869 abgeteufter neuer Schacht von 100 Meter erschloß weitere reiche Vorkommen. 34 Laugwerke verfügten über eine Himmelfläche von 88.280 Quadratmetern. Die Einführung der kontinuierlichen Verwässerung durch Hoerner von Roithberg 1841 und die Schachtwässerung durch Schernthanner 1887 brachten wesentliche Fortschritte in der Verlaugung. Seit 1872 ersetzte man die Grubenwehren durch vorteilhaftere Dammwehren. Eine über acht Kilometer lange, doppelt geführte Strähleitung bringt die Sole in die Sudhütte Kainisch. Anstelle von drei Sudhäusern entstand 1854 ein großes Sudhaus mit vier Pfannen und 1866 das Baron-Pretis-Werk mit einer Pfanne. Diese fünf Pfannen verfügten insgesamt über 718 Quadratmeter Fläche. Es wurde ausschließlich Formsalz (Füderl- bzw. Stöckelsalz) hergestellt. Das an Sulfaten reiche Salz war grob und schottrig und die Füderln entsprechend minder widerstandsfähig, obgleich man sie in Stroh verpackt versandte. Der zahlreiche Bruch wurde vermahlen und in Säcken in den Handel gebracht. Die Produktion an Füderlsalz stieg von 135.271 Zentner im Jahre 1847 auf 153.018 Zentner im Jahre 1897, wobei nunmehr auch 13.536 Zentner Mahlsalz hinzukamen. Bergkern verkaufte man nur selten in Stücken, als vielmehr gemahlen in Form von Vieh-, Fabriks- und Dungsalz. Während 1847: 1650 Zentner Viehsalz gewonnen wurden, waren es 1897 bereits 9064 Zentner, weiters 922 Zentner Fabrikssalz und 871 Zentner Dungsalz (Kainit). Die Mühlen wurden durch hydraulische Krafttransmissionen, aber auch durch Dampfkraft betrieben. Als Heizmaterial diente den Sudhütten im Jahre 1847: 32.236 Kubikmeter Holz, 1897 bereits 145.406 Zentner Kohle und 7717 Zentner Torf. Weiters wurden 19,5 Zentner Wermuthpulver, 38,6 Zentner Eisenoxyd und 2 Zentner Flammruß für die Denaturalisierung des Vieh- und Dungsalzes verwendet. Die Sudhütte war mit der Bahnstation Aussee-Kainisch durch eine der Saline gehörigen Schleppbahn verbunden.

Hallein[24] kam mit der Säkularisierung des Erzbistums Salzburg an Österreich, war aber noch vorübergehend 1809 bis 1814 bei Baiern. Der größte Teil des von der Dürrnberger Grube ausgebeuteten Terrains gehört zu Berchtesgaden. Aufgrund einer zwischen beiden Staaten 1829 abgeschlossenen Salinenkonvention steckte man die beiderseitigen Grubenfeldergrenzen sowohl unter als ober Tag genau ab, wobei eine gemischte Kommission alle fünf Jahre die Einhaltung der Markscheide kontrollierte. Nach dieser Konvention verpflichtete sich weiters Baiern zur Überlassung eines bestimmten Kontingentes Grubenholz und Österreich erklärte sich dafür bereit, auf einer der Halleiner Pfannen bis zu einer bestimmten Jahresmenge Salz zu den Gestehungskosten für Baiern zu sieden. Von letzterer Bestimmung wurde kaum Gebrauch gemacht. Weiters stand aufgrund dieser Konvention 89 Lehensbesitzern aus Baiern das Recht zu, jährlich mindestens 72 sechsstündige Schichten im Dürrnberger Salzbergbau zu verfahren. Ein analoges Recht besitzen auch mehrere österreichische Lehensbesitzer. Bergkern wird am Dürrnberg nur für den Bedarf der eigenen Knappen (1847: 2636 Zentner) gewonnen. 20 Laugwerke lieferten Ende des 19. Jahrhunderts jährlich 842.070 Hektoliter Sole, wogegen es 1847 erst 555.039 Hektoliter waren. Von der in der zweiten Hälfte des 19. Jahrhunderts erzeugten Solemenge von über 28 Millionen Hektoliter stammten 26,8 Millionen aus bairischem Staatsgebiet. Technische Verbesserungen brachte der Übergang von den alten Halleiner Wehren

---

[24] Paul Sorge, Die Entwicklung und Regulierung des Wolfdietrichstollens am k. k. Salzberge zu Dürrnberg der k. k. Salinenverwaltung in Hallein (1897).

auf die praktischeren und billigeren Dammwehren. Gegen Ende des Jahrhunderts fällt auch die Einführung der Schießarbeit, des Handbohrmaschinenbetriebes sowie die Errichtung einer elektrischen Kraftübertragungsanlage zum Betriebe von Siemens'schen Schlagbohrmaschinen, welche bei der Erweiterung und Regulierung des alten Wolf-Dietrich-Stollens eingesetzt wurden. Anstelle der alten zwei Sudhäuser in Hallein entstand auf der von der Salzach gebildeten Pernerinsel 1860 ein neues Sudhaus mit vier Pfannen und insgesamt 800 Quadratmetern Bodenfläche. Seit 1862 produzierte Hallein nur Blanksalz. Im Jahre 1847 betrug die Produktion 115.240 Zentner Formsalz und 3752 Zentner Dungsalz, 1897 hingegen 216.703 Zentner Blanksalz, 1000 Zentner Viehsalz, 2782 Zentner Fabrikssalz und 1500 Zentner Dungsalz. Seit 1874 arbeiteten alle Pfannen mit Kohlenfeuerung. 1847 wurden 32.462 Kubikmeter Holz verfeuert, 1897 waren es 168.876 Zentner Kohle. In den Jahren 1877 bis 1899 erfolgten ergebnislose Versuche mit einer mechanischen Pfanne von Vogl[25]. Früher verfrachtete den größten Teil des erzeugten Salzes die Lauffener Schiffergilde per Bahn. Eine zum Teil der Saline und zum Teil der österreichischen Staatsbahn gehörige Schleppbahn verband die Sudhütte mit dem Geleise der Staatsbahn. Ein Teil des Salzes ging auch noch mit Wagen nach Salzburg.

Der Salzberg Hall[26] in Tirol befand sich zirka 12 Kilometer nördlich von der Stadt in dem engen, oft verheerenden Lawinenstürzen ausgesetzten Halltale, in einer Höhe von 1359 bis 1659 Metern. Dieses war das höchstgelegene, aber auch das salzärmste unter den alpinen Vorkommen; sein Haselgebirge weist einen Salzgehalt von 30 bis 35% auf. Die überlagerten Wettersteinkalke führten sehr viel Wasser, für dessen Abfangung kostspielige Investitionen notwendig waren. In den

---

[25] Exposé über ein neues Verfahren beim Betriebe der Salzpfannen mit Maschinenkraft nach einem Projecte des k. k. Obersudhüttenverwalters Anton Vogl, auf Grund der diesfalls bei der k. k. Saline Hallein im Großen durchgeführten Versuche (1875).

[26] Johann Baptist Prückner, Beschreibung des Salzberges in Tyrol (1802); ders., Versuch einer diplomatischen Geschichte des Salzbergwerkes Tyrol (1806); Michael Kopf, Beschreibung des Salzbergbaues zu Hall in Tyrol (1841).

19 Laufwerken mit einem Fassungsraum von 1,212.350 Hektolitern wurden 1897: 468.713 Hektoliter Sole gewonnen, kaum wesentlich mehr als 1847 mit 423.687 Hektolitern. Die Gewinnung von Steinsalz ging ebenfalls von 224 auf 158 Zentner im gleichen Zeitraum zurück. Gegen Ausgang des Jahrhunderts wurde unter Benützung der vorhandenen Wasserkräfte eine elektrische Kraftanlage hergestellt, an die auch die Schmiede angeschlossen war sowie verschiedene Motoren obertags und in der Grube sowie auch die Beleuchtung und teilweise die Beheizung von Wohnhäusern. 1822 vernichtete eine Feuersbrunst den größten Teil der damaligen Sudanlagen, an deren Stelle bald darauf das Wilczeksudhaus errichtet wurde. 1839 folgte das Lobkowitzwerk und 1854 das Sudhaus in der Au. 1897 mußte nach mehrjährigem Stillstand die Pfanne im Lobkowitzwerk abgebrochen werden. Gegenüber 1847 hat sich bis 1897 die Zahl der Pfannen von fünf auf sechs erhöht, wobei sich die Bodenfläche von 544 auf 706 Quadratmeter vergrößerte. Die Sole wird mittels einer 12.815 Meter langen, teils eisernen, teils hölzernen Leitung der Sudhütte zugeführt und ausschließlich in Blanksalz verarbeitet. 1847 produzierte man 133.323 Zentner Blanksalz, 224 Zentner Viehsalz und 662 Zentner Dungsalz, 1897 jedoch 133.582 Zentner Blanksalz, 12.388 Zentner Viehsalz, 3412 Zentner Fabrikssalz und 166 Zentner Dungsalz. Bei allen diesen Pfannen wird mit Unterwind gearbeitet, was den Einsatz verbilligter Häringer Braunkohle gestattet. Während 1847: 16.750 Kubikmeter Holz verwendet wurden, waren es 1897: 97.077 Zentner Kohle. Weiters benötigte man 30,9 Zentner Wermuthpulver, 61,9 Zentner Eisenoxyd und 1,33 Zentner Flammruß für die Denaturalisation. Die beim Sudwerk vorhandene Wasserkraft diente außer zum Betriebe des Gebläses und der Maschine in der Schmiede auch als Kraftquelle für die elektrische Primärstation. Die in dieser gewonnene Elektrizität wurde zum Betrieb eines Salzaufzuges im Salzmagazin und der Mahl- und Mengungsvorrichtung verwendet sowie zur Beleuchtung des Werkes. Das Salzmagazin mit einem Fassungsraum von 30.000 Zentnern ist gleichwie das Kohlenmagazin durch eine Schleppbahn mit den Geleisen der Staatsbahn verbunden.

VERWALTUNGSORGANISATION UND BESCHÄFTIGTE

Bei jeder der 18 Staatsalinen besorgen Verwaltung und Betriebsleitung je eine k. k. Salinenverwaltung. Nach Auflassung der vormals bestandenen Berg- respektive Forst- und Salinendirektion in Gmunden[27], Salzburg und Hallein im Jahre 1878 wurden die alpinen Salinenverwaltungen unmittelbar dem k. k. Finanzministerium in Wien unterstellt. Der Salzbergbau und die Sudhütten, nicht aber die Seesalinen unterlagen zusätzlich den Bestimmungen des allgemeinen Beggesetzes vom 23. 5. 1854, Reichsgesetzblatt Nr. 146, soweit nicht das Salzmonopol Ausnahmen begründet. Das Personal bei den Ärarialsalinen bestand am Ausgang des Jahrhunderts aus Beamten, minderen Dienern (Meistern, Aufsehern) und Arbeitern. Vergleichswerte für das 19. Jahrhundert sind schwer zu gewinnen, da die Zählung von 1828 bis 1847 in den „Tafeln" nach anderen Gesichtspunkten als die „Arbeiterstatistiken" seit 1875 aufgestellt waren, wobei in dem Zeitraum von 1847 bis 1875, für den Zahlenmaterial nicht aufgetrieben werden konnte, eine starke Reduktion der Beschäftigtenzahlen in den Salinen erfolgte (vgl. Tab. 11).

Tabelle 11. *Beschäftigte in der Erzeugung 1828—1847*

	Jahr	Beamte	Arbeiter	Pensionisten	Provisionisten	Summe
Gmunden	1820	126	3324	116	3663	7229
	1838	195	3135	114	3108	6552
	1847	195	3340	124	2882	6541
Hallein	1828	69	604	94	571	1338
	1838	41	706	69	367	1183
	1847	41	752	58	264	1115
Aussee	1828	24	785	34	456	1299
	1838	35	670	34	401	1140
	1847	36	912	26	393	1367
Hall	1828	44	615	42	704	1405
	1838	51	583	53	646	1333
	1847	55	662	39	606	1362

---

[27] Viktor Felix von Kraus, Die Wirtschafts- und Verwaltungspolitik im Gmundner Salzkammergut, Wiener Staatswissenschaftliche Schriften 1 (1899).

Bereits im Vormärz ist ein leichter Rückgang der vom Salz lebenden Menschen in den Alpengebieten von etwas über 11.000 auf etwas über 10.000 feststellbar. Verglichen mit der österreichischen Reichshälfte bedeutet dies einen alpenländischen Anteil von zirka 68% aller Beschäftigten im Salinenwesen. Daraus wird die Aufwendigkeit des Steinsalzbergbaues erkennbar, die nicht zuletzt auf die großzügige Sozialversorgung der Beschäftigten zurückzuführen war. Als Pensionisten kamen Beamte und niedere Diener in Frage, während die aus den Bruderladen bezahlten Provisionisten dem Arbeiterstande entstammten. Echte Vergleiche ermöglichte daher nur die reine Arbeiterstatistik, wobei auch diese um die Saisonarbeiter in den Meersalinen zu berichtigen ist. Nach dieser Statistik ist insgesamt in der österreichischen Reichshälfte nach 1886 ein ständiger Rückgang der Beschäftigten feststellbar, während sich in den Alpenländern die Beschäftigtenzahlen wieder leicht erhöhten. Im Jahre 1875 gab es — verglichen mit der Gesamtzahl aller Salinenarbeiter der österreichischen Reichshälfte — nur mehr 23,7% in den Alpensalinen gegenüber 68,1% im Jahre 1847. Bis 1907 stieg diese Anteilsquote aber wieder auf 36,2% an.

Für die Salinenarbeiter[28] galten die Bestimmungen des allgemeinen Berggesetzes und die bergbehördlich genehmigten Dienstordnungen. Nach dem Lohnregulativ waren die Tag- und Schichtlöhne in vier, seit 1898 nur mehr in drei Lohnklassen geteilt. Die niederste Lohnklasse mit 77 und 83 Kreuzer Grundlohn wurde aufgelassen. Die neuen Grundlöhne reichten von 90 Kreuzer bis 1 Gulden 25 Kreuzer täglich. Im Jahre 1848 lagen die Wochenlöhne der Meister in Hallstatt zwischen 3 bis 6 Gulden. Außer ihrem Lohn erhielten alle Beschäftigten Brennmaterial in einem bestimmten Ausmaß unentgeltlich, in einem weiteren zu einem ermäßigten Preis sowie Salzdeputate. Bei Erkrankung wurde unentgeltliche Behandlung durch den bei jedem Werk bestellten Salinenarzt gewährt, mit freier Versorgung mit Medikamenten und Bezug eines Krankengeldes. Bei

---

[28] A. Löhmer, Die wirtschaftliche und soziale Lage der Haller Salzarbeiterschaft im 19. Jahrhundert, Tiroler Wirtschaftsstudien 3 (1957).

Eintritt der Dienstunfähigkeit wurden Provisionen gezahlt und nach dem Ableben den Witwen und Waisen Versorgungsbezüge. Nach dem Gesetz vom 28. Juli 1889 sollten diese Leistungen aus den Provisionskassen der Salinenbruderladen erbracht werden, deren Mittel durch Beiträge je zur Hälfte von den Arbeitern und zur anderen Hälfte vom Staat bereitgestellt werden sollten. Auf Bitten der Salinenarbeiter wurde aber im Jahre 1892 das vorzitierte Bruderladengesetz insofern abgeändert, als Salinenarbeiter von der Verpflichtung zur Versicherung bei der Kranken- und Provisionskasse der Bruderlade durch Übernahme der gesetzlichen Mindestleistungen dieser Kassen durch den Staat völlig befreit wurden. Im folgenden Jahr erfolgten weitere Verbesserungen im Sinne der älteren günstigeren Bestimmungen. Wie hoch diese sozialen Zugeständnisse waren, geht daraus hervor, daß 1897 die Aktivitätsbezüge der Beamten, Diener und Arbeiter insgesamt 1,554.195 Gulden ausmachten und die Krankengelder, Honorare und Provisionen 483.808 Gulden, das sind 31% der Aktivbezüge. Überdies wurden vom Ärar momentane Unterstützungen für Unterrichts- und gemeinnützige Zwecke jährlich in der Höhe von 30.000 Gulden bereitgestellt. Die Beibehaltung dieser großen sozialen Aufwendungen konnte auch bei Reduzierung der Beschäftigtenstände und erhöhten Ertragsleistungen der Salinen infolge der ungünstigen Tarifpolitik zu einer Gesundung der Unternehmen kaum beitragen.

Die bisher bereits bei jeder Salinenverwaltung bestandenen Bruderladen mußten 1893 in freiwillige Unterstützungsvereine aufgrund des Vereinsgesetzes umgebildet werden. Sie gewährten aus den Zinsen der vorhandenen Kapitalien, die 1897 immerhin 645.233 Gulden betrugen, an ihre Mitglieder momentane oder fortlaufende Unterstützungen, sogenannte Provisionen, weiters Beiträge zu den ärarischen Krankengeldern und auch Darlehen gegen entsprechende Verzinsung. Der Mitgliedsbeitrag bei den Bruderladen betrug in der Regel 2 Kreuzer vom Verdienstgulden. Die Einnahmen der 20 Bruderladen erreichten 1897 den Betrag von 72.208 Gulden, denen Ausgaben von 66.439 Gulden gegenüberstanden.

Sonstige Salz erzeugende Betriebe

Salpeterfabriken, die Chile- oder Pernsalpeter verarbeiteten, gewannen salpetersaures Kalium und Chlornatrium (Kochsalz). Es wurden aber auch kochsalzhaltige Unterlagen der Seifenfabrikation rückgewonnen, wobei das Glycerin vom Kochsalz abgeschieden werden konnte. Zur Vermeidung der den Einlösungspreis meist übersteigenden Ablieferungskosten erteilte die Finanzverwaltung diesen chemischen Fabriken das Recht einer Verwertung ihrer Nebenprodukte als Fabriks- oder Dungsalz oder gegen Entrichtung bestimmter Monopolsgebühren und amtlicher Konstatierung der Genußfähigkeit als Speisesalz. Im Jahre 1897 wurden auf diesem Weg 12.526 Zentner solcher Salze, darunter 5726 Zentner Speisesalz und 6400 Zentner Fabrikssalz, gewonnen. Hauptlieferanten waren die Fabrik Hrastnigg in der Steiermark, die Salpeterfabrik des N. Macher zu Groß-Enzersdorf in Niederösterreich und die Salpeterfabrik C. Rademacher zu Karolinenthal in Böhmen.

Eine Reihe von Salzquellen, die zumeist heilkräftige Jod- und Bromzusätze enthielten und zur balneo-therapeutischen Verwendung dienten, wurden von den Bestimmungen des Salzmonopols ausgenommen. Dies wurde auch auf die Erzeugung von Quellsalzen erweitert, von denen im Jahre 1897: 253 Zentner hergestellt wurden.

Salzverschleiss[29]

Im Jahre 1829 kam es zur Aufhebung der Ärarialsalzverschleißregie, die 11,4% der Einnahmen aus dem Salzgefälle verschlang. Ausschließlicher Salzverkauf an Private erfolgte von nun an am Ort der Erzeugung beziehungsweise an den wenigen noch verbliebenen ärarischen Salzniederlagen im Küsten-

---

[29] Vergleichende Übersicht des Salzverschleisses im Kaisertum Österreich 1854—56 (1857); Erträgnisse des Salzverschleisses in den Jahren 1855 bis inclusive 1893 und im Jahre 1895 (1896); Instruktion für die Berg- und Hütten-Salzerzeugungs-Bergwerksprodukten-Verschleißämter (1865); Unterricht für sämmtliche Salzämter in Österreich unter der Enns (1816).

land und Dalmatien[30]. Die Verschleißauslagen in Dalmatien erreichten 1897: 12,6% der Einnahmen des Salzgefälles, während der private Verschleiß im Durchschnitt mit 0,9% auskam. Heinrich von Srbik[31] hat darauf hingewiesen, daß der Verkauf von Ausseer Salz in Städten und Märkten bereits 1575 für völlig frei erklärt worden war. Ähnliche Befreiungen gab es im Bereich des Meersalzes und im Absatzgebiet Hall in Tirol. Erst unter Maria Theresia kam es 1753 zu einem Verbot des „eigentätigen Masselswesens und küffelweisen Salzversilberung durch Private", wonach der Kleinverkauf nur durch Händler besorgt werden durfte, die sich vom Salzamte Lizenzzettel zum Verschleiß um den vorgeschriebenen Preis besorgen mußten. Den Höhepunkt dieses ärarischen Salzverschleißes bildete 1776 die Errichtung des k. k. Transportamtes in Stadl und die Übernahme der ausschließlichen Salzverführung zu den Salzkammern in Staatsregie sowie durch Verweisung der ganzen Regiegeldgebarung an die Kleinküffelverrechnungskassen. In Niederösterreich war dieses strenge Ärarialverschleißsystem bereits 1756 eingeführt worden. Durch eine große Reform des Hofrates von Cranzberg im November 1801 kam es zu einer allgemeinen Preiserhöhung, wonach das Salz zu einem Einheitspreis von 7 Gulden 50 Kreuzer für den Zentner von jeder Verschleißstelle ohne Rücksicht auf die Entfernung vom Erzeugungsort abgegeben wurde. Diese Einheitspreisregelung war das tatsächliche Ende des Freihandels mit Salz in der Steiermark und ein letzter Ausläufer der Maria-Theresianischen Bestrebungen einer zentralistischen Monopolsverwaltung. Josef II. gab 1783 den Salzhandel in Galizien frei, Franz II. 1822 jenen für die Steiermark und 1829 für alle nichtungarischen Länder. Mit Rücksicht auf die verschiedenen Gestehungskosten waren für jede ärarische Salzniederlage besondere Preise festgesetzt. Die Preise galten für je 100 kg Salz in unverpacktem Zustand ab Waage des betreffenden Magazins (Salinenpreis). Kosten für die eventuelle Verpackung und Überstellung des Salzes von der Waage weg

---

[30] Vorschrift über die den Rechnungs-Abtheilungen im Küstenlande in Bezug auf die Salz-Material-Gebahrung zustehenden Obliegenheiten (1845).
[31] Heinrich Ritter von Srbik, Studien (1917), 204 ff.

auf die Transportmittel, die sogenannten Salinenspesen, wurden extra in Rechnung gestellt. Der weitere Transport bis an den Bestimmungsort war Sache des Käufers. Salzkäufer, die mindestens 500 Zentner auf einmal abnahmen, konnten gegen gehörige Sicherstellung und Erlag von Wechseln („Salzwechseln") eine dreimonatige Zahlungsfrist bewilligt erhalten.

Die Gestehungskosten bewegten sich etwa um ein Sechstel bis ein Drittel der Verschleißpreise (vgl. Tab. 12). Für die

Tabelle 12. *Salzgestehungs- und Salzverschleißpreise*

	Salzgestehungs-Preise		Anteil in %	Salzverschleiß-Preise	
	fl.	kr.		fl.	kr.
Gmundner Füderlsalz	1	03	16,2	6	30
Gmundner Küffelsalz	1	50	25,1	7	18
Gmundner Fasselsalz	1	16	18,4	6	54
Haller Sacksalz	1	18	37,1	3	30
Haller Schwersalz	0	45	30,0	2	30
Haller Fässersalz	1	04	27,6	3	52
1838					
Gmundner Füderlsalz	0	52	13,6	6	16
Gmundner Küffelsalz	1	46	24,9	7	06
Gmundner Fasselsalz	1	05	17,1	6	20
Haller Sacksalz	0	57	19,0	5	00
Haller Schwersalz	0	45	25,6	2	56
Haller Fasselsalz	1	09	32,2	3	34
1847					
Gmundner Füderlsalz	0	49	13,0	6	16
Gmundner Fasselsalz	1	03	16,6	6	20
Haller Sacksalz	1	04	21,3	5	00
Halleiner Steinsalz	0	17	4,9	5	50
Halleiner Fasselsalz	0	41	11,3	6	04

zweite Hälfte des 19. Jahrhunderts sind keine Gestehungspreise mehr bekannt. Seit dem Jahre 1868 haben die Speisesalzpreise eine Ermäßigung um durchschnittlich 4 Gulden 43 Kreuzer per Zentner erfahren. Die Ärarialniederlagen betrieben eigentlich nur den En-Gros-Verkauf. Im oberösterreichisch-steiermärkischen Salzkammergute wurde von alters her an die einheimische Bevölkerung sogenanntes „Gnadensalz" unentgeltlich abgegeben (Aussee: 927 Zenter, Ebensee: 2887 Zentner, Hallein: 257 Zentner, Hall: 479 Zentner im Jahre 1897). Dieses „Gnadensalz" war nur für den Eigenverbrauch bestimmt und durfte nicht gehandelt werden. Deshalb mußte in diesen Gebieten ein ärarischer Salzkleinverschleiß für Fremde eingerichtet werden. Nach Auflösung des k. k. Salzverschleißamtes in Gmunden 1878 erfolgte der Hauptverschleiß des in Ischl und Hallstatt erzeugten Salzes in Ebensee, dann zu Aussee, Hallein und Hall durch die dortige k. k. Salinenverwaltung unter Überwachung je einer der Finanzbehörden unterstellten Salzverschleißkontrolle. Der freie Speisesalzhandel erfuhr für gewisse Salzsorten einiger Salinen mit Rücksicht auf deren begrenzte Leistungsfähigkeit eine Beschränkung im Vertrieb auf bestimmte Territorien. Ebensee und Hallein deckten den Bedarf von Oberösterreich, Niederösterreich, Salzburg, Böhmen und den südwestlichen Teil Mährens, Wieliczka und Bochnia versorgten den nordöstlichen Teil Mährens, Schlesien und Westgalizien. Die neun ostgalizischen Sudsalinen und Kaczyka lieferten das Salz nach Ostgalizien und in die Bukowina. Hall versorgte Tirol und die Kärntner Bezirke Spittal und Hermagor, Aussee die Steiermark und den Rest von Kärnten. Die Istrianer Seesalinen verkauften ihr Salz in Istrien, Triest, Görz und Gradisca, Krain, aber auch in südliche Teile der Steiermark und Kärntens. Teilweise ging dieses Salz auch nach Dalmatien und Kroatien, soweit die dortigen Salinen den Bedarf nicht decken konnten.

Das 1829 eingeführte „Salzfreihandelssystem" funktionierte in der Regel folgendermaßen: Salzgroßhändler bezogen aus den Erzeugungs- beziehungsweise Einlösungsstätten des Ärars größere Mengen Salz, die sie an die Detailhändler und Kleinverschleiße lieferten, die sie wieder an die Konsumenten weiterverkauften. Der für das Salz vom Konsumenten zu zahlende Preis war infolgedessen Gegenstand des freien Übereinkommens und wurde durch die Gesetze der Konkurrenz geregelt. Die Detailpreise des Speisesalzes setzten sich aus dem Salinenpreis, den Salinenspesen, den Transportkosten und den Regiekosten einschließlich des Händlergewinnes zusammen und waren für jeden Ort zumeist je nach der Entfernung zur nächsten Salzerzeugungsstätte verschieden hoch. Infolge der lebhaften Konkurrenz bis in die entlegensten Orte, besonders aber auch deshalb, weil das Salz als Anlockungsmittel für den Ankauf anderer Genußmittel und Waren seitens der Kleinhändler betrachtet wurde, begnügten sich diese zumeist mit sehr geringen Gewinnspannen. Die Gefahr der Bildung sogenannter „Salzringe" unter den Großhändlern, wie dies im Ausland geschah, um einen Preisdruck auszuüben, bestand in Österreich deshalb kaum, weil der galizische Landesausschuß den Vertrieb des Salzes aus den Sudwerken Ostgaliziens selbständig durchführte und daselbst eine große Anzahl von Salzniederlagen errichtet hatte. Noch wichtiger als Regulativ wirkte aber die Salzgeschäftsabteilung der k. k. österreichischen Staatseisenbahnen, die über ein Netz von 230 Eisenbahnstationen mit eigenen Salzniederlagen verfügte und 1897 von den Ärarial-Salzniederlagen insgesamt 901.266 Zentner Salz oder 27,2% des gesamten Salzabsatzes übernahm. Der Vertrieb des Salzes über das Eisenbahnnetz begann bereits 1824 mit dem Bau der Pferdeeisenbahn von Gmunden nach Linz und Budweis. Diese transportierte Gmundner Salz nach Budweis und von dort wurde es auf der Moldau nach Prag verschifft[32]. Später errichtete man eine Abzweigung nach Zizlau, von wo das Salz auf der Donau nach Wien ging. 1857 wurde dieses Salzgeschäft auf die Kaiserin-Elisabeth-Bahn und 1878 auch auf die Kronprinz-Rudolf-Bahn ausgedehnt. Anläßlich der Einlösung dieser beiden Bahnen 1882 durch den Staat übernahm dieser auch die Verpflichtungen und Begünstigungen des Salzgeschäftes, das inzwischen auch die Salinen Aussee, Hallein, Hall, Wieliczka und Bochnia miteinbezogen hatte. Die Salzgeschäftsabteilung der k. k. österreichischen Staatseisenbahnen war der k. k. Staatsbahndirektion unterstellt. Außer an ihre eigenen Salzniederlagen lieferte sie an verschiedene mit ihr in Geschäftsverbindung stehende kleinere Salzhändler, weiters an die k. k. Salzniederlage in Aussig an der Elbe, die k. k. Viehsalzniederlagen zu Smichov bei Prag und zu Dobromil in Ostgalizien. Neben dem Speise- und Viehsalztransport besaßen die Staatsbahnen auch eine aus-

---

[32] Josef Sames, Der Weg des Salzes von Linz nach Budweis, Blätter für Geschichte der Technik 1 (1932), 166 ff.

schließlich übertragene Spedition der Sudbetriebsabfälle zu Düngungszwecken.

An Bewohner bestimmter salzerzeugender Landstriche (z. B. Salzkammergut), Personal der Salinen und Salzverschleißämter, einige Klöster, Stifte, Humanitätsanstalten und dergleichen wurde aufgrund alter Privilegien, zumeist eingeschränkt auf Kopf und Jahr, eine begrenzte Menge Kochsalz aus Ärarialniederlagen zu ermäßigtem Preis (Limitosalz) oder auch unentgeltlich oder gegen ein geringes Salzlösegeld (Deputatsalz, Gnadensalz, Almosensalz, Gottesheilsalz etc.) abgegeben. Diese Kontingente waren ausschließlich zum Eigenverbrauch bestimmt. Das sogenannte „Fischersalz" erhielten zu stark ermäßigten Preisen Fischer, Fischeinsalzer und Fischkonservenfabrikanten in Istrien und Dalmatien zur Bereitung von Fischkonserven unter staatlicher Kontrolle. Dafür wurden 1897 allein 8738 Zentner bereitgestellt.

SALZEXPORT UND -IMPORT

Der früher ziemlich bedeutsame Export von Salz nach Rußland sowie in die Schweiz und in die Türkei hat nahezu völlig aufgehört. Es wurden 1897 nur mehr 139.202 Zentner Salz teilweise nach Ungarn, Bosnien, Hercegowina, nach Liechtenstein und nach Samnaun in der Schweiz ausgeführt. Der Salinenverein zu Pirano exportierte Consortialsalz nach Tunis und Algier, in den letzten Jahren versuchsweise auch nach Ostindien und Brasilien. Zwischen Ungarn, Bosnien und der österreichischen Reichshälfte wurden die Speisesalzpreise stets derart gleichmäßig reguliert, daß sich ein Transport von Salz aus einem Staatsgebiet in das andere nicht rentierte.

Etwas bedeutsamer entwickelte sich die Salzeinfuhr, die 1897: 919.606 Zentner betrug. Bewilligungen für Salzeinfuhr erhielten nur Einzelpersonen für den Eigenverbrauch gegen eine Zollgebühr von 84 Kreuzern und eine Lizenzgebühr von 9 Gulden 38 Kreuzer per 100 kg. In Anspruch nahmen diese Begünstigungen vor allem chemische Fabriken, die von den inländischen Salzlagerstätten so weit entfernt lagen, daß selbst um die Gestehungskosten verabfolgtes inländisches Fabrikssalz teurer zu stehen gekommen wäre als ausländisches. Von den

919.606 Zentnern importierten Salzes entfielen 827.329 Zentner auf solches für industrielle Zwecke, während in der österreichischen Reichshälfte insgesamt erst 841.867 Zentner Fabrikssalz hergestellt wurden. Ähnlich verhielt es sich bei den kochsalzhaltigen Dungsalzen, wozu insbesondere die in den Kaliwerken zu Leopoldshall-Straßfurt erzeugten Kali-Fabrikate gehörten, welche im Inland kaum vorkamen und deshalb gebührenfrei eingeführt werden durften. Einer einheimischen Dungsalzproduktion von 45.084 Zentnern stand eine mehr als doppelt so große Einfuhr von 92.260 Zentnern gegenüber.

Viehsalz, Dungsalz und Fabrikssalz

Bereits in den Jahren 1861 bis 1868 wurde bei den ärarischen Salzniederlagen ein eigenes, anfangs mit Enzian- oder Wermutpulver, später mit zweiprozentigem Eisenoxyd und einprozentigem Kohlenstaub bereitetes Viehsalz zu stark ermäßigten Preisen abgegeben. Viele Mißbräuche und Klagen über schlechte Qualität eines daraus renaturierten Speisesalzes führten zur Einstellung dieses Verfahrens im Jahre 1868. Gleichzeitig wurde der allgemeine Salzpreis um zirka 4 Gulden 43 Kreuzer per Zentner gesenkt. In den Jahren 1869 und 1882 erfolgten zwei neue Ausschreibungen zur Gewinnung einer besseren Viehsalzbereitungsmethode, allerdings ohne Erfolg[33]. Seit 1894 wurde vom Ärar neuerdings aus $99^{1}/_{4}^{0}/_{0}$igem Kochsalz, $1/_{2}^{0}/_{0}$ rotem Eisenoxyd und $1/_{4}^{0}/_{0}$ Wermutpulver Viehsalz erzeugt, das um $50^{0}/_{0}$ verbilligt zum Salinenpreis von 5 Gulden per Zentner abgegeben wurde. Die Staatsbahnen gewährten für dessen Transport verbilligte Tarife. Der Bezug war ursprünglich mengenmäßig begrenzt und an strenge Kontrollmaßnahmen geknüpft. Seit 1897 waren die Viehsalzverschleißer nur zu einer Buchführung verpflichtet, woraus die Abnehmer hervorgingen. Als Folge dieser Erleichterung stieg der Viehsalzabsatz innerhalb eines Jahres von 34.059 Zentner im Jahre 1896 auf 140.769 Zentner

---

[33] Bericht des Preisgerichtes über den Erfolg der Preisausschreibung für die Herstellung eines denaturierten Viehsalzes nebst einem Anhang über die Ergebnisse der Versuche mit künstlichen Lecksteinen (1885).

im Jahre 1897. Dieser lag damit immer noch weit unter einem errechneten Jahresbedarf von 1,353.700 Zentnern[34].

Das „vermengte, freiverkäufliche Dungsalz" bestand aus 20% Kochsalz und 80% anderen Stoffen (Sulfaten, Asche etc.). Es konnte bei sämtlichen k. k. Salzniederlagen um 1 Gulden 34 Kreuzer, seit 1886 um 1 Gulden pro Zentner von jedermann gekauft werden. Chemische Fabriken durften ihre kochsalzhaltigen Rückstände, sofern diese nicht mehr als 20% Kochsalz enthielten und mit 1% Ruß vermengt wurden, ebenfalls als Dungsalz absetzen. Die alpinen Salinen gaben „Salzsudbetriebsabfälle" in gemahlenem, mit $1/2$% Ruß gefärbten Zustand um 1 Gulden 34 Kreuzer pro Zentner an Landwirte gegen Vorweis eines Zertifikates einer landwirtschaftlichen Korporation zur Eigenverwendung als Düngemittel ab. Seit 1892 war der Bezug von kochsalzhaltigen Dungsalzen (Abraumsalze, Abfallsalze der Fabriken und Salzsudwerke sowie künstliche Düngungsmittel aus Salzgemengen), die auch aus dem Ausland eingeführt werden dürfen, zoll- und lizenzgebührenfrei. 1897 wurden aus den k. k. Salzniederlagen und aus chemischen Fabriken 45.484 Zentner, darunter 32.527 Zentner Kaluszer Kainit und aus dem Ausland 92.260 Zentner, somit im ganzen 137.744 Zentner Dungsalz bezogen.

Fabrikssalz[35] war unter gefällsamtliche Kontrolle gestellt, es mußte vor der Verwendung in der von der Gefällsbehörde je nach dem betreffenden Fabriks- oder Gewerbeverfahren in der vorgeschriebenen Weise zum menschlichen Genusse unbrauchbar gemacht (denaturiert) und vom Hersteller eine Kaution geleistet werden. Dieses Salz war vom freien Handel vollkommen ausgeschlossen. Als Denaturierungsmittel wurden kalziniertes, in Wasser gelöstes Soda, kalziniertes Glaubersalz, Eisenvitriol in Mengen von 3 bis 6%, Schwefelsäure und anderes mehr verwendet. Ein begünstigter Bezug von Fabrikssalz war folgenden Industriesparten zugestanden: Zur Erzeugung von Chlor- und Natronpräparaten, insbesondere von

---

[34] Wilhelm Mucha, Einfluß der Salzsteuer auf die Viehzucht Österreichs (1890).

[35] Joseph Ottocar Frhr. von Buschmann, Das Industrie-Salz (1892).

Soda und Glaubersalz sowie auch von anderen chemischen Produkten; für chemische und elektrische Bleichereien, namentlich in Papier-, Zellulose- und Spinnfabriken; zur Verwendung bei der Seifen-, Tonwaren- und Glasfabrikation; zur Erzeugung künstlicher Steine (Zemente); zur Lederfabrikation sowie zur Konservierung roher und grüner Häute für den Handel; zur Darmsaitenfabrikation; zur Konservierung holzgebauter Schiffe; zu verschiedenen chemisch-metallurgischen Prozessen, und zwar sowohl für das Amalgamationsverfahren als auch zum chlorierenden Rösten armer Erze und Kiesabbrände; zur Härtung von Stahlwaren, namentlich in Feilenfabriken; zur Verwendung in Färbereien und Zeugdruckereien; zur Darstellung von Farben; zur Raffinerie von Ölen, namentlich von Petroleum; zum Betrieb von Kühlvorrichtungen, besonders in Bierbrauereien, Kunsteisfabriken und öffentlichen Schlachthäusern sowie zur Bereitung von Kältemischungen für eine gewerbsmäßige Erzeugung von Gefrorenem und Eiskaffee; zu Feuerlöschzwecken; endlich im Interesse der Sicherheit des öffentlichen Verkehrs auch zur Verhinderung der Eisbildung beziehungsweise zur Auflösung von Eis und Schnee auf Eisenbahn- und Tramwayanlagen sowie auf Straßen und Plätzen größerer Städte. Im Jahre 1897 wurden 841.867 Zentner (darunter 269.086 Zentner in Form von Sole) aus k. k. Salzniederlagen, 6400 Zentner aus chemischen Fabriken und 827.329 Zentner aus dem Ausland, insgesamt also 1,675.596 Zentner Fabrikssalz verbraucht.

Das Salzmonopol[36]

Das österreichische Salzmonopol stellte sich als eine Kombination der Fabrikatsteuer mit dem Produktionsmonopol dar, welch letzteres aber nur insofern ein Handelsmonopol in sich schließt, als das vom Staat erzeugte oder eingelöste Salz aus erster Hand auch nur von diesem verkauft werden durfte. Den weiteren Vertrieb besorgten Salzhändler, welche die von ihnen bereits mit dem Salinenpreis geleistete Salzsteuer unter

---

[36] Ders., Das Salzmonopol in Österreich (1906); Ferdinand Graf von Hompesch, Das Salzmonopol in Österreich-Ungarn (1866); Wilhelm Sommerfeld, Salzmonopol und Salzsteuer (1868).

Hinzuschlagung ihrer Auslagen und ihres Handelsgewinnes zum Ankaufspreis auf den das Salz kaufenden Konsumenten, dem eigentlichen Steuerobjekte, überwälzen. Salz bildete in Österreich gleichwie in den übrigen Staaten der Welt einen Gegenstand der indirekten Besteuerung und bei seiner Unentbehrlichkeit und dem ständigen Wachstum der Bevölkerung daher eine der sichersten und ergiebigsten Einnahmsquellen für den Staatsschatz. Der Salzabsatz pro Kopf war im 19. Jahrhundert von 6,68 kg innerhalb der österreichischen Reichshälfte bis 1847 auf 8,20 kg und bis 1897 auf 13,10 kg gestiegen. Da ein Durchschnittsbedarf von Speisesalz pro Kopf nur von 6,50 kg errechnet wurde, dürfte die darüber hinaus gehende Produktion vor allem als Fabriks- und Dungsalz Verwertung gefunden haben. Solange die Salzärarialverschleißämter noch bestanden, ließ sich auch der genaue Pro-Kopf-Verbrauch in den einzelnen Kronländern errechnen. Im Jahre 1828 betrug dieser in Oberösterreich 9,94 kg, in der Steiermark 7 kg und in Tirol 12 kg. Mit der Freigabe des Salzhandels ist diese Berechnungsmöglichkeit nicht mehr gegeben. Wie ertragreich das Salzgeschäft auch noch am Ausgang des 19. Jahrhunderts war, zeigt das Bruttoergebnis des Jahres 1897 mit einem Salzverschleiß von 22,399.813 Gulden. Die Verschleißkosten betrugen 232.137 Gulden oder rund 1%, die Erzeugungserfordernis 3,886.452 Gulden oder 17,3% vom vorgenannten Bruttoerträgnis. Das Reinerträgnis des Salzgefälles von 18,513.361 Gulden ergab pro Kopf der Bevölkerung 74 Kreuzer.

Anhang 1. *Ertragsverhältnisse des Salzes*

Jahr	Erträge aus dem Salz in der Monarchie[1,4]	das sind % des Staatshaushaltes[4]	% des zentralen Rechnungsabschlusses[2,4]	Erträge des alpenländischen Salzbergbaues[3]	das sind % der Gesamtmonarchie[4]
1823	27,287.685 fl./C. M.	16,9		—	—
1829	24,134.668 fl./C. M.	17,1		2,072.656 fl./C. M.	8,6
1838	27,438.200 fl./C. M.	16,5		6,189.009 fl./C. M.	22,6
1847	30,880.984 fl./C. M.	16,2		7,258.868 fl./C. M.	23,5
1858	28,745.000 fl./C. M.	10,1		8,825.899 fl./ö. W.	29,2
1867	35,061.000 fl./ö. W.	9,3	6,1 (1868)	11,294.698 fl./ö. W.	32,2
1880	19,396.000 fl./ö. W.	4,8	4,4	10,446.021 fl./ö. W.	53,9
1890	20,679.800 fl./ö. W.	3,8	3,5	10,977.538 fl./ö. W.	53,1
1899	22,444.000 fl./ö. W.	3,0	2,8	13,453.976 fl./ö. W.	59,9
1910	48,129.200 K.	1,8	1,4	24,080.823 K.	50,0
1915	47,092.977 K.	0,5	0,5	28,025.418 K.	59,5

[1] Nach den Staatsvoranschlägen.
[2] Tatsächliche Einnahmen.
[3] Oberösterreich, Salzburg, Steiermark, Tirol.
[4] Ab 1880 österreichische Reichshälfte.

Anhang 2. *Verteilung der Erträge auf die Alpenländer (in Prozent)*

Jahr	Oberösterreich	Salzburg	Steiermark	Tirol	Summe
1829	49,3	33,8	8,6	8,3	100,0
1858	65,3	13,2	15,4	6,1	100,0
1890	54,2	19,6	15,5	10,7	100,0
1910	64,1	13,5	13,3	9,1	100,0
Verteilung der Produktionsmengen auf die Alpenländer (in Prozent)					
1829	55,3	14,0	13,8	16,9	100,0
1858	57,3	14,4	15,2	13,1	100,0
1890	52,3	19,4	15,8	12,5	100,0
1910	58,3	16,8	14,8	10,1	100,0

Anhang 3. *Arbeiter in der Salzproduktion*

Jahr	Gmunden	Hallein	Aussee	Hall	Summe Alpenländer	Summe österr. Reichshälfte (inklusive Verschleiß)
1828	3324	604	785	615	5328	7.858
1838	3135	706	670	583	5094	7.774
1847	3340	752	912	662	5666	8.165
1875	1151	326	362	246	2085	8.805
1886	1191	385	389	237	2202	12.044
1897	1224	359	429	249	2261	8.402
1907	1322	364	562	265	2513	6.947

Anhang 4. *Verschleißpreise pro Zentner Salz (in fl. ö. W.)*

Jahr	Gattung	Gmunden	Hallein	Aussee	Hall
1828	Fasselsalz	12,95			
	Küffelsalz	13,70			
	Füderlsalz	12,20			
	Stocksalz		11,25		
	Bergkern		9,38		
	Ausseer Sudsalz			11,54	
	Pfannenkern			9,23	
	Säcksalz				6,57
	Schwersalz				4,70
1838	Fasselsalz	11,88	11,38		
	Küffelsalz	13,22			
	Füderlsalz	11,75	10,96		
	Stocksalz		10,96		
	Bergkern		10,96	11,25	
	Ausseer Sudsalz			11,25	
	Pfannenkern	9,38	8,66	8,91	
	Limitosalz		6,57		

Quantitative Aspekte der Salzproduktion 71

Jahr	Gattung	Gmunden	Hallein	Aussee	Hall
1847	Fasselsalz	11,88	11,37		
	Füderlsalz	11,75			
	Stocksalz		10,46	11,25	
	Bergkern	11,75	10,94	11,25	
	Ausseer Sudsalz			11,25	
	Pfannenkern	9,38	8,66	8,91	
	Limitosalz		6,56		6,56
	Steinsalz		10,94	11,25	5,50
	Weißschluder und Igelsalz				6,69
	Fabriksalz	3,75	3,75	3,75	3,75
1858	Fasselsalz	13,40	12,50	12,04	
	Füderlsalz	12,50	11,71		
	Pfannenkern	9,38	9,38	9,38	
	Limitosalz		7,60		
	Steinsalz	12,34	12,06	12,50	4,91
	Dungsalz	1,79	1,34	1,34	1,34
	Fabriksalz	1,34	1,34		2,24
	Sulzenspath			3,75	
	Sudsalz	12,50	12,06	12,50	7,60
	Viehlecksalz	4,70	4,70	4,70	4,70
1865	Fasselsalz	12,77	12,50		
	Füderlsalz		12,05		
	Bergkern	14,40		12,07	
	Pfannenkern	10,80	10,80	10,80	
	Steinsalz				5,66
	Weißschluder und Igelsalz				4,91
	Sulzenspath			3,13	
	Sudsalz		13,90	13,90	8,75
	Viehlecksalz	2,86	2,86	2,86	2,86
1875	Füderlsalz	10,00		9,50	
	Bergkern	10,00	9,40	9,50	8,00
	Pfannenkern	9,80	9,55	9,50	
	Limitosalz		8,75		
	Steinsalz		9,40	9,50	8,00
	Dungsalz	1,34	1,34	1,34	1,34
	Fabriksalz	1,43	0,89	1,43	1,79
	Sudsalz	9,80	9,40	9,50	8,00
1899	Füderlsalz	10,00			
	Stocksalz			9,50	
	Bergkern	10,00		9,50	
	Pfannenkern	9,80	9,55	9,50	
	Limitosalz		8,75		
	Steinsalz		9,40	9,50	8,00
	Dungsalz	1,34	1,34	1,34	1,34
	Fabriksalz I. S.	0,99	0,99	1,15	1,10
	II.	0,50	0,49	0,50	0,50
	III.	0,08	0,09	0,06	0,10
	Sudsalz	9,80	9,55	9,50	8,00
	Viehlecksalz	5,00	5,00	5,00	5,00

Roman Sandgruber

DIE INNERBERGER EISENPRODUKTION IN DER FRÜHEN NEUZEIT

Die Geschichtsforschung stützt sich bei der Untersuchung und Analyse der säkularen Trends der Wirtschaftsentwicklung im vorindustriellen Zeitalter meist auf die Verhältnisse in der Landwirtschaft, die für eine vorindustrielle Gesellschaft zweifellos von dominierender Bedeutung, aber oft quellenmäßig nur unzureichend dokumentiert sind[1]. Berücksichtigt man neben der Landwirtschaft die Industrie, so verdient das Montanwesen für eine Betrachtung der vorindustriellen Konjunkturbewegung in den Alpenländern besondere Beachtung.

Der Bergbau mit den von ihm abhängigen Industriezweigen, immer eine Quelle des Reichtums und des Fortschritts, stellte hier wohl nach der Landwirtschaft den relativ größten Anteil am Sozialprodukt, sodaß er wegen seiner gesamtwirtschaftlichen Bedeutung und Verflechtung einen recht guten Indikator der allgemeinen Wirtschaftsentwicklung abgeben kann[2]. Hiezu kommt, daß er in unserer Gegend wegen seiner besonderen quellenmäßigen Überlieferung zu den wenigen Sektoren gehört, in denen die Erstellung von weit ins vorindustrielle Zeitalter

---

[1] Über neue Aufgaben und Ansätze der Wirtschaftsgeschichte vgl. David Herlihy, The Economy of Traditional Europe, Journal of Economic History 31 (1971), 53—164; Fernand Braudel, La Méditerranée et le monde Méditerranéen à l'époque de Phillipe II (²1966); Pierre Goubert, Cent Mille Provinciaux au XVIIe Siècle. Beauvais et Beauvaisis de 1600 à 1730 (1968); Emmanuel le Roy Ladurie, Les Paysans de Languedoc (1969); Wilhelm Abel, Agrarkrisen und Agrarkonjunktur (²1966).

[2] Zur Dynamik des Bergbausektors vgl. Mitterauer im vorliegenden Sammelband, 234 ff.

zurückreichenden Reihen über Produktion und Vertrieb möglich ist, sodaß hier lange Wellen und säkulare Trends der Produktionsentwicklung wesentlich besser und exakter erfaßt werden können als in anderen Wirtschaftszweigen, etwa Landwirtschaft oder Gewerbe.

Im vorliegenden Aufsatz soll nun versucht werden, anhand der Geschäftsbücher der Innerberger Hauptgewerkschaft die Entwicklung der Eisenerzeugung am Nordteil, dem sogenannten Innerberger Teil, des steirischen Erzberges vom 16. bis ins 19. Jahrhundert in Langzeitreihen darzustellen und ein Modell ihrer gesamtwirtschaftlichen Zusammenhänge zu formulieren. Die Innerberger Hauptgewerkschaft, 1625 aus dem Zusammenschluß von 19 Radwerken und 46 Welschhammerwerken hervorgegangen und 1881 mit anderen Eisenwerken zur Österreichisch-Alpinen Montangesellschaft fusioniert, eignet sich für eine solche Untersuchung besonders gut[3]:

Erstens dürfte diese Gesellschaft mit ihren 2000 bis 3000 Beschäftigten im 17. und 18. Jahrhundert eines der größten Eisenhüttenunternehmen der Welt gewesen sein. Ihr Anteil an der gesamtösterreichischen Eisenproduktion lag bei etwa 30 bis 40%.

Zweitens sind ihre Bücher von 1626 bis 1822 fast lückenlos erhalten, wenn auch ihre Qualität und Ausführlichkeit je nach den verwendeten Buchungstechniken stark wechselt[4]. Darüber hinaus ist es möglich, die Produktionsreihe bis ins erste Drittel des 16. Jahrhunderts hinein, zwar mit größeren Lücken und man-

---

[3] Über die Innerberger Hauptgewerkschaft vgl. Anton v. Pantz, Die Innerberger Hauptgewerkschaft 1625 bis 1788 (Forschungen zur Verfassungs- und Verwaltungsgeschichte der Steiermark 6, 1966); Hans Pirchegger, Das steirische Eisenwesen von 1564 bis 1625 (1939); Ludwig Bittner, Das Eisenwesen in Innerberg-Eisenerz bis zur Gründung der Innerberger Hauptgewerkschaft im Jahre 1625 (Archiv für Österreichische Geschichte 89, 1901); Ferdinand Tremel, Der Frühkapitalismus in Innerösterreich (1954).

[4] Steiermärkisches Landesarchiv, Innerberger Hauptrechnungen (Hauptschlüsse) 1628 bis 1768, Buchreihe R 1—93; Zentralbücher der Hauptgewerkschaft 1772 bis 1822, R 94—141; Buchhaltersraitungen in Eisenerz 1628 bis 1700, R 142—211; Wirtschaftsraitungen in Eisenerz 1701 bis 1773, R 212—255; Hauptgewerkschaftliche Akten (= Stmk. LA, IHG).

chen Unsicherheiten, zu verlängern[5]. Auf dieser Basis lassen sich Zeitreihen über Produktion, Lagerhaltung, Verkauf, Erlöse und Kosten, teilweise auch über Faktoreinsatz, gewinnen, die, untereinander und mit außerbetrieblichen Reihen verglichen, ein recht gutes Bild über das Ausmaß und die Ursachen vorindustrieller Konjunkturschwankungen bieten.

Die Innerberger Hauptgewerkschaft umfaßte im 17. und 18. Jahrhundert im wesentlichen den Bergbau am Erzberg, 10 bis 14 Schmelzhütten in Eisenerz, etwa 60 Welsch- und Kleinhammerwerke zum Frischen des Roheisens und zur Ausschlagung in verschiedene Dimensionen und eine ausgedehnte Waldwirtschaft zur Herstellung der erforderlichen Holzkohlen.

Die Eigenart der in Eisenerz bis zur Mitte des 18. Jahrhunderts verwendeten Schmelzöfen, der sogenannten Stucköfen, war, daß man hier nicht kontinuierlich wie bei Hochöfen arbeitete, sondern in einem 16- bis 18stündigen Arbeitsgang einen großen Eisenklumpen, die sogenannte Maß, erschmolz, die im 17. Jahrhundert etwa 16 bis 17 q wog und in ihrem Inneren zu etwa 40 % sehr niedrig gekohltes Eisen enthielt, das ohne einen weiteren Frischprozeß bereits schmiedbar war und sehr qualitätsvollen Stahl lieferte, den sogenannten Scharsachstahl. Die äußeren Schichten der Maß und die 20 bis 30 % Abfallsorten (Graglach und Waschwerk), in ihrer Struktur und chemischen Zusammensetzung ähnlich dem heutigen Roheisen, mußten wie dieses erst entkohlt werden, um schmiedbar zu werden. In der Regel wurde sehr weicher Stahl daraus gefertigt, das sogenannte Weich- oder Schmiedeeisen. Aus einem Zentner Abfalleisen brachte man etwa 90 % Weicheisen aus, aus einem Zentner Halbmäßeisen etwa 30 bis 40 % Weicheisen, 10 bis 15 % mittelharten Stahl und 30 bis 40 % Scharsachstahl. Der Feuerhintangang betrug 10 bis 15 %.

Das Abfalleisen wurde zum Großteil im Rohzustand an die Eisenhändler in Scheibbs, Purgstall und Gresten im Tausch gegen Lebensmittel verkauft und in den dortigen Hammer-

---

[5] Ferdinand Tremel, Die Eisenproduktion auf dem steirischen Erzberg im 16. Jahrhundert, in: Die wirtschaftlichen Auswirkungen der Türkenkriege, hrsg. v. Othmar Pickl (1971), 319—332.

werken bearbeitet. Das Halbmäßeisen wurde, abgesehen von einem kleinen Deputat in der Höhe von 1200 q für die Stadt Waidhofen, ausschließlich in den hauptgewerkschaftlichen Hammerwerken weiterverarbeitet und in verschiedenen Dimensionen

Tabelle 1. *Roheisenerzeugung (zehnjährige Mittelwerte)*[6]

Jahr		Eisenerz	Innerberger Hauptgewerkschaft
1466		25.000—30.000 (?)	
1527		90.000 (?)	
1536		125.000 (?)	
1540—1549	5	141.000	
1550—1559	4	148.000	
1560—1569	6	157.000	
1570—1589	16	153.000	
1590—1599	10	145.583	
1600—1609	10	128.627	
1610—1619	6	129.000	
1625—1629	5	50.440	
1630—1639	10	72.834	
1640—1649	10	63.090	
1650—1659	10	70.636	
1660—1669	10	70.446	73.732
1670—1679	10	71.806	77.670
1680—1689	10	75.800	80.001
1690—1699	10	80.513	80.513
1700—1709	10	86.244	86.244
1710—1719	10	91.962	94.356
1720—1729	10	94.819	103.790
1730—1739	10	96.936	106.906
1740—1749	10	95.400	105.023
1750—1759	10	95.711	104.511
1760—1769	10	112.126	122.436
1770—1779	10	108.604	119.313
1780—1789	10	112.746	126.952
1790—1799	10	106.875	123.117
1800—1809	10	104.207	130.272
1810—1819	10	82.146	93.144
1820—1829	9	136.507	142.903
1830—1839	10	199.186	203.459

[6] Die erste Spalte (Innerberg) bringt die Produktion in Eisenerz (ab 1817 Eisenerz und Hieflau), ist also durchlaufend vergleichbar; die zweite Spalte die Gesamtproduktion der Innerberger Hauptgewerkschaft, einschließlich Wildalpen (ab 1650), Radmer (1712) und Reichenau (1780).

und Sorten verkauft. Finalprodukte wurden im 17. Jahrhundert nicht, im 18. Jahrhundert nur in geringem Ausmaß hergestellt.

Die beste Basis für die Betrachtung der Produktionsentwicklung bietet die Roheisenproduktion. Die Reihe reicht von den dreißiger Jahren des 16. Jahrhunderts bis 1840, also bis in die Zeit, wo sich die Nachfragestruktur nach Eisen durch den Eisenbahnbau, den Vormarsch des Gußeisens und den beginnenden Maschinenbau grundlegend gewandelt hat (Tab. 1).

Das 16. Jahrhundert steht auch in Eisenerz im Zeichen des gesamteuropäischen Wirtschaftsbooms[7]: in der ersten Hälfte des Jahrhunderts hohe Wachstumsraten, ab den siebziger Jahren Abflachen der Konjunktur. Wenn die Quellenangaben und deren Interpretation stimmen, hätte sich die Eisenproduktion in dem Jahrhundert von 1466 bis 1566 mehr als verfünffacht, in dem Vierteljahrhundert von 1527 an immerhin fast verdoppelt. In den sechziger Jahren des 16. Jahrhunderts wurden in Innerberg Produktionsziffern erreicht, die erst wieder in der Mitte der dreißiger Jahre des 19. Jahrhunderts erzielt werden konnten. Nach einer vorübergehenden Krise in den frühen siebziger Jahren stieg die Produktion fast wieder auf die frühere Höhe. Die säkulare Trendumkehr[8] erfolgte erst nach 1590, verbunden mit den Krisenjahren 1590, 1595 und 1599/1600. In den ersten zwei Jahrzehnten des 17. Jahrhunderts lag die Produktion bei etwa 130.000 q, also schon 20% niedriger als die Spitzenwerte. Der Zusammenbruch erfolgte in den zwanziger Jahren dieses Jahrhunderts. Am Tiefpunkt, 1625, standen in Innerberg statt 19 nur mehr 5 Radwerke in Betrieb, und obwohl nur mehr zirka 26.000 q Eisen erzeugt wurden, waren auch diese kaum abzusetzen. In den dreißiger Jahren konnte wieder eine durchschnittliche Produktion von 72.000 q erreicht werden, doch wurde bei weitem diese Menge nicht verkauft: Die Lager stiegen Jahr für

---

[7] Vgl. Ingomar Bog, Wachstumsprobleme der oberdeutschen Wirtschaft 1540 bis 1618, in: Wirtschaftliche und soziale Probleme der gewerblichen Entwicklung im 15. bis 16. und 19. Jahrhundert, hrsg. v. Friedrich Lütge (1968), 44—89.

[8] Zur Krise des 17. Jahrhunderts: Eric J. Hobsbawm, The general Crisis of the European Economy in the 17th Century, in: Crisis in Europe 1560 bis 1660, ed. Trevor-Aston (1967).

Jahr. Nach den Wirren der vierziger Jahre, in denen die Produktion wieder katastrophal niedrig war, ein Teil der Vorräte aber abgebaut werden konnte, folgte eine lange Periode der Stagnation. Die B-Phase reichte bis in die neunziger Jahre des Jahrhunderts. Die Produktion verharrte auf einer durchschnittlichen Höhe von ca. 70.000 q, konnte dann bis zum Ende der zwanziger Jahre des 18. Jahrhunders auf etwa 95.000 q jährlich gesteigert werden und verblieb wieder bis zum Ende der fünfziger Jahre auf diesem Niveau. Der Aufschwung der sechziger Jahre, ermöglicht durch die Einführung der Floßöfen und eingeschlossen von den Krisenjahren 1757/58 und 1771/72, setzte sich im weiteren Verlauf des Jahrhunderts nicht fort. Das Ende der merkantilistischen Wirtschaftpolitik brachte entgegen andersgehegten Hoffnungen keinerlei nennenswerte Produktionsfortschritte in Innerberg. Erst Anfang der zwanziger Jahre setzt der säkulare Aufstieg des 19. Jahrhunderts ein, kommen die seit 1790 getätigten Investitionen zum Tragen.

Zur Erklärung dieser säkularen Trendumschwünge und Konjunkturphasen wurden von den Zeitgenossen und der historisch-ökonomischen Forschung zahlreiche Punkte aufgezählt und sowohl Veränderungen auf der Nachfrage- als auch auf der Angebotsseite angeführt, doch herrscht allgemein die Tendenz vor, die Angebotsseite stärker in den Vordergrund zu stellen, also etwa für die Krise des 17. Jahrhunderts eine Verschiebung der Angebotskurve nach links zu unterstellen und Kostensteigerungen durch Verknappung eines Produktionsfaktors in Form von Holzklemme, Erzklemme, Arbeitskräftemangel oder in Form von Auftreten fremder Konkurrenz mit weiter rechts liegender Angebotskurve zu betonen. Auf der Nachfrageseite werden meist nur Veränderungen im Export berücksichtigt[9], weit weniger aber im Binnenkonsum, etwa durch Einkommensänderungen, Bevölkerungswachstum und Investitionstätigkeit[10].

---

[9] Tremel, Eisenproduktion, 332: Der Export war es auch, nicht der inländische Bedarf, der die langfristigen Trends bestimmte.

[10] Zur Angebots- und Nachfrageseite in der Eisenproduktion vgl.: Peter Temin, Manufacturing, in: American Economic Growth. An Economist's History of the United States, ed. Lance E. Davis u. a. (1972); ders., Iron and Steel in the 19th Century America (1964).

Schon von den Zeitgenossen wurde den Ursachen der Bergbaukonjunktur in vielen Diskursen nachgegangen. „Vier Dinge verderben ein Bergwerk", heißt es im Schwazer Bergbuch, „Krieg, Sterben, Teuerung und Unlust"[11]. Auch für die Krise der Innerberger Eisenindustrie im 17. Jahrhundert hatten die Fachleute und Betroffenen eine Reihe von Erklärungen parat, teils richtige, teils bewußt oder unbewußt falsche: So heißt es z. B. in einem Gutachten über die Ursachen der Unwürde am Erzberg, die Absatzstockung sei vor allem auf neue Eisenwerke in der Oberpfalz, in Mähren und Böhmen und auf das Überhandnehmen der Waldeisenbergbaue zurückzuführen[12], eine Behauptung, die auch von der späteren Geschichtsschreibung übernommen wurde[13], aber keineswegs stichhältig ist, zumindest was die Oberpfalz betrifft. Ein Großteil der ausländischen Eisenwerke war von der Krise des 17. Jahrhunderts noch viel stärker betroffen als Innerberg, vor allem die Oberpfalz. Die dortige Produktion sank von 1609 bis 1665 von 172.000 q auf 17.000 q, also auf ein Zehntel[14]. Auch die englische Eisenindustrie mußte nach einer Expansionsphase von 1540 bis 1620 Rückschläge hinnehmen, von denen sie sich erst nach 1660 langsam erholen konnte[15]. Nur das schwedische Eisen dürfte im 17. Jahrhundert zu einer Konkurrenz geworden sein. Sein Export ging aber zum Großteil nach England[16]. Auch der Hinweis auf die Waldeisenbergwerke scheint nicht gerechtfertigt und müßte überprüft werden. Naturgemäß war man in Krisenzeiten weit stärker bestrebt, unerwünschte Konkurrenten auszuschalten und wetterte daher gegen die kleinen Eisenhütten. Es ist auch richtig, daß im 17. Jahrhundert einzelne Waldeisen-

---

[11] Schwazer Bergbuch 1556, hrsg. v. d. Gewerkschaft Eisenhütte Westfalia (1956).
[12] Hofkammerarchiv, Münz- und Bergwesen alt (= HKA, MB), 124/16—71.
[13] Ferdinand Tremel, Wirtschafts- und Sozialgeschichte Österreichs (1969), 255 ff.
[14] Eckart Schremmer, Die Wirtschaft Bayerns. Vom hohen Mittelalter bis zum Beginn der Industrialisierung (1970), 326 ff.
[15] M. W. Flinn, The Growth of the English Iron Industry 1660 bis 1760, Economic History Review 11 (1958), 144 ff.
[16] Eli F. Heckscher, Sveriges Ekonomiska Historia från Gustav Vasa (1935/36) 1, 157; 2, 473 f.

bergbaue neu entstanden, doch ihre Produktion war meist nur gering, z. B. Wildalpe, und kann keineswegs den teilweise sehr einschneidenden Produktionsrückgang bei anderen Hütten, z. B. Krems in Kärnten, wettgemacht haben[17].

Auch die Hinweise auf Erz- und Holzmangel, ebenfalls ein ständiger Topos der Quellen, bedürfen einer kritischen Überprüfung. Von den Zeitgenossen wurden mit Beharrlichkeit die steigenden Produktionskosten als Ursache der Krise ins Treffen geführt, vor allem die angeblich enorm gestiegenen Preise der Kohle, das Versiegen guter Erze am Berg und die Lebensmittelteuerung. An erster Stelle steht hier die Kohle, die mit etwa 40 bis 50% Anteil an den gesamten Produktionskosten der wichtigste und teuerste Produktionsfaktor war, sodaß ein Engpaß in der Holzversorgung sicher berücksichtigt werden muß. Bei den zahlreichen Klagen über Kohlenmangel müssen aber auch die oft recht eigennützigen Hintergründe in Betracht gezogen werden: Ausschaltung unerwünschter Konkurrenten mit dem Hinweis auf mangelnde Kohlenversorgung und Rechtfertigungsbasis für beantragte Preiserhöhungen. Zu diesem Zweck scheuten sich die Gewerken auch nicht, effektiv falsche Berechnungen und Belege bei der Obrigkeit einzureichen, um ihre Klagen entsprechend quantitativ zu untermauern. Ein Beispiel: 1671 reichte die Gewerkschaft bei der Hofkammer in Wien anläßlich eines Preiserhöhungsantrages eine Aufstellung über die seit 1630 stark gestiegenen Kohlenkosten ein, die nach dieser Statistik im genannten Zeitraum bei der Radwerksstelle von 50.000 fl auf über 80.000 fl gestiegen seien[18]. Pantz benützte diese Aufstellung und kommt daraus zu dem Schluß, daß sich der Kohlenengpaß im Laufe des 17. Jahrhunderts wesentlich verschärft habe und daher bei der Beurteilung der Hintergründe der Krise entsprechend in Betracht gezogen werden müsse[19]. Bei einer Nachprüfung in den Büchern der Radwerksstelle zeigt sich aber, daß die Aufwendungen für das Kohlewesen von

---

[17] Hermann Wiesner, Geschichte des Kärntner Bergbaues 3 (1953); Tremel, Wirtschaftsgeschichte, 158.

[18] HKA, MB 124 (Aufgang auf das Innerbergische Wald- und Kohlewesen).

[19] Pantz, Innerberger Hauptgewerkschaft, 62.

1638 bis 1664 — diese beiden Jahre wurden überprüft — sogar leicht gesunken sind, von etwa 77.000 fl auf 73.000 fl, obwohl die Produktion im selben Zeitraum sogar etwas anstieg. Gegen eine Verknappung spricht auch die Tatsache, daß die Kohlenpreise nicht stärker stiegen als die Lebensmittelpreise, zumindest nach der Gründung der Hauptgewerkschaft, als die Produktion stark zurückgegangen war und daher Grenzertragswälder nicht mehr bearbeitet werden mußten. Während im 16. Jahrhundert die Kohlenpreise stark stiegen, stagnierten sie im Zeitraum von 1625 bis 1750[20].

Die Gestehungskosten für die Kohle schwankten im wesentlichen mit den Lebensmittelpreisen, da die Arbeiter der Gewerkschaft etwa zur Hälfte in Naturalien, in Getreide und Schmalz, entlohnt wurden, deren Abgabepreis seit 1625 konstant gehalten wurde, die die Hauptgewerkschaft ihrerseits aber zum Teil auf dem freien Markt einkaufen mußte. Lebensmittelteuerungen wirkten sich daher sofort auf die Produktionskosten der Gewerkschaft aus. Das war aber im 17. Jahrhundert nicht entscheidend, da die Abgabepreise oft über den Einkaufspreisen lagen, sodaß die Gewerkschaft bei der Proviantabgabe an die Arbeiter mehr Gewinne als Verluste erzielte. Kostensteigernd wirkten die Lebensmittelpreise vor allem im Zeitraum von 1690 bis 1725 und ab der zweiten Hälfte der fünfziger Jahre des 18. Jahrhunderts.

Die Ursache, daß auch im zweiten Drittel des 17. Jahrhunderts die Produktionskosten pro Zentner steil anstiegen, lagen weder

---

[20] Das könnte auch mit eine der Ursachen sein, daß die Innerberger Hauptgewerkschaft im 17. Jahrhundert nicht allzu große Anstrengungen machte, den Kohlenverbauch pro Zentner erschmolzenes Eisen zu senken. 1558 rechnen die Radmeister in einer sicher eher zu hoch als zu niedrig angesetzten Aufstellung ihrer Kosten mit 4,0 Innerberger Faß Kohle pro q Roheisen, 1613 mit 3,5 Faß, 1649 mit etwa 3,8 Faß und 1671 bis 1674 mit 3,8 bis 4,0 Faß. 1729 bis 1750 kann der Verbrauch von 4,0 bis auf etwa 3,4 Faß gedrückt werden. 1749 braucht man in einem Stuckofen 3,7 Faß pro q, 1753 in einem Floßofen 2,6 Faß, 1774 nur mehr 1,9 Faß. Bis zur Jahrhundertwende aber kommt man wieder auf fast $2^{1}/_{2}$ Faß. — Daten nach Pirchegger, Eisenwesen 1, 120; Pantz, Innerberger Hauptgewerkschaft, 96; HKA, MB 124/1689 f.; Stmk. LA, IHG, 78/2/1 ff.

bei der Kohle noch beim Proviant: Der Anteil der Kohle am Gesamtaufwand der Radwerksstelle sank von 1638 bis 1664 von 44%/o auf 23%/o ab. Dafür stieg der Posten Sonstige Aufwendungen von etwa 15%/o auf 35%/o. Darin waren vor allem Zinsen für das Fremdkapital enthalten, das zur Deckung der riesigen Lagervorräte aufgenommen werden mußte[21]. Durch das sinnlose Aufhäufen von Lagern, die in den sechziger Jahren Werte von über 1 Million fl erreichten, stieg das Umlaufkapital und damit notgedrungen auch die Verschuldung der Gewerkschaft so stark, daß 1669 allein die Zinsenlast für die aufgenommenen kurz- und mittelfristigen Gelder die Produktionskosten pro Zentner um 20,7%/o erhöhte[22].

Zusammenfassend und vereinfachend wird man sagen können, daß sich im Zeitraum von 1570 bis 1620 die Angebotskurve der Innerberger Radwerke nach links verschoben hat, anders ausgedrückt, Kostensteigerungen das Angebot verringert haben, es als Folge davon auch zu einem spürbaren Eisenmangel im Inland gekommen ist, daß aber in der folgenden Periode, 1620 bis 1685/90, die Nachfragekurve nach links gewandert ist, was sich in einem allgemeinen Eisenüberfluß trotz überall stark gesunkener Produktion äußerte.

---

[21] Verteilung der Kosten der Radwerkswirtschaft nach Kostenstellen ohne den stark angewachsenen Posten Sonderausgaben, der von 1638 bis 1664 von 35.242 fl auf 139.065 fl angestiegen war, bei einem Gesamtausgabenrahmen von 172.434 bzs. 289.644 fl.

	1638	1664
Kohle	56,5%	53,0%
Bergmeisterei	6,2%	8,4%
Stallmeisterei	10,8%	9,3%
Blähhäuser	3,9%	5,0%
Vorgeher	6,0%	4,7%
Dividenden	3,9%	5,4%
Sonstiges	13,9%	15,0%

[22] Die jährliche Zinsenlast betrug 1630: 5443 fl; 1650: 15.729 fl; 1660: 34.029 fl; 1669: 61.861 fl (Pantz, Innerberger Hauptgewerkschaft, 85 ff.).

Gliedert man die Produktion in Absatz und Lagerbewegung, so wird dieses Bild der konjunkturellen Entwicklung wesentlich klarer. Während im 16. Jahrhundert hauptsächlich über mangelndes Eisenangebot und unerlaubte Exporte geklagt wird, beginnen im 2. Jahrzehnt des 17. Jahrhunderts die Beschwerden über unverkaufte Vorräte. Die Händler sollen zur Abnahme des Eisens gezwungen werden, fordern die Gewerken. Die Scheibbser Eisenhändler versuchen, sich in ihren Verträgen, die sie 1625, 1631, 1640 und 1666 mit den Wiener Eisenhändlern abschließen, die Abnahme eines bestimmten Mindestquantums an Eisen zu sichern[23]. Ähnlich will die Hauptgewerkschaft die Kremser zur Abnahme des Eisens zwingen, Punkte, die eindeutig auf die schlechte Absatzlage schließen lassen. Nach 1690 ändert sich das Bild wieder völlig: Eisen wird wieder zur Mangelware. So werden z. B. die Scheibbser Eisenhändler 1709 und 1716 von Regierungsseite vermahnt, ihr Eisen nach Abzug des zur Versorgung des Lokalmarktes notwendigen Quantums und der Zulässe für Krems und Korneuburg nur den Wiener bürgerlichen Eisenhändlern zu verkaufen. Im weiteren Verlauf des Jahrhunderts kommt es sogar so weit, daß das Eisen rationiert werden muß[24].

Aber bleiben wir vorerst im 17. Jahrhundert. 1618 liegen 442 Maße in Innerberg, etwa 10% einer Jahresproduktion. Das ist, gemessen an den Erfahrungen des späteren 17. Jahrhunderts, fast gar nichts, es ist aber bezeichnend, daß es den Zeitgenossen als völlig neuartige und unerhörte Situation erschien. 1620 waren es bereits 1200 Maße in Innerberg und 30.000 q Stahl in Steyr im Wert von etwa 100.000 fl. Die Inflation räumte die Lager, doch 1625 waren bereits wieder 1400 Maß und 5600 q Graglach unverkauft[25]. Die folgende Periode von 1625 bis 1685 war gekennzeichnet durch chronisch hohe Lagerbestände. Schon gleich

---

[23] Roman Sandgruber, Der Scheibbser Eisen- und Proviathandel vom 16. bis ins 18. Jahrhundert, mit besonderer Berücksichtigung preis- und konjunkturgeschichtlicher Probleme. Phil. Diss. Wien 1971, 226 f.

[24] Sandgruber, Eisenhandel, 231.

[25] Pirchegger, Eisenwesen, 54—60; Pantz, Innerberger Hauptgewerkschaft, 68, 97.

nach der Gründung der Gewerkschaft begannen die Vorräte zu wachsen, erreichten 1635 einen ersten Höhepunkt mit über 5500 Maßen (= 57.000 q Roheisen) und 55.000 q Stahl, was ungefähr einer dreifachen Jahresproduktion entsprach und einen Wert von etwa 460.000 fl repräsentierte. Auch in Vordernberg lagerten damals Vorräte in dieser Größenordnung. 1641/42 und 1650/51 wurde mehr verkauft als produziert, dann aber stiegen die Vorräte wieder weiter an, bis sie 1666 die Rekordhöhe von 41.000 q Roheisen und 147.000 q Stahl erreichten, was in etwa einer Fünfjahresproduktion entsprach. 1678 lagerten erneut Vorräte in dieser Größenordnung[26]. Erst in der Konjunktur der neunziger Jahre konnten die Lager abgebaut werden, 1700 waren nur mehr 6000 q Stahl in den Gewölben der Gewerkschaft. Nach einer kurzen Krise um die Mitte des 2. Jahrzehntes des 18. Jahrhunderts zeichnete sich Ende der zwanziger Jahre eine neue Depression mit raschem Wachstum der Vorräte ab, der Höhepunkt wurde Anfang der vierziger Jahre erreicht (1744 86.000 q Halbmaß und 76.000 q Stahl). Ende der fünfziger Jahre produzierte die Hauptgewerkschaft zum letztenmal im 18. Jahrhundert in größerem Ausmaß auf Lager, im weiteren Verlauf des Jahrhunderts konnten die Vorräte außerordentlich reduziert werden und waren fast nie höher als 20% der Jahresproduktion.

Die unveräußerlichen Eisenvorräte und das gesamteuropäische Ausmaß der Krise deuten darauf hin, daß der enorme Produktionsrückgang im 17. Jahrhundert weder in Engpässen in der Kohleversorgung noch im Mangel kundiger Facharbeiter, das heißt in der Vertreibung der protestantischen Gewerken und Arbeiter[27], seine entscheidenden Ursachen gehabt haben dürfte, sondern in der Verkleinerung des inneren und äußeren Marktes.

---

[26] Daß in solchem Ausmaß auf Lager produziert wurde, lag in der Buchhaltungstechnik begründet, die den Betriebserfolg nicht am erzielten Gewinn, sondern an der Produktionshöhe bemaß.

[27] Alfred Hoffmann, Wirtschaftsgeschichte Oberösterreichs (1952), 244 f., weist auf die wirtschaftlichen Motive und Hintergründe der Protestantenauswanderung hin, z. B. Hunger, Teuerung, Konjunkturverschlechterung und relative Überbevölkerung.

Um über die Veränderung der Nachfrage genauer Aufschluß zu erhalten, wäre eine Gliederung des Absatzes nach Regionen, nach Export und heimischem Verbrauch und nach Sektoren, nach Kriegsindustrie, Landwirtschaft und Gewerbe, Voraussetzung.

Der wichtigste Exportmarkt für Innerberger Eisen war im 16. Jahrhundert Deutschland. In den sechziger Jahren wird etwa ein Fünftel der Innerberger Gesamtproduktion direkt dorthin exportiert[28]. Über den indirekten Export stehen keine Angaben zur Verfügung. Der Deutschlandhandel war in der ersten Hälfte des 16. Jahrhunderts sehr rasch angestiegen und dürfte kräftig zur Belebung der Produktion in Innerberg beigetragen haben. Im Jahrzehnt von 1530 bis 1540 wurden nach Extrakten aus den Linzer Mautregistern[29] jährlich durchschnittlich 4000 q Eisen in Linz donauaufwärts vermautet, in den vierziger Jahren schon durchschnittlich 10.000 q und in den fünfziger und sechziger Jahren mit größeren Schwankungen 10.000 bis 20.000 q. Nach Steyrer Angaben wurden 1568 ca. 15.000 q Eisen, davon 11.615 q Scharsachstahl, und 1569 ca. 18.000 q ins Reich geliefert[30], die Angaben decken sich ungefähr mit den Auszügen aus den Linzer Mautregistern. In den siebziger Jahren wird der Export von einer ersten Krise erfaßt, doch am Ende des Jahrhunderts weist er wieder die Höhe der sechziger Jahre auf: 10.000 bis 19.000 q Scharsach und 4000 q Weicheisen[31]. 1626 bis 1631 sind es nur mehr etwa 10.000 bis 14.000 q jährlich, und 1632 kommt der Deutschlandexport fast gänzlich zum Erliegen: 1632: 1114 q, 1633: 9000 q, 1634: 1256 q und 1635: 3805 q, in den fünfziger Jahren durchschnittlich 8000 bis 9000 q, 1667 bis 1668 ein außerordentlicher Höhepunkt mit 16.545 q und 18.430 q, doch dann sinken die Werte wieder auf durchschnittlich 7000 bis 8000 q[32]. Aus dem 18. Jahrhundert liegen kaum Angaben vor. 1721 bis 1740 wurden durchschnittlich 3443 q Scharsachstahl jährlich nach Regensburg exportiert[33]. Trotz

---

[28] Hoffmann, Wirtschaftsgeschichte, 202 f.
[29] HKA, MB 17, 1—10.
[30] Bittner, Eisenwesen, 583 f.
[31] Ebd., 583.
[32] Siehe Anhang.
[33] Hoffmann, Wirtschaftsgeschichte, 203.

mancher Widersprüchlichkeiten scheint die Generaltendenz doch zu stimmen, daß der Deutschlandexport seit der Jahrhundertwende, vor allem aber seit den dreißiger Jahren des 17. Jahrhunderts, zunehmend an Bedeutung verloren hat, in der zweiten Hälfte des 17. Jahrhunderts aber wieder etwa 20%/o des Gesamtabsatzes aufnimmt. In Richtung Norden und Nordosten nimmt Freistadt im zweiten Drittel des 17. Jahrhunderts die führende Stellung ein. Seine Eisenbezüge steigen von 3000 q auf 5000 bis 7000 q und sinken am Ende der sechziger Jahre wieder auf durchschnittlich 3000 bis 4000 q ab[34]. Krems wurde von den Wirren der vierziger Jahre sehr stark betroffen und erlangte erst wieder in den sechziger Jahren seine frühere Stellung[35]. Wien beginnt erst Ende des 17. Jahrhunderts als Legort für Steyrer Eisen eine wichtigere Rolle zu spielen. Genauer ist man aber eigentlich nur über den Export nach Deutschland unterrichtet. Man kennt zwar die Umsätze der einzelnen Legorte, weiß aber nicht, wieviel von ihnen ins Ausland ging und wieviel im Inland verblieb. Summiert man die Exporte nach Deutschland und die Eisenbezüge der für die Ausfuhr wichtigen Legorte Freistadt und Krems, so ergibt das etwa 40 bis 50%/o des Verkaufs der Hauptgewerkschaft ohne Dreimärkte. Die Schätzungen gehen aber bis zu zwei Drittel Exportanteil an der Innerberger Gesamtproduktion[36].

Der Rückgang des Exports im ersten Drittel des 17. Jahrhunderts hat sicher viel zur Krise des Eisenwesens beigetragen, doch kann er kaum das ganze Ausmaß der Krise erklären, vor allem nicht den Tatbestand, daß sich trotz einer gewissen Erholung der Exporttätigkeit nach dem Ende des Dreißigjährigen Krieges die Lage der Eisenindustrie kaum besserte. Man wird daher vor allem die Entwicklung auf dem Binnenmarkt stärker in Betracht ziehen müssen.

Will man über die Tendenz des Inlandsverbrauches etwas aussagen, so bieten sich die Eisenumsätze der Scheibbser Eisenhänd-

---

[34] Siehe Anhang.
[35] Über Krems, im 16. Jahrhundert einige Angaben bei Eleonore Hietzgern, Der Handel der Doppelstadt Krems-Stein von seinen Anfängen bis zum Ende des Dreißigjährigen Krieges. Phil. Diss. Wien 1967, 141 f.; für das 17. Jahrhundert siehe Anhang.
[36] Hoffmann, Wirtschaftsgeschichte, 201 ff.

ler an, über die man recht genau Bescheid weiß, und deren Absatz weit mehr vom Inland abhängig war als der der großen Legorte. Ungefähr ein Viertel ihres Eisens blieb im Viertel ober dem Wienerwald, ein Teil ging nach Krems und Korneuburg, der Rest wurde nach Wien geliefert. Das ganze 17. Jahrhundert über hatten die dreimärktischen Eisenhändler das ihnen vertraglich zustehende Quantum Eisen in der Höhe von 19.980 q nur einmal zur Gänze ausgenützt. Sie beriefen sich auf die schlechte Absatzlage. Zu Beginn des 18. Jahrhunderts aber suchten sie ihr Quantum nach Möglichkeit zu steigern und andere Beteiligte vom Provianteisenbezug gänzlich auszuschalten. Ausgeprägter, da nicht von so vielen Faktoren beeinflußt, tritt hier die konjunkturelle Entwicklung hervor: niedrige Umsätze in den sechziger und siebziger Jahren, Aufschwung von 1695 bis 1725, dann wieder ein Rückschlag.

Exportiert wurde vor allem der Scharsachstahl, während das Weicheisen zum größeren Teil im Inland verarbeitet und verbraucht wurde. In der zweiten Hälfte des 16. Jahrhunderts, besonders in den sechziger und frühen neunziger Jahren, wird über Weicheisenmangel im Inland geklagt. Exportverbote und Eisenkammern sollten die vorrangige Versorgung des Inlandes sicherstellen. Weicheisen war viel mehr gefragt als der harte Stahl. Im 17. Jahrhundert war es umgekehrt: Der Scharsachstahl war weit weniger von der Krise betroffen als der weiche Stahl. Die Lagerinventare der sechziger Jahre weisen fast nur Weicheisen aus. Aus der buchhalterischen Bewertung der Lager, die in den sechziger und siebziger Jahren sehr niedrig war, da hauptsächlich billigere Sorten vorrätig waren, und in den neunziger Jahren aber anstieg, läßt sich auf einen Umschwung schließen. Tatsächlich hatte sich Ende der siebziger Jahre in der Absatzlage eine auffallende Wende vollzogen, da nun der Verschleiß des vorher so gesuchten Scharsachstahles ins Stocken geriet, während die Gewerkschaft kaum mehr in der Lage war, die Nachfrage nach Weicheisen zu befriedigen, das wenige Jahre vorher nur mit Verlust absetzbar gewesen war. Die Krise des 17. Jahrhunderts war also vor allem eine Krise des Weicheisenabsatzes.

Gliedert man die Nachfrage nach Eisen nach Sektoren, so dominieren Kriegsindustrie und Landwirtschaft, daneben noch die Sudhäuser und das Transportgewerbe. Nimmt man nun an, daß der Bedarf der Kriegsindustrie im 17. Jahrhundert gegenüber dem 16. kaum gesunken sein dürfte, so kann der Rückgang nur auf das Konto von Landwirtschaft und Transportgewerbe gehen, wobei von diesen beiden Sektoren fast nur Weicheisen nachgefragt wurde: Rad- und Faßreifen, Wagenbeschläge, Pflugbestandteile und Werkzeuge. Die Fachbezeichnungen der Eisensorten lassen klar auf ihren Verwendungszweck schließen: Radreifeisen, Faßreifeisen, Pflugbleche, Achsbleche usw. Diese Sorten hatten einen Anteil von 40 bis 50% an der Gesamtstahlproduktion.

Sucht man nach anderen Anhaltspunkten über die Entwicklung des bäuerlichen Eisenverbrauchs, so müßte vor allem die Beschäftigungslage lokaler Schmieden herangezogen werden. Auch die Produktion der 14 dreimärktischen Kleinhammerschmiede im Erlauftal spiegelt die Nachfrage der Landwirtschaft wider, da sie vor allem bäuerliche Investitionsgüter herstellten[37]: Radreifen, Faßreifen, Pflugeisen, Pflugbleche, Achsbleche usw. Die Lage dieser Schmiede ist nun fast das ganze 17. Jahrhundert über sehr gedrückt, sie stehen oft in Feier und haben keine Arbeit. Interessant für unsere Fragestellung ist, daß als Ursache einigemale auf die mangelnde Konsumfähigkeit der Landwirte hingewiesen wird. So schrieb der Eisenobmann z. B. 1634, derzeit sei der Bauersmann von Zugvieh so gänzlich entblößt, daß er schwere Schienen nicht mehr gebrauchen könne. Nur die kleinsten Dimensionen könnten noch abgesetzt werden[38]. Auch die Eisenhändler klagen, daß sie für kleine Eisensorten im Lande so gar keinen Verschleiß hätten[39]. Besonders

---

[37] Daneben müßten Verlassenschaftsinventare und Kaufverträge herangezogen werden, um den Bestand an Geräten festzustellen.

[38] Sandgruber, Eisenhandel, 201, Auftrag des Eisenobmanns an die Großzerrenhammermeister, künftig kleine Schienen von 30 bis 70 Pfund auszuschlagen.

[39] 1663 erklärten die dreimärktischen Eisenhändler, sie könnten sich auf die Abnahme von Wildalpener Zeug nicht einlassen, da sie wegen des schlechten Absatzes im Lande und des gefährlichen Türkenkrieges nicht einmal für das Eisenerzer Eisen wüßten, wohin sie es

in den sechziger und siebziger Jahren des 17. Jahrhunderts war
die Lage der 14 Kleinhammerschmiede, zeitgenössischen Quellen
entsprechend, sehr triste[40]. Im ersten Drittel des 18. Jahrhunderts hingegen hatten sie außer in den Krisenjahren um
1713 nicht über fehlende Arbeit zu klagen. Vor allem an
kleinen Gattungen herrschte in dieser Zeit chronischer Mangel:
1709 und 1718 wurden die 13 Großzerrennhammermeister um
Lunz, Göstling und Hollenstein von der Regierung aufgefordert,
Streckhämmer zu erbauen, um so den Engpaß bei kleinen Eisensorten überwinden zu helfen. Die Zerrennhammermeister wei-
gerten sich aber mit dem Hinweis, daß der Eisenabsatz ja
wieder ins Stocken kommen könnte und ihnen dann die Streck-
hammer mehr zu Schaden als Nutzen gereichen würden. Die
Investition von 500 bis 600 fl schien ihnen zu riskant[41]. Tatsächlich änderte sich die Lage auch bald. In den dreißiger
Jahren werden wieder die Klagen über mangelnde Arbeit laut.
Die 14 Kleinhammerschmiede reichen laufend Beschwerden gegen
die Eisenhändler wegen ungenügender Verlegung ein, diese berufen sich auf die Absatzlage. Auch die vielen Nagelschmiede
der Scheibbser Gegend sind von der Krise schwer betroffen[42].

Die zuletzt angeführten Beispiele zeigen deutlich das Schwan-
ken der Nachfrage nach landwirtschaftlichen Investitionsgütern
und damit die Bedeutung der landwirtschaftlichen Investitionstätigkeit für den Absatz an Eisen in vorindustrieller Zeit, wie

---

verhandeln sollten. 1667: Sie müßten selbst zugeben, daß sie den
dreimärktischen Kleinhammerschmieden nur wenig Arbeit gegeben
hätten, es wäre aber nicht ihre Schuld, sondern die der Eisenhändler
in den Lagstätten, daß sie von denselben so wenig „anfrimbung" auf
kleine Sorten und so gar keinen Verschleiß hätten. Sandgruber,
Eisenhandel, 202, 265.

[40] Ebd., 201 f.: 1678 hätten die Kleinhammerschmiede seit längerer
Zeit kaum Arbeit gehabt, „sodaß diese armen Leut kümmerlich mit
Weib und Kindern zu leben gehabt".

[41] Ebd., 175—177.

[42] Der Abt von Gaming als Grundherr schildert 1731 die Lage
der Schmiede: Sie stünden oft 8 und mehr Tage in Feier und hätten
nicht einmal das trockene Brot zu beißen, geschweige anderen notwendigen Unterhalt. Auch die Nagelschmiede lägen in den letzten
Zügen. Sandgruber, Eisenhandel, 203.

ja überhaupt auf Grund des Übergewichts des Agrarsektors die Konjunkturwellen eng mit der Landwirtschaft verknüpft waren.

Vergleicht man die Produktionsentwicklung mit den Agrarpreisen, vor allem den Getreidepreisen, denen in dieser Zeit die führende Position zukam, so tritt ein Zusammenhang recht deutlich hervor: Preisniveau und Eisenproduktion haben langfristig dieselbe Tendenz, d. h. bei tendenziell steigenden Getreidepreisen steigt auch die Eisenproduktion, bei stagnierenden oder sinkenden Getreidepreisen stagniert oder sinkt auch die Eisenproduktion. Eine Preisschere zugunsten der Landwirtschaft wie im 16. Jahrhundert oder um die Wende vom 17. zum 18. geht parallel mit einer Konjunktur der Bergbauproduktion.

Vergleicht man die Eisenpreise mit den Getreidepreisen, so findet man im 16. Jahrhundert eine deutliche Scherenbildung zugunsten der Agrarpreise: Die Roheisenpreise blieben während der ersten Hälfte des 16. Jahrhunderts konstant, während sich die Preise des Hauptnahrungsmittels Roggen verdoppelten[43]. In der zweiten Hälfte des 16. Jahrhunderts stiegen die Eisenpreise um etwa 100%, die Roggenpreise aber auf das Dreifache. Der landesfürstliche Aufschlag vervierfachte sich im Lauf des Jahrhunderts. Nach der Jahrhundertwende schloß sich die Schere etwas zugunsten der Eisenpreise: Von 1599 bis 1625 steigt das Eisen um etwa 70%, der Roggen aber nur um etwa 20%. Nach 1625 gibt es keine Verkaufspreise für Halbmaßeisen mehr, dafür aber Durchschnittspreise für den Stahl. Die durchschnittlichen Verkaufserlöse pro Zentner verändern sich bis etwa 1690 nur wenig, sie steigen in den vierziger Jahren leicht an und sinken in den siebziger Jahren. Dabei steigt der Preis des Scharsachstahls, der Preis des Weicheisens sinkt. Von 1690 bis 1710 steigen die Preise, aber wesentlich weniger stark als die Roggenpreise, die im Zeitraum vorher leicht abnehmende Tendenz aufwiesen. 1710 bis 1760 bleiben die Eisenpreise ziemlich konstant, die Roggenpreise

---

[43] Eisenpreise nach Bittner, Eisenwesen, 631, und Alfred F. Přibram, Materialien zur Geschichte der Preise und Löhne in Österreich (1938), 546 f.; Getreidepreise nach ebd., 570 ff.; vgl. auch Stanislas Horzowski, Central Europe and the Sixteenth and Seventeenth-century Price Revolution, in: Economy and Society in Early Modern Europe, ed. P. Burke (1972).

sinken in den zwanziger und dreißiger Jahren und steigen in der zweiten Jahrhunderthälfte leicht an.

Es bietet sich zur Erklärung dieses Konjunkturverlaufes folgende Hauptthese an, die vorerst nur kurz umrissen und erst zum Abschluß als Modell formuliert werden soll:

Eine Agrarkonjunktur geht parallel mit höherem Eisenverbrauch, eine Agrarkrise läßt die Nachfrage nach Eisen zurückgehen.

Ein stark vereinfachtes Modell würde vielleicht folgendermaßen aussehen[44]: Steigen die Profite der Agrarproduzenten, so können sie mehr investieren, d. h. auch mehr Eisen kaufen. Nun steigen die Profite der Landwirtschaft dann, wenn ihre Erlöse steigen und ihre Kosten gleichbleiben, wenn die Lebensmittel teurer werden, die Löhne und Renten aber konstant bleiben. Die Landwirtschaft profitiert dann am meisten, wenn die Preise zwar steigen, aber nicht durch eine Mißernte ins Astronomische getrieben werden. Mißernten sind meist nur für die größten Produzenten profitabel. Bei einer Agrarstruktur mit Mittelbetrieben werden die Überschüsse bei großen Mißernten auf Grund des Eigenverbrauches meist so gering, daß für den Großteil der Betriebe die überproportionale Preiserhöhung den Mengenausfall nicht wettmachen kann.

Angewendet auf die Eisenindustrie durch einen Vergleich von Agrarpreisen und Eisenproduktion läßt sich dieses Modell relativ gut mit der Wirklichkeit in Einklang bringen. Die Eisenproduktion reagiert meist recht empfindlich auf ausgesprochene Hungersnöte und Mißernten, profitiert aber, zumindest umsatzmäßig, von im Trend steigenden Agrarpreisen und umgekehrt. Als Vergleichsbasis wurden die Weizen- und Roggenpreise in Wels, Weyer und Wien genommen. Die Korrelation mit der Eisenproduktion ist mit Ausnahme einiger Sonderfälle, z. B. 1690, wo Eisenerz von einem verheerenden Großbrand verwüstet wurde und der Zeit des Dreißigjährigen Krieges, meist

---

[44] Zu dem Modell vgl. allgemein Fernand Braudel — Frank Spooner, Prices in Europe from 1450 to 1750, The Cambridge Economic History of Europe 4 (1967), 378—486; Hermann von der Wee, The Growth of the Antwerp Market and the European Economy, 3 Bde. (1963).

recht gut und könnte die Modellannahmen bestätigen. Die Inflation des 16. Jahrhunderts geht parallel mit raschem Produktionswachstum. Die hohen Preise der frühen siebziger Jahre und der Jahre 1590, 1595 und 1599/1600 lassen aber die Produktion stocken. Die schweren Hungersnöte und Pestjahre des 17. und 18. Jahrhunderts, 1648 bis 1650, 1666, 1681, 1692 bis 1694, 1713, 1720, 1729, 1758/59 und 1769 bis 1772, korrelieren jeweils mit Produktionsausfällen[45]. Klammert man aber diese Jahre aus und betrachtet man die langen Trends der Getreidepreise, so sind stagnierende Preise begleitet von einer Krise, steigende von einer Konjunktur der Eisenproduktion und des Eisenabsatzes.

Die Abweichungen und Unzulänglichkeiten liegen zum Teil in der unwägbaren Vielfalt der einwirkenden Faktoren, zum Teil aber auch in strukturellen Schwächen des verwendeten Materials, vor allem in Preisreihen aus Gegenden, die nur einen kleinen Teil der Produktion abnehmen, sodaß es auch nicht zufällig ist, daß die Korrelation in oben erwähntem Sinne bei den Roheisenumsätzen der dreimärktischen Eisenhändler wesentlich eindeutiger ausfällt, wo der Absatz räumlich etwas enger begrenzt ist.

Interessant ist in dieser Hinsicht ein Vergleich mit der Produktion der 14 Vordernberger Radwerke, die zwar ebenfalls von der Krise des 17. Jahrhunderts betroffen waren, sie aber weit besser überstehen konnten. Vordernberg hatte in den sechziger Jahren des 16. Jahrhunderts nur etwa drei Fünftel der Innerberger Produktionshöhe erreicht, rückte gegen Ende des 16. Jahrhunderts schon etwas näher mit ca. zwei Drittel[46]. Der Produktionsverfall im 17. Jahrhundert war hier weit nicht so gravierend als in Innerberg, nur auf etwa 70% der Höchstproduktion des 16. Jahrhunderts, während Innerberg auf etwa 40% abgesunken war. Das bedeutet, daß Vordernberg im

---

[45] Hoffmann, Wirtschaftsgeschichte, 242; Jean-Paul Lehners, Bevölkerungsentwicklung und Familienstrukturen am Beispiel niederösterreichischer Ortschaften im 17. und 18. Jahrhundert, Phil. Diss. Wien 1973; Josef Kumpfmüller, Die Hungersnot von 1770 bis 1772 in Österreich, Phil. Diss. Wien 1969.

[46] Tremel, Eisenproduktion, 319 ff.

17. Jahrhundert mit Innerberg im Ausstoß gleichzog. Aus der Mitte des 18. Jahrhunderts liegen wieder Daten vor. Vordernberg produziert nun schon fast das 1½fache von Innerberg, und erst in den dreißiger Jahren des 19. Jahrhunderts holt Innerberg Vordernberg wieder ein[47].

Daß Vordernberg die Krise des 17. Jahrhunderts so viel besser überstand, dürfte neben den niedrigeren Kosten und der geschickteren Preispolitik der Vordernberger Gewerken wohl auch in der Entwicklung des Vordernberger Absatzmarktes gelegen sein. Schenkt man Statistiken über die Bevölkerungsentwicklung im 16., 17. und 18. Jahrhundert Glauben, so ist in der Mittel- und Untersteiermark im 17. Jahrhundert die Bevölkerung recht kräftig gewachsen, während sie in Ober- und Niederösterreich stagnierte[48].

Das relativ rasche Bevölkerungswachstum in Innerösterreich könnte dazu beigetragen haben, daß hier der Verbrauch an Eisen weit weniger stark zurückging als in Ober- und Niederösterreich, allgemeiner gesprochen die gesamte Krise des 17. Jahrhunderts in der Mittel- und Untersteiermark weit weniger spürbar war als im Donauraum. Leider liegen aber für den Raum der Steiermark keine entsprechend geschlossenen Preis- und Produktionsreihen vor.

Notgedrungen bleiben sehr viele Aussagen daher vage und unsicher. Nur mit einer Vielfalt von Reihen, die neben der Produktion auch den Handel, neben Preisen und Löhnen auch Renten umfassen müßten, und dies in einer regional breiten Streuung, könnte ein zuverlässiges Bild der Konjunkturentwicklung und des Wirtschaftswachstums in Österreich vom 16. bis ins 19. Jahrhundert erarbeitet werden.

---

[47] Pirchegger, Eisenwesen, 125 ff.; Stm. LA, IHG 32/1/78 f.; J. Göth, Geschichte des Marktes Vordernberg (1830).
[48] Kurt Klein, Die Bevölkerung Österreichs vom Beginn des 16. bis zur Mitte des 18. Jahrhunderts, in: Beiträge zur Bevölkerungs- und Sozialgeschichte Österreichs, hrsg. v. Heimold Helczmanovszki (1973).

Eisenproduktion 1530—1846

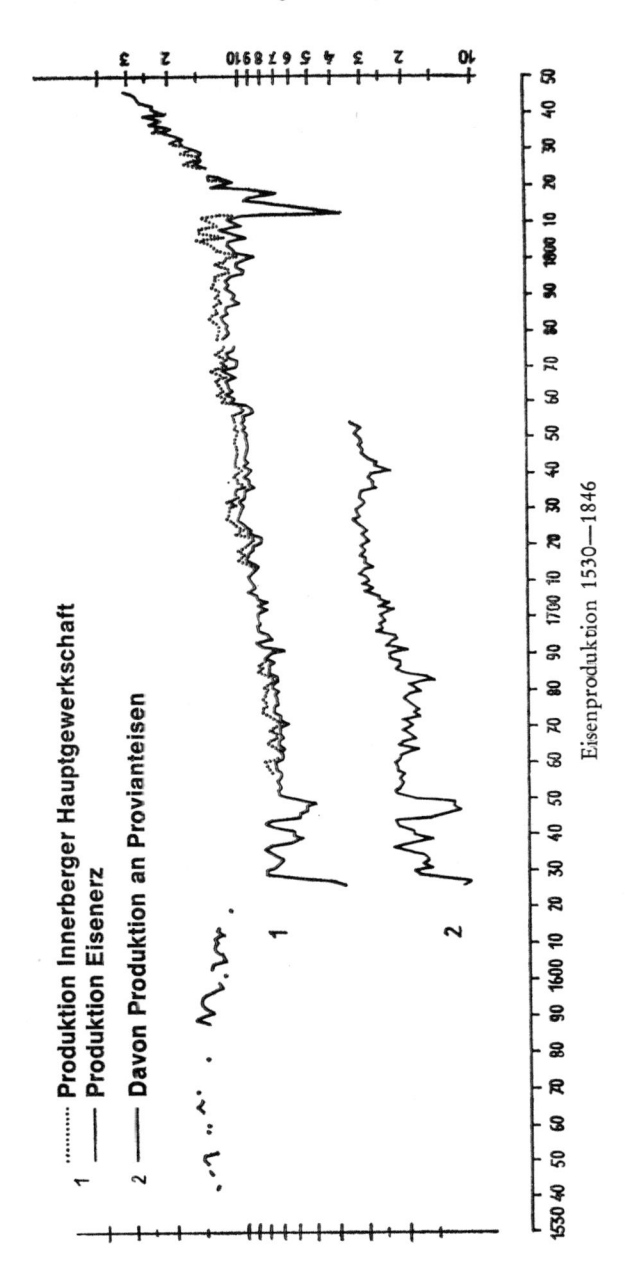

Anhang 1. *Eisenerzeugung der Innerberger Hauptgewerkschaft* (in Pfundzentnern)

Jahr	Eisenerz	Innerberger Hauptgewerkschaft
1466	25.000—30.000[1]	—
1527	90.000	—
1536	108.000	—
1542	135.000	—
1543	133.000	—
1546	142.000	—
1547	146.000	—
1549	148.000	—
1550	154.000	—
1551	152.000	—
1552	136.000	—
1558	149.000	—
1560	147.000	—
1564	157.000	—
1565	163.000	—
1566	158.000[2]	—
1567	158.000	—
1569	161.000	—
1574—1598	151.000[3]	—
1578	148.000	—
1588	144.000	—
1589	163.000	—
1590	155.000	—
1591	139.000	—
1592	150.000	—
1593	154.000	—
1594	158.000	—
1595	154.000	—
1596	150.000	—
1597	137.000	—
1598	129.000	—
1599	131.000	—
1600	117.000	—
1601	121.000	—
1602	122.000	—
1603	141.000	—
1604	138.000	—
1605	118.000	—
1606	125.000	—
1607	129.000	—
1608	135.000	—
1609	140.000	—

[1] Angaben nach Tremel, Eisenproduktion 319ff.; Pirchegger, Eisenwesen 115ff.; und Bücher der Innerberger Hauptgewerkschaft.
[2] Stmk. LA, IHG 32/1/84ff.
[3] Jahresdurchschnitt.

Jahr	Eisenerz	Innerberger Hauptgewerkschaft
1610	133.000	—
1611	136.000	—
1612	125.000	—
1613	132.000	—
1614	130.000	—
1619	118.000	—
1625	26.000	—
1626	36.094	—
1627	43.029	—
1628	64.765	—
1629	82.316	—
1630	81.725	—
1631	74.321	—
1632	71.544	—
1633	69.060	—
1634	74.064	—
1635	77.265	—
1636	83.690	—
1637	76.457	—
1638	62.436	—
1639	57.778	—
1640	62.651	—
1641	61.950	—
1642	74.068	—
1643	82.661	—
1644	76.345	—
1645	58.313	—
1646	57.501	—
1647	54.313	—
1648	54.527	—
1649	48.573	—
1650	60.491	—
1651	71.655	—
1652	72.501	—
1653	70.376	—
1654	70.939	—
1655	73.305	—
1656	70.629	—
1657	70.459	75.446
1658	72.560	77.908
1659	73.445	79.859
1660	74.350	80.031
1661	69.713	—
1662	69.697	—
1663	70.174	—
1664	68.411	70.939
1665	72.601	76.939
1666	71.597	78.149
1667	68.049	72.641

Jahr	Eisenerz	Innerberger Hauptgewerkschaft
1668	69.949	72.901
1669	69.916	76.134
1670	70.657	72.722
1671	65.704	69.587
1672	70.077	73.972
1673	70.572	77.445
1674	75.915	82.825
1675	74.071	81.713
1676	71.111	78.422
1677	73.042	80.137
1678	72.806	79.876
1679	74.109	80.003
1680	71.549	77.324
1681	76.424	80.811
1682	74.656	74.715
1683	71.510	73.514
1684	72.110	77.562
1685	78.971	85.228
1686	77.296	83.949
1687	79.193	85.312
1688	74.526	79.824
1689	81.809	—
1690	76.251	—
1691	66.625	—
1692	83.918	—
1693	87.631	—
1694	74.768	—
1695	77.875	—
1696	84.425	—
1697	87.768	—
1698	85.575	—
1699	85.035	—
1700	85.364	—
1701	85.317	—
1702	79.511	—
1703	85.976	—
1704	78.397	—
1705	87.934	—
1706	88.440	—
1707	93.680	—
1708	88.238	—
1709	89.603	—
1710	90.769	—
1711	93.962	—
1712	91.147	91.172
1713	88.092	88.507
1714	85.433	85.858
1715	92.607	94.682
1716	96.739	100.529

Die Innerberger Eisenproduktion

Jahr	Eisenerz	Innerberger Hauptgewerkschaft
1717	95.878	99.011
1718	94.940	102.708
1719	90.050	96.363
1720	89.352	96.915
1721	83.347	90.006
1722	82.403	87.583
1723	95.183	105.375
1724	91.924	99.017
1725	96.406	104.694
1726	99.775	108.070
1727	105.006	117.909
1728	102.463	114.496
1729	102.329	113.828
1730	100.752	113.180
1731	98.693	108.260
1732	102.066	116.659
1733	97.627	106.147
1734	98.669	106.055
1735	98.119	105.595
1736	89.621	96.287
1737	93.457	104.041
1738	92.677	104.037
1739	97.681	108.796
1740	94.729	104.617
1741	91.236	99.756
1742	96.341	107.009
1743	95.272	105.436
1744	96.779	106.157
1745	96.764	105.127
1746	95.398	103.762
1747	95.757	105.741
1748	95.489	105.627
1749	96.225	107.000
1750	96.319	105.809
1751	95.326	103.788
1752	99.258	107.754
1753	96.195	104.547
1754	99.095	107.925
1755	98.779	107.401
1756	99.491	108.215
1757	88.321	97.307
1758	89.997	98.995
1759	94.330	103.368
1760	111.386	120.974
1761	107.495	118.226
1762	115.040	126.062
1763	108.139	118.833
1764	112.022	122.598
1765	113.001	123.642

Montanwesen

Jahr	Eisenerz	Innerberger Hauptgewerkschaft
1766	116.522	126.661
1767	104.118	113.024
1768	112.546	122.678
1769	120.978	131.666
1770	104.732	113.559
1771	105.232	118.207
1772	104.761	115.779
1773	112.669	123.802
1774	116.470	127.761
1775	108.904	119.856
1776	107.492	118.421
1777	94.034	102.959
1778	116.783	126.764
1779	114.963	126.022
1780	111.595	123.615
1781	113.823	123.143
1782	112.897	126.960
1783	117.837	131.392
1784	120.219	132.892
1785	113.428	126.843
1786	114.323	128.127
1787	112.892	129.429
1788	100.843	120.249
1789	109.608	126.865
1790	106.377	123.610
1791	107.033	123.092
1792	115.492	131.517
1793	112.652	128.687
1794	115.370	129.534
1795	111.336	127.170
1796	98.010	111.046
1797	96.885	111.289
1798	103.141	126.760
1799	102.456	118.468
1800	94.994	115.477
1801	86.573	103.573
1802	104.407	126.041
1803	108.209	128.091
1804	113.932	136.199
1805	111.952	150.587
1806	91.853	117.837
1807	107.429	149.953
1808	123.917	149.944
1809	98.757	125.024
1810	104.802	131.280
1811	112.748	145.577
1812	91.254	117.084
1813	36.892	53.281
1814	51.274	51.396

Die Innerberger Eisenproduktion

Jahr	Eisenerz	Innerberger Hauptgewerkschaft
1815	73.269	73.269
1816	96.300	96.300
1817	50.697	91.587
1818	69.916	78.179
1819	93.482	93.482
1820	131.975	131.998
1821	106.575	106.575
1822	121.823	132.071
1823	135.108	135.346
1825	138.979	138.979
1826	153.162	170.454
1827	146.942	146.942
1828	149.004	149.004
1829	145.002	174.766
1830	157.554	157.554
1831	174.092	174.766
1832	178.323	194.443
1833	173.964	173.964
1834	196.308	196.308
1835	215.995	228.326
1836	191.654	205.265
1837	241.015	—
1838	211.813	—
1839	251.140	—
1840	202.361	—
1841	235.850	—
1842	233.834	—
1843	265.497	—
1844	276.291	—
1845	279.935	—
1846	311.336	—

Anhang 2. *Eisenvorräte der Innerberger Hauptgewerkschaft*

Jahr	Halbmäßeisen		Stahl/Eisen	
	in q	in fl.	in q	in fl.
1627	—	—	12.048	—
1628	23.283	58.209	10.628	51.043
1629	34.477	84.040	11.533	61.054
1630	40.690	97.827	23.190	128.087
1631	44.950	108.442	26.498	146.254
1632	44.658	108.575	43.383	248.300
1633	45.120	110.420	48.818	252.542
1634	50.236	122.870	56.623	330.266

Jahr	Halbmäßeisen		Stahl/Eisen	
	in q	in fl.	in q	in fl.
1635	56.932	139.248	54.773	321.570
1636	—	—	57.496	346.292
1637	61.078	149.387	62.855	389.166
1638	50.033	122.789	67.860	418.064
1639	42.193	98.802	72.368	444.578
1640	36.686	88.047	74.834	459.593
1641	33.795	82.236	68.792	427.806
1642	37.083	91.009	63.524	392.703
1646	—	—	61.407	373.197
1647	62.445	171.724	65.788	398.236
1648	—	—	68.488	442.800
1649	66.637	183.253	60.923	378.273
1650	—	—	50.680	311.502
1651	70.692	216.404	42.706	258.543
1652	78.981	217.199	45.797	272.611
1654	—	—	36.285	205.213
1655	86.656	238.305	42.185	234.191
1656	81.153	223.172	53.697	294.414
1657	76.813	211.237	64.016	348.218
1658	—	—	69.287	372.629
1659	74.804	205.712	77.714	415.028
1660	63.253	173.947	85.181	451.308
1664	39.712	124.800	135.124	659.551
1665	47.434	118.587	137.808	673.076
1666	41.051	102.629	146.980	722.046
1667	36.199	90.498	145.337	724.803
1668	30.002	75.005	134.657	670.664
1669	31.738	79.345	123.091	617.494
1670	35.778	89.447	116.609	587.792
1671	29.545	73.863	109.811	554.539
1672	27.393	68.483	107.069	545.560
1673	25.425	63.562	112.312	584.630
1674	27.285	65.212	120.201	636.983
1675	27.206	68.017	124.781	666.087
1676	29.162	72.905	128.836	701.271
1677	30.923	77.309	122.134	674.872
1678	34.895	87.238	111.302	615.490
1680	37.087	92.718	118.901	652.617
1682	33.150	82.875	103.706	569.703
1683	32.379	80.948	100.733	563.118
1685	43.286	108.216	93.645	528.398
1686	45.550	113.775	79.254	457.096
1687	48.031	120.078	71.311	416.381
1688	44.544	111.360	64.812	385.666
1689	42.679	106.698	60.927	368.107
1690	30.425	76.063	57.835	353.232
1691	17.834	44.585	49.335	304.740
1693	21.255	53.180	41.126	250.505

Die Innerberger Eisenproduktion

Jahr	Halbmäßeisen		Stahl/Eisen	
	in q	in fl.	in q	in fl.
1696	23.792	59.482	21.244	134.600
1698	24.873	62.184	12.366	76.219
1699	26.786	66.965	8.939	53.636
1700	31.451	78.628	6.088	36.106
1701	33.733	84.334	6.101	36.606
1704	32.504	81.260	12.268	64.902
1708	46.208	115.520	14.269	80.534
1709	44.186	110.466	15.838	92.622
1710	43.583	108.959	19.010	112.023
1711	44.222	110.557	22.690	133.871
1712	37.124	92.811	29.587	174.566
1715	33.515	83.788	24.925	147.063
1720	35.286	88.215	24.270	143.198
1722	21.012	52.531	11.898	70.203
1723	14.588	36.470	9.916	58.510
1727	24.156	60.391	9.009	53.154
1728	30.362	75.907	10.212	58.211
1732	57.099	142.749	31.405	164.137
1733	54.649	136.622	39.806	207.351
1734	53.882	134.707	46.985	239.331
1735	54.584	136.460	50.932	261.552
1736	64.735	161.837	47.090	240.268
1737	72.416	181.042	44.608	226.986
1738	70.929	177.324	45.774	233.426
1739	70.230	175.576	46.568	237.479
1744	86.924	217.311	75.798	405.659
1745	93.262	233.157	69.513	378.588
1746	92.430	231.075	61.759	338.513
1747	93.166	232.916	58.498	322.895
1748	91.847	229.618	55.058	303.522
1749	91.263	228.157	48.844	269.765
1750	90.296	225.742	42.095	231.809
1751	86.840	217.100	35.977	197.090
1755	71.820	179.551	13.634	80.060
1756	49.073	122.684	21.441	111.260
1757	32.674	81.687	21.932	121.834
1759	6.647	16.618	18.541	101.100
1761	166	402	15.288	88.924
1762	—	—	17.215	103.294
1763	—	—	12.272	73.634
1764	—	—	9.485	56.915
1765	—	—	10.385	62.310
1767	—	—	11.741	75.441
1769	—	—	25.282	191.806

Anhang 3. *Provianteisenverkauf der Innerberger Hauptgewerkschaft*

Jahr	Insgesamt	Davon dreimärktische Eisenhändler
	in q	in q
1626	—	10.559
1627	—	9.776
1628	13.435	12.285
1629	16.062	14.743
1630	16.727	15.011
1631	14.615	13.215
1632	15.701	13.727
1633	15.228	13.656
1634	15.192	13.303
1635	17.777	15.848
1636	21.612	19.516
1637	20.272	17.994
1638	17.512	16.041
1639	14.337	13.631
1640	17.399	16.380
1641	17.859	15.224
1642	20.704	16.626
1643	21.220	17.003
1644	21.326	17.188
1645	14.555	12.131
1646	—	7.932
1647	11.009	9.614
1648	11.756	7.732
1649	11.613	7.444
1650	18.086	13.959
1651	21.574	17.679
1652	21.600	19.136
1653	21.109	18.076
1654	20.590	16.391
1655	20.196	16.076
1656	20.359	15.074
1657	20.046	15.458
1658	20.928	16.674
1659	20.902	16.288
1660	21.153	17.282
1661	20.224	16.716
1662	—	15.434
1663	16.413	13.546
1664	13.857	12.240
1665	19.329	16.995
1666	18.860	16.842
1667	16.690	16.826
1668	17.728	15.640
1669	19.779	16.182
1670	15.717	13.686
1671	14.183	11.837

Die Innerberger Eisenproduktion 103

Jahr	Insgesamt in q	Davon dreimärktische Eisenhändler in q
1672	18.621	12.940
1673	16.295	14.452
1674	17.477	16.032
1675	16.497	14.994
1676	17.819	16.031
1677	18.744	17.197
1678	19.104	17.795
1679	18.448	17.090
1680	17.202	15.923
1681	18.608	17.100
1682	18.790	18.690
1683	14.068	12.056
1684	14.519	12.637
1685	17.908	17.720
1686	20.444	19.066
1687	—	18.789
1688	18.733	17.138
1689	17.363	17.388
1690	16.774	16.774
1691	14.862	14.456
1692	21.543	19.804
1693	20.043	17.856
1694	18.877	16.478
1695	17.590	16.160
1696	22.108	18.250
1697	21.523	17.576
1698	22.088	18.902
1699	21.064	18.056
1700	21.636	17.822
1701	22.150	17.384
1702	18.578	14.270
1703	22.452	17.828
1704	19.644	16.028
1705	21.225	18.986
1706	22.538	17.820
1707	23.346	16.488
1708	22.002	17.820
1709	24.731	20.484
1710	24.750	19.596
1711	25.798	19.596
1712	26.500	19.596
1713	25.611	19.596
1714	24.077	19.150
1715	25.834	19.612
1716	25.540	20.038
1717	26.182	20.038
1718	24.850	20.038

Jahr	Insgesamt	Davon dreimärktische Eisenhändler
	in q	in q
1719	24.478	20.038
1720	25.642	20.038
1721	24.214	20.038
1722	25.372	20.038
1723	26.488	20.038
1724	25.068	20.038
1725	28.810	20.038
1726	25.230	20.038
1727	21.436	20.038
1728	20.038	20.038
1729	20.038	20.038
1730	—	20.038
1731	—	20.036
1733	27.015	22.086
1734	27.322	21.250
1735	25.822	21.004
1736	23.490	19.962
1737	24.496	—
1738	24.268	—
1739	24.940	20.416
1740	24.683	20.105
1741	20.785	16.597
1742	24.691	20.413
1743	24.232	19.645
1744	26.855	20.518
1745	27.396	20.038
1749	26.981	19.726
1750	28.328	20.398
1751	28.583	20.038
1752	29.096	20.038
1753	26.062	20.038
1754	27.539	20.038
1766	24.356	20.038
1767	26.244	20.038
1768	27.014	19.606
1769	27.148	20.038
1771	—	20.038
1772	28.806	20.038

Anhang 4. *Eisen- und Stahl-Verkauf der IHG*

Jahr	Nach Deutschland	Freistadt	Krems	Wien	Insgesamt
	q	q	q	q	q
1626	10.247	126	2264	1184	—
1627	14.456	56	2634	1086	—
1628	13.586	431	3156	345	48.772
1629	11.797	1737	3486	618	47.257
1630	11.537	2763	2376	965	48.136
1631	14.446	2835	2168	1946	44.205
1632	1.114	2928	2104	1168	30.556
1633	9.000	3933	3213	2917	44.496
1634	1.256	2819	1110	1066	33.388
1635	3.805	7445	4639	2649	46.253
1637	3.514	4907	3287	349	43.155
1638	1.742	7013	3224	2549	42.523
1639	6.882	2360	2574	1136	40.573
1640	7.553	2706	2383	560	41.281
1641	4.805	4070	4105	1986	46.037
1642	10.017	3179	2479	1125	48.109
1647	2.250	3395	682	888	31.386
1649	5.320	3540	1798	654	38.931
1651	10.179	5065	2713	1103	47.078
1652	8.300	5368	2841	822	43.668
1655	8.480	4874	1985	1195	42.265
1656	9.510	4620	1439	1263	44.502
1657	9.460	4616	1310	405	45.738
1659	9.351	5458	1554	1262	42.884
1660	8.860	5364	2018	1017	40.551
1665	8.465	5519	2785	1372	49.819
1666	8.832	3828	2545	1183	46.001
1667	17.045	2822	2162	287	53.040
1668	18.791	3652	4085	2814	63.842
1669	10.949	5190	5218	3674	58.298
1670	6.019	4140	5051	4308	51.138
1671	9.124	3100	3971	4014	55.559
1672	5.105	2659	4490	2427	52.379

KARL BACHINGER UND HERBERT MATIS

STRUKTURWANDEL UND ENTWICKLUNGSTENDENZEN DER MONTANWIRTSCHAFT 1918—1938

KOHLENPRODUKTION UND EISENINDUSTRIE IN DER ERSTEN REPUBLIK

Die Montanindustrie, d. h. primär die Gesamtheit der bergbaulichen Unternehmen zur Förderung mineralischer Rohstoffe sowie sekundär auch die weiterverarbeitenden Betriebe der Schwerindustrie (besonders der Hüttenwerke), die mit dem Bergbau in vielfacher Weise verflochten sind, stellt im wirtschaftlichen Aufstieg einen funktional bedeutsamen Sektor dar. Besonders der regionalen Kombinationsmöglichkeit von Kohle und Eisen kam eine führende Rolle in der take-off-Phase zu. In der Habsburgermonarchie war dies allerdings nicht im selben Ausmaß wie in einigen westeuropäischen Staaten gegeben; dennoch war die wirtschaftliche Entwicklungsdynamik im alten Österreich nicht zuletzt von den Fortschritten in der Schwerindustrie mitbestimmt[1].

Mit der Zerschlagung der Monarchie im Jahre 1918 trat ein Bedeutungswandel der einzelnen Wirtschaftssektoren ein, der dem Verlaufstypus der österreichischen Industrialisierung neue Akzente verlieh. Die ökonomische Desintegration führte zu atavistischen Erscheinungen: Der Anteil der Industrie am realen Bruttonationalprodukt sank von 1913 bis 1920 von 27,4% auf 18,8%; gleichzeitig traten jene Industriezweige stärker hervor, die während des letzten Vorkriegsdezenniums nicht mehr ausgeprägt die Funktion eines leading sectors innehatten.

---

[1] Herbert Matis — Karl Bachinger, Österreichs industrielle Entwicklung, in: Die Habsburgermonarchie 1848—1918, 1: Die wirtschaftliche Entwicklung (1973), 149 ff.

Dies galt auch für Kohle und Eisen, die innerhalb des Wachstumsmusters der Ersten Republik besondere Relevanz erlangten. Insofern erscheint es durchaus legitim, die Entwicklung der Montanwirtschaft anhand dieser beiden Produktionszweige exemplarisch darzustellen, da die übrigen Bereiche trotz einer gewissen Bedeutung (z. B. Magnesit, Salz, Graphit usw.), was ihren Beitrag zur Wachstumsdynamik betrifft, eine zu vernachlässigende Größe darstellten[2].

I. Desintegration und Readjustierung (1918—1924)

Die Umstellung auf die Kriegswirtschaft hatte — nach einem geringfügigen Rückschlag zu Beginn des Ersten Weltkrieges infolge der Einberufung zahlreicher Bergarbeiter — zu einer Intensivierung der Montanproduktion geführt, nachdem sich die Erkenntnis durchsetzte, daß nur eine restlose Ausnützung der vorhandenen Produktionskapazitäten und des verfügbaren Arbeitskräftepotentials die Deckung des Rüstungsbedarfes sichern könnte[3]. So überstieg die Steinkohlenförderung während des Jahres 1916 die Friedensproduktion; ähnlich war die Situation in der Eisenindustrie, wo etwa die Alpine-Montangesell-

---

[2] Österreichs Volkseinkommen 1913 bis 1963, Monatsberichte des Österreichischen Institutes für Wirtschaftsforschung, 14. Sonderheft (1965), 9. Die besondere Bedeutung der österreichischen Eisenproduktion dokumentiert sich auch in Verbindung mit der Entwicklung des Bruttonationalprodukts. So ergibt sich auf Grund einer Korrelationsanalyse ein positiver stochastischer Zusammenhang zwischen beiden Größen über die Zeitperiode 1920 bis 1937. Dazu wurde der Bravais-Pearsonsche Korrelationskoeffizient nach der Formel:

$$r = \frac{\sum(x_1 - \bar{x}) \cdot (y_1 - \bar{y})}{\sqrt{\sum(x_1 - \bar{x})^2 \cdot \sum(y_1 - \bar{y})^2}}$$

berechnet. Für die x-Werte wurde die Roheisenproduktion, für die y-Werte das Bruttonationalprodukt eingesetzt. Das Ergebnis $r = 0{,}665$ läßt erkennen, daß zwischen beiden Größen eine enge Korrelation besteht, allerdings mit starken Abweichungen. Trotz gewisser Einschränkungen (Annahme einer vorhandenen Linearität der Beziehung, Normalverteilung) erlaubt eine derartige Quantifizierung eine objektive historische Aussage.

[3] Neue Freie Presse, 21. Juli 1918.

schaft zwischen 1913 und 1916 ihre Erzeugung an Roherzen von 1,953.400 t auf 2,366.900 t, an Roheisen von 586.600 t auf 637.800 t, an Rohstahl von 419.600 t auf 506.400 t und an fertiger Walzware von 245.500 t auf 300.200 t steigerte[4]. Bereits 1917 machte sich aber eine Abschwächung der kriegswirtschaftlichen Konjunktur geltend, da trotz einer Erhöhung der Arbeiterzahl[5] die Produktivität abnahm. Dies war bedingt durch die unzureichende Ernährung der Arbeitskräfte, welche deren Leistungsfähigkeit stark minderte; eine volle Ausschöpfung der vorhandenen Ressourcen verhinderte auch der veraltete Maschinenpark, da während der Kriegsjahre auf entsprechende Investitionen verzichtet wurde.

Als Erbe der Kriegswirtschaft ergab sich für die junge Republik eine Verzerrung der Produktionsstruktur, die sich einerseits in einer Überbesetzung und andererseits in einem geringen Rationalisierungsgrad verdeutlichte. Viel nachhaltigere Konsequenzen zeigte jedoch die aus dem Zerfall der Monarchie resultierende wirtschaftliche Desintegration. Wie auch in anderen Bereichen der Wirtschaft hatte in der Montanindustrie eine organisch gewachsene Arbeitsteilung zwischen den einzelnen Kronländern bestanden: Für die Kohlenversorgung, in der zwar auch die Monarchie auf zusätzliche Einfuhren angewiesen war, bildeten die Lagerstätten in den nördlichen Provinzen des Reiches die wichtigste Rohstoffbasis, während in der Erzförderung vor allem der steirische Erzberg als Lokalisationszentrum wirkte. Die Zerreißung dieser traditionalen Verflechtungen, die noch durch die Absperrungsmaßnahmen der Nachfolgestaaten verschärft wurde, bedeutete für den nunmehrigen Kleinstaat ein gravierendes Existenzproblem. Für die österreichische Montanindustrie erforderten die veränderten Bedarfsverhältnisse und die Einengung der Ressourcen nach dem Ersten Weltkrieg daher eine weitgehende, nach Branchen allerdings

---

[4] Wirtschaftsstatistisches Jahrbuch, hrsg. v. d. Kammer für Arbeiter und Angestellte in Wien (1927), 178.

[5] Die Zahl der Betriebswochen bei den Hochofenwerken war im Bereich der späteren Republik mit 427 mehr als doppelt so hoch als im besten Konjunkturjahr der Zwischenkriegszeit. Vgl. Mitteilungen über den österr. Bergbau 10 (1929), 7.

unterschiedliche Umstrukturierung. So mußte etwa der Kohlenbergbau, der im Bereich der Alpenländer bisher keine nennenswerte Rolle gespielt hatte, stark intensiviert werden, um zumindest teilweise die Versorgungsengpässe zu mildern[6]. Die Eisenindustrie hingegen, die in der Vorkriegszeit auf die Versorgung des großräumigen Binnenmarktes orientiert war, sah sich nunmehr infolge ihrer Überkapazitäten gezwungen, den schwierigen Wettbewerb auf den Exportmärkten aufzunehmen.

Tabelle 1. *Montanproduktion 1913 bis 1924 (reale Wertschöpfung)*
1913 = 100

Jahr	Bergbau[1]	Eisenhütten
1913	100,0	100,0
1920	78,5	20,6
1924	79,1	54,7

Quelle: Österreichs Volkseinkommen 1913 bis 1963, Monatsberichte des österr. Inst. f. Wirtschaftsforschung, 14. Sonderheft (1965), 12.

[1] Einschließlich Magnesit.

Am eklatantesten gegenüber der Friedensproduktion war der Rückschlag im Hüttenwesen, wo 1920 nur rund ein Fünftel der Vorkriegswerte registriert wurden. Hingegen weisen die Daten für den Bergbau darauf hin, daß die Ausnützung der Rohstoffquellen in der unmittelbaren Nachkriegszeit in wesentlich effizienterer Weise als deren Weiterverarbeitung erfolgte. Dies hängt mit dem Zwang zur Intensivierung der heimischen Kohlenproduktion und verschiedenen Kompensationsgeschäften mit dem Ausland zusammen[7].

---

[6] Hans Bayer, Strukturwandlungen der österr. Volkswirtschaft nach dem Kriege. Ein Beitrag zur Theorie der Strukturwandlungen, Wiener Staats- und Rechtswissenschaftliche Studien 14 (1929), 101.

[7] So gelang es 1919, einen Vertrag mit der Tschechoslowakei zu schließen, der eine Lieferung von 450 Waggon Rösterz gegen 1000 Waggon Koks vorsah. — Friedrich Thalmann, Die Wirtschaft in Österreich, in: Geschichte der Republik Österreich, hrsg. v. Heinrich Benedikt (1954), 491.

Eine rasche Anpassung der Montanindustrie an die veränderten Bedingungen wäre nur durch den Einsatz großer finanzieller Mittel möglich gewesen. Trotz der fortschreitenden Nachkriegsinflation, welche naturgemäß die Investitionstätigkeit begünstigte, gelang es nicht, die erforderlichen Mittel anbetrachts des zerrütteten inländischen Kapitalmarktes liquid zu machen. Die Kapitalschwäche der österreichischen Wirtschaft bildete einen nicht unwesentlichen Anreiz für das ausländische Großkapital und damit auch für die Spekulation. Vor allem der wichtigste Repräsentant der österreichischen Montanindustrie, die Alpine-Montangesellschaft, geriet in das Kräftefeld ausländischer Finanzgruppen. 1919/20 erwarb die italienische Großbank Credito Italiana gemeinsam mit den Turiner Fiat-Werken und einer weiteren Bank, der Banca commerciale Italiana, über Vermittlung des während der Inflationsära zu zweifelhafter Berühmtheit gelangten Finanzmannes Camillo Castiglioni die Aktienmajorität dieses Unternehmens. Dies stellte den ersten massiven Einbruch ausländischen Kapitals in die österreichische Wirtschaft dar. Nach Sicherung eines entsprechenden Spekulationsgewinnes veräußerte die italienische Finanzgruppe die Alpine-Aktien an den Ruhrindustriellen Hugo Stinnes, der zu diesem Zweck die von ihm beherrschte Rhein-Elbe-Union vorschob. Damit begann die Ära des reichsdeutschen Einflusses auf Österreichs größten Industriebetrieb. Wenn auch in späteren Jahren wiederum österreichische Aktionärssyndikate in Erscheinung traten — sie waren im wesentlichen mit Camillo Castiglioni und der Niederösterreichischen Escomptegesellschaft identisch — so verfügten diese nur über Minderheitsanteile und hatten daher kaum die Möglichkeit, gegen die Majoritätsaktionäre der deutschen Schwerindustrie aufzutreten[8]. Die 1922/23 in rascher Folge vorgenommenen Kapitalserhöhungen spiegeln nicht nur die Geldentwertung in Österreich wider, sondern deuten auch darauf hin, daß die Alpine weiterhin als gewinnträchtiges Spekulationsobjekt diente. Allerdings kann nicht geleugnet werden, daß in dieser Zeit auch wesentliche

---

[8] Heinz Strakele, Die Österreichische Alpine-Montangesellschaft. Ihre Entstehung, Entwicklung und Bedeutung, Das Wirtschafts-Archiv 1 (1946), 13.

produktionstechnische Verbesserungen vorgenommen wurden. Eines der Hauptmotive Stinnes bei der Erwerbung der Alpine-Montangesellschaft lag ja darin, Ersatz für die durch den Krieg verlorenen Hüttenwerke und Erzlager in Lothringen, Schlesien und Luxemburg zu schaffen[9]. Da Stinnes auch partielle Einflußnahme auf den Böhler-Konzern erlangte, verfügte er zeitweise über eine zentrale Position in der eisenschaffenden Industrie Österreichs[10].

Die veränderte innenpolitische Rollendisposition in Österreich nach dem Ersten Weltkrieg bewirkte, daß auch insbesondere die Montanindustrie als Schlüsselsektor der österreichischen Wirtschaft in den Sog der allgemeinen Sozialisierungsbestrebungen geriet, wie sie vor allem von der Sozialdemokratie, aber in der unmittelbaren Nachkriegszeit auch von den Christlichsozialen vertreten wurden. Im bekannten Sozialisierungskonzept Otto Bauers[11] spielte gerade die Schwerindustrie eine wesentliche Rolle, deren vordringliche Überführung in das Gemeinschaftseigentum geradezu einen Katalysator für die Umgestaltung der bestehenden Wirtschafts- und Gesellschaftsordnung bilden sollte. Die vorhandenen Kohlengruben (außer die Produktion für den lokalen Bedarf), der gesamte Kohlenhandel, die Eisenerzgewinnung sowie die Roheisenproduktion sollten u. a. in das Eigentum und in die Verwaltung von „gemeinwirtschaftlichen Anstalten" überstellt werden[12]. Es war naheliegend, daß die Alpine-Montangesellschaft als das bedeutendste Unternehmen des Landes im Zentrum der Sozialisierungspläne stand: Als 1919 die Gesellschaft das Aktienkapital auf 100 Mil-

---

[9] Ebd., 13; W. T. Layton — C. H. Charles Rist, Die Wirtschaftslage Österreichs, Bericht der vom Völkerbund bestellten Wirtschaftsexperten (1925), 33.

[10] Gustav Otruba, Die Entwicklung des Böhler-Konzern vom Ersten Weltkrieg bis zur Gegenwart, in: 100 Jahre Böhler Edelstahl, hrsg. v. Gebr. Böhler & Co. AG (1970), 56.

[11] Vgl. Otto Bauer, Der Weg zum Sozialismus (1919); Stephan Koren, Sozialisierungsideologie und Verstaatlichungsrealität in Österreich, in: Die Verstaatlichung in Österreich, hrsg. von Wilhelm Weber (1964), 20 ff.

[12] Zu den Sozialisierungsplänen hinsichtlich der Alpine-Montan vgl. die Rechtfertigung Joseph Schumpeters bei Charles A. Gulick, Österreich von Habsburg zu Hitler 1 (1948), 194 ff.

lionen Kronen erhöhte, erwarb die österreichische Regierung entsprechend dem Gesetz über die Errichtung gemeinwirtschaftlicher Betriebe 50.000 Aktien dieses Unternehmens. Mit dem Sturz der Räterepublik in Ungarn (1919) und dem Scheitern der großen Koalition in Österreich (1920) traten diese Vergesellschaftungstendenzen zurück; die neue Regierung überließ ihre Alpine-Aktien der Castiglioni-Gruppe für nur 4,2 Millionen Lire[13].

Zu den zentralen Existenzproblemen der jungen Republik zählte — wie bereits angedeutet — neben der fortschreitenden Inflation und der Lebensmittelverknappung vor allem die Frage der Kohlenversorgung. Mit dem Verlust der galizischen Erdöllager und bedingt auch durch Versäumnisse beim Ausbau der vorhandenen Wasserkraftreserven[14] spielte die Kohle als Energieträger eine noch entscheidendere Rolle als in anderen Staaten. Obwohl die Monarchie im böhmisch-mährischen Raum über bedeutende Stein- und Braunkohlelagerstätten verfügt hatte, durfte auch sie nicht als autark in ihrer Kohleversorgung gelten: 79,5% des Inlandsbedarfs an mineralischen Brennstoffen wurden 1913 in der Monarchie durch die Eigenförderung gedeckt[15], das Defizit wurde vorwiegend durch Einfuhren aus Schlesien, Westfalen und England ausgeglichen. Der Ausbruch des Weltkrieges hatte auf die Kohlenbelieferung der Monarchie anfangs keinen besonderen Einfluß; der Abbau wurde durch eine Intensivierung des Schichtbetriebes forciert, allerdings auf Kosten einer Vernachlässigung der Vorrichtungsarbeiten, was sich wiederum nach Kriegsende in einem nicht unwesentlichen Rückschritt äußern mußte; überdies hielt der deutsche Verbündete seine Lieferverpflichtung in nahezu voller Höhe aufrecht. Die Kriegswirtschaft sorgte jedoch in erster Linie dafür, daß kriegswichtige Transport- und Produktions-

---

[13] Strakele, Alpine-Montangesellschaft, 13.

[14] Eine verstärkte Elektrifizierung der Staatsbahnen stieß vor dem Krieg auch auf den Widerstand der Militärs, die aus strategischen Gründen eine Beibehaltung der Kohlenfeuerung forderten. Vgl. den Artikel „Die Schwierigkeiten in der Kohleversorgung" der Neuen Freien Presse, 5. und 6. Dezember 1918.

[15] Oskar Berl, Der Wiederaufbau Österreichs und die Kohlenfrage (1921), 2.

betriebe ausreichend mit Kohle versorgt wurden; umso fühlbarer machte sich aber die Kohlennot bei den privaten Verbrauchern geltend. Mit Fortgang des Krieges erfolgte hier eine drastische Reduzierung des privaten Konsums, schließlich kam es zu einer nahezu lückenlosen staatlichen Bewirtschaftung und einschneidenden Rationierungen in der Kohlenwirtschaft[16]. Durch die wirtschaftliche Desintegration sah sich nach dem Krieg der österreichische Reststaat von den wichtigsten Kohlenlagerstätten abgeschnitten. Besonders der Mangel an der für die Schwerindustrie so wichtigen Steinkohle bildete ein Hemmnis für den Wiederaufbau. Österreich verfügte nunmehr nur über die wenig ergiebigen Vorkommen von Grünbach am Schneeberg, Schrambach bei Lilienfeld und Hinterholz bei Waidhofen an der Ybbs, die im letzten Friedensjahr 1913 bloß 87.500 t geliefert hatten. Etwas günstiger war die Situation auf dem Sektor der Braunkohle, wo die gesamte alpenländische Produktion 1913 fast 2 Millionen t erreicht hatte. Die wichtigsten Lagerstätten waren hier Köflach-Voitsberg (0,75 Millionen t 1913) in der tertiären Niederung der Alpen, die eine Fortsetzung in den Kohlenfeldern von Wies-Eibiswald (0,23 Millionen t) und in den kleineren Revieren von Weiz und Ilz-Fürstenfeld-Fehring fand. Im inneralpinen Becken Niederösterreichs gab es Lignite in Lichtenwörth, Zillingsdorf und Sollenau, westlich davon eine große Anzahl miozäner Braunkohle, die von Hart bei Gloggnitz über das Mürztal bis tief in das obere Murtal reichte. Es waren dies die Braunkohlenlager von Göriach-Parschlug, Seegraben-Münzenberg-Tollinggraben und Fohnsdorf-Knittelfeld, deren Produktion 1913 über 1 Million t betrug. Kleinere Braunkohlenlager im alpinen Bereich fanden sich noch bei Häring-Kirchbichl im Inntal, auf dem Wirtatobel bei Bregenz, im kärntnerischen Lavanttal bei Wiesenau und St. Stefan sowie auch in Sonnberg bei Guttaring. Im nördlichen Alpenvorland lagen Braunkohlenlager bei Thalern an der Donau und bei Oberwölbling, besonders aber im oberösterreichischen Hausruckwald, wo die Wolfsegg-Traunthaler Kohlenwerksgesellschaft 1913 0,4 Millionen Tonnen för-

---

[16] Neue Freie Presse, 21. Juli 1918, 29. August 1918 und 6. Dezember 1918.

derte. Die übrigen oberösterreichischen Braunkohlenfelder (Wildshut, Titmoning, Pranet, Eferding) waren von rein lokaler Bedeutung[17].

Österreich konnte damit lediglich einen Bruchteil seines Kohlenbedarfes aus der inländischen Produktion befriedigen. So betrug etwa die österreichische Kohlenförderung im Dezember 1918 insgesamt 155.437 t (davon 7430 t Steinkohle), der Gesamtbedarf hingegen stellte sich auf durchschnittlich 1,25 Millionen t, so daß nicht mehr als 12,45% des Inlandsbedarfes aus der eigenen Produktion gedeckt wurden[18].

Die österreichische Delegation bei den Friedensverhandlungen von Saint-Germain wies daher darauf hin, daß die Sicherstellung der Kohlenversorgung eine der wesentlichen Voraussetzungen für die Lebensfähigkeit des österreichischen „Rest"-Staates darstelle. Zur Lösung dieser Existenzfrage schlug sie vor, den Bezirk von Mährisch-Ostrau zu neutralisieren und die Ausfuhr von Bergwerksprodukten aus diesem Bereich keinerlei Beschränkungen zu unterwerfen. Dieser Plan eines „europäischen Bezirkes" ließ sich jedoch nicht realisieren[19]. Der Friedensvertrag enthielt schließlich verschiedene Bestimmungen, welche die Lieferverpflichtungen der Tschechoslowakei und Polens an Österreich regeln sollten. So heißt es in Artikel 1, Absatz 24: „Besondere Vereinbarungen werden zwischen der Tschechoslowakei, Polen und Österreich betreffend die gegenseitige Lieferung von Kohlen und Rohstoffen beschlossen werden. Bis zum Abschluß dieses Übereinkommens, keinesfalls aber länger als für drei Jahre nach dem Inkrafttreten des Friedensvertrages darf die Ausfuhr von Stein- und Braunkohlen nach Österreich, die mangels eines Übereinkommens zwischen den beteiligten Staaten durch den Wiedergutmachungsausschuß bestimmt wird, mit keinerlei Ausfuhrzoll belegt und

---

[17] Franz Heiderich, Die Wirtschaftskräfte Deutschösterreichs, Flugblätter für Deutschösterreichs Recht 17 (1919), 13 f.

[18] Berl, Wiederaufbau, 28 f.

[19] Kurt Wessely, Die Pariser Vororte-Friedensverträge in ihrer wirtschaftlichen Auswirkung, in: Versailles-Saint Germain-Trianon. Umbruch in Europa vor fünfzig Jahren, hrsg. v. Karl Bosl (1971), 162.

durch keinerlei Beschränkung irgendwelcher Art belastet werden"[20].

Die Bestimmungen dieses Artikels konnten jedoch die Kohlenversorgung Österreichs nicht sichern, da darin nur Höchstaber keine Mindestmengen festgelegt wurden und auch die Frage der Kohlenzufuhr aus Deutschland vollkommen ungelöst blieb. Nicht zuletzt diese Lücken im Vertrag führten dazu, daß unter dem Hinweis auf ihren eigenen Kohlenbedarf die erwähnten Staaten die Kontingente sehr klein hielten oder diese überhaupt nicht zur Auslieferung gelangten. Österreich wurde daher von der interalliierten Kohlenkommission dazu verhalten, alle abbauwürdigen Bergwerke im eigenen Lande voll auszunützen. Dies war jedoch nur bedingt möglich, da die unzureichenden Lebensmittelrationen die Arbeitsleistung der Bergleute stark beeinträchtigten. Es wurde seitens der Kommission ein Junktim verfügt, wonach die Ausnützung der eigenen Kapazitäten in Verbindung mit dem Schlüssel der ausländischen Kohlenzulieferungen gebracht wurde[21].

Österreich versuchte daher, alle verfügbaren Vorkommen auszubeuten. Dies führte zu einer auffallenden Zunahme der Gewinnung von Braunkohle in den ersten Nachkriegsjahren: Auf dem Boden der späteren Republik hatten sich 1913 nur 40 Braunkohlenbergbaue befunden, in denen 12.147 Arbeiter beschäftigt waren; hingegen wurden im Jahre 1921 schon 78 Bergwerke mit 19.799 Arbeitern betrieben, dann allerdings sank die Zahl der Gruben, während die Ziffer der beschäftigten Arbeitskräfte noch weiter anstieg und im Jahre 1922 mit 21.103 einen Höchststand erreichte, der weder vorher noch

---

[20] Vgl. Richard Schüller, Wirtschaftliche Bestimmungen des Friedensvertrages von Saint-Germain, Zeitschrift für Volkswirtschaft und Sozialpolitik NF 1 (1921), 34—43; Berl, Wiederaufbau, 8. Besonders drückend war die Kohlenknappheit in Wien, wo die Gas- und Elektrizitätsversorgung nur zur Not aufrecht erhalten werden konnte. Im September 1919 wurden der Straßenbahnverkehr vorübergehend eingestellt, für alle Gast- und Kaffeehäuser die Sperrstunde auf 20 Uhr vorverlegt, und auch in Industrie und Gewerbe rigorose Sparmaßnahmen verfügt. Kohle für den Küchenbrand wurde nur in geringen Mengen abgegeben, für Hausbrandzwecke überhaupt nicht. — Reichspost, 18. September 1919 und 21. September 1919.
[21] Reichspost, 23. September 1919.

nachher registriert wurde. Noch mehr wuchs die Steinkohlenförderung: Gab es vor dem Krieg im Bereich der Republik nur 4 Steinkohlenwerke, so stieg deren Zahl bis 1921 auf 24 an. Die Belegschaft erhöhte sich auf das viereinhalbfache, nämlich von 585 auf 2455[22].
Dabei mußte allerdings auf zum Teil minderwertige Kohle zurückgegriffen werden. Die zahlreichen kleinen Bergbaue setzten auch der Rentabilität dieser Betriebe enge Grenzen. Die ungünstigen Förderbedingungen in den meisten Revieren hoben deren Frachtenvorteile weitgehend auf und ließen Investitionen zur Rationalisierung und Produktionssteigerung wenig lohnend erscheinen[23]. Insgesamt stieg die Braunkohlenförderung von rund 2,2 Millionen t (1919) auf 3,1 Millionen t (1922), wobei die Steigerung der Produktionsziffern in diesem Jahr nicht zuletzt auf die Einbeziehung der burgenländischen Braunkohlenwerke (Zillingdorf, Tauchen, Neufeld) zurückging. Das Burgenland stand fortan hinter der Steiermark an zweiter Stelle der österreichischen Braunkohlenförderung[24]. Zwischen 1922 und 1924 war im Zusammenhang mit der Stabilisierungskrise in der österreichischen Wirtschaft wiederum ein leichtes Absinken des Förderungsvolumens zu konstatieren.

Hingegen konnte die heimische Steinkohlenproduktion, die zwischen 1919 und 1922 ebenfalls kräftig expandiert hatte, die Umstellung von der inflationistischen Scheinkonjunktur ohne wesentliche Rückschläge überwinden. Die Preissituation war für die österreichischen Kohlenproduzenten allerdings wenig befriedigend und zwang die Unternehmen verschiedentlich zu einer Lohnpolitik, die zu Streiks und Produktionsausfällen Anlaß gab.

---

[22] Ferdinand Tremel, Die Entwicklung der österreichischen Wirtschaft in der Ersten und Zweiten Republik, in: 100 Jahre im Dienste der Wirtschaft 1, hrsg. v. Bundesministerium f. Handel und Wiederaufbau (1961), 186. Vgl. auch 10 Jahre Nachfolgestaaten. Almanach 1908—1918—1928. Sonderausgabe zur 20-Jahr-Feier des „Österreichischen Volkswirt", hrsg. v. Walter Federn (1928), 84.
[23] Stephan Koren, Die Industrialisierung Österreichs — vom Protektionismus zur Integration, in: Österreichs Wirtschaftsstruktur gestern — heute — morgen, hrsg. v. Wilhelm Weber, 1 (1961), 310.
[24] Karl Bachinger, Geschichte der gewerblichen Wirtschaft des Burgenlandes (1973), 30 f.

Tabelle 2. *Kohlenförderung 1918—1924*

Jahr	Betriebe	Arbeiter	Produktion (in 1000 t)		
			Steinkohle	Braunkohle	Insgesamt
1918	48	14.479	95	2241	2336
1919	68	17.883	90	2217	2307
1920	96	20.584	133	2697	2830
1921	105	23.343	138	2797	2935
1922	95	23.425	166	3136	3302
1923	92	20.556	158	2685	2843
1924	92	18.530	172	2786	2958

Quelle: Mitteilungen über den österreichischen Bergbau, verf. im Bundesministerium für Handel und Verkehr (1918—1924).

Trotz der an sich deutlichen Expansion in der Kohlenförderung gelang es bis 1921 nicht, die eklatanten Verknappungserscheinungen in der Versorgung zu beseitigen[25]. Erst seit 1922 konnte durch erhöhte Importkontingente bei gleichzeitig sinkender Nachfrage (vor allem durch die ungünstige Konjunkturlage in der österreichischen Schwerindustrie) eine allmähliche Normalisierung der Kohlenwirtschaft erreicht werden.

In der Eisenindustrie, dem mit Abstand wichtigsten Industriezweig Österreichs, bewirkte die wirtschaftliche Desintegration nach dem Ersten Weltkrieg eine Auflösung der organisch gewachsenen Arbeitsteilung und Kooperation. In der Monarchie hatte die alpenländische Eisenindustrie kein Gießereiroheisen produziert, sondern dieses aus dem Ostrauer Raum eingeführt, während wiederum die sudetenländischen Stahlwerke von der Alpine-Montangesellschaft Stahlroheisen bezogen. Überdies sah sich die Eisenerzeugung von ihrer bisherigen Kohlenbasis in Böhmen abgeschnitten. In allen Nachfolgestaaten, die sich als Ziel ihrer Wirtschaftpolitik der Autarkie verschrieben hatten, entwickelten sich in der Folge neue Produktionsstätten, die an der Beibehaltung der Zollschranken interessiert waren[26].

---

[25] Noch im Winter 1921/22 bestand eine derartige Kohlenknappheit, daß sogar die Universität geschlossen werden mußte. — Neue Freie Presse, 8. Feber 1922.

[26] Das österreichische Wirtschaftsproblem. Denkschrift der Österreichisch-Deutschen Arbeitsgemeinschaft (1925), 7.

Für den kleinräumigen Markt Restösterreichs war die eisenschaffende Industrie überdimensioniert; überdies waren bei Kriegsende die technologischen Einrichtungen zum Teil bereits stark überaltert. Dies galt insbesondere auch für die Erzförderung am steirischen Erzberg, wo ein erheblicher Kapitalmangel eine rasche Reaktivierung der Produktionseinrichtungen verhinderte. Der Abbau des qualitativ ausgezeichneten Spateisensteins (mit einem Roheisengehalt von 40% im Roherz und 55% im Rösterz bei 2—3% Manganbeimengung)[27] betrug 1919 weniger als ein Achtel der Friedensproduktion und erreichte auch am Höhepunkt der folgenden Inflationskonjunktur nur rund die Hälfte des Vorkriegsstandes. Etwas günstiger war die Situation am Kärntner Hüttenberg, da die Bestellungen aus Jugoslawien, wo die Werke von Třinec schon während der Monarchie ganz auf die manganreichen Hüttenberger Erze ausgerichtet waren, bald wieder eingingen[28].

In der Roheisenproduktion, die 1917 nicht zuletzt infolge der Rüstungswirtschaft mit 504.152 t einen hohen Stand erreicht hatte, sank das Erzeugungsvolumen in den ersten Nachkriegsjahren ebenfalls stark, auf 61.880 t im Jahre 1919 ab. Im Zuge der Inflationskonjunktur seit Beginn der Zwanzigerjahre konnte aber der Output trotz erheblicher produktionstechnischer Schwierigkeiten rasch gesteigert werden und erreichte 1923 bereits wiederum 431.875 t. Diese Readjustierung war von einem deutlichen Konzentrationsprozeß begleitet: So fiel die Zahl der Betriebe zwischen 1919 und 1923 von 6 auf 4, die Zahl der im Betrieb stehenden Hochöfen stieg hingegen von 3 auf 6 an. Auch die Stahlerzeugung ließ eine Aufwärtstendenz erkennen; der Produktionsausstoß von 1919 mit 162.082 t wurde bereits im folgenden Jahr mit 228.799 t deutlich übertroffen und stieg dann kontinuierlich bis 1923 auf 499.442 t an.[29] Der Wettkampf zwischen Tiegel- und

---

[27] Strakele, Alpine-Montangesellschaft, 9.

[28] Kärntens gewerbliche Wirtschaft von der Vorzeit bis zur Gegenwart, hrsg. v. der Kammer der gewerblichen Wirtschaft für Kärnten (1953), 292.

[29] Wirtschaftsstatistisches Jahrbuch (1926), 176 f.: vgl. Bayer, Strukturwandlungen, 93.

Elektrostahl entschied sich dabei in den Zwanzigerjahren endgültig zugunsten des letzteren.

Tabelle 3. *Die Produktion im Eisenwesen 1919—1924*

Jahr	Eisenerz	Roheisen	Stahl	Fertigware
		(in 1000 t)		
1919	250	—	162	118
1920	435	100	229	172
1921	710	226	351	259
1922	1112	323	480	360
1923	1211	344	499	365
1924	714	267	370	294

Quelle: Wirtschaftsstatistisches Jahrbuch, hrsg. von der Kammer f. Arbeiter und Angestellte in Wien (1926), 176f.; Mitteilungen über den österr. Bergbau 10 (1929), 6.

Die im Zusammenhang mit der Geldwertstabilisierung stehende industrielle Produktionskrise führte 1924 auch in der Roheisen- und Stahlerzeugung zu einem partiellen Rückschlag. Die Roheisenproduktion sank zwischen 1923 und 1924 um rund 22%, die von Stahl sogar um 26%.

II. KONJUNKTURAUFSCHWUNG UND RATIONALISIERUNG (1926—1929)

Nach der Überwindung der im Zuge der Währungssanierung eintretenden Stabilisierungskrise, deren rezessive Wirkung durch das problematische Reformkonzept der Regierung Seipel verstärkt wurde, gewann Österreich allmählich Anschluß an den weltweiten Konjunkturaufschwung. In dieser Phase bis 1929 stieg das reale Bruttonationalprodukt durchschnittlich um 3,5% jährlich[30], so daß das Niveau von 1913 vorübergehend um 5% überschritten wurde. In den einzelnen Sektoren der Wirtschaft war allerdings eine recht unterschiedliche Entwicklungsdynamik festzustellen: während die Elektrizitäts-, Gas- und Wasserversorgung und die Agrarwirtschaft kräftig expandierten, waren die Wachstumsansätze im industriellen Bereich geringer; die Industrie erreichte auch im besten Jahr der Ersten Republik nicht ganz das Produktionsvolumen von 1913.

---

[30] Österreichs Volkseinkommen 1913 bis 1963, 5.

Die günstigen konjunkturellen Ausstrahlungen bewirkten auch in der Montanindustrie eine beschleunigte Ausweitung des Produktionsapparates. Dies war besonders im Bergbau festzustellen, der 1929 seinen Vorkriegsstand um nahezu 10% übertraf. Hingegen konnte im Eisenhüttenwesen trotz anhaltender Besserung der wirtschaftlichen Lage das Produktionsvolumen des letzten Friedensjahres nicht erreicht werden.

Tabelle 4. *Montanproduktion 1924 bis 1929 (reale Wertschöpfung)*
1913 = 100

Jahr	Bergbau und Magnesit	Eisenhütten
1924	79,1	54,7
1929	109,7	87,7

Quelle: Österreichs Volkseinkommen, 12.

Trotz des tendenziellen wirtschaftlichen Aufschwungs dieser Periode blieben allerdings die konjunkturellen Impulse, nicht zuletzt infolge der prononciert deflationistischen Wirtschaftspolitik, geringer als in anderen Staaten; die mitunter vertretene Auffassung von einer ausgesprochenen Hochkonjunktur in der zweiten Hälfte der Zwanzigerjahre kann auch am Beispiel der Montanindustrie nicht verifiziert werden. In dieser Entwicklungsphase waren zunehmende Bestrebungen zur Konzentration und Rationalisierung der Produktion festzustellen. Während der Stabilisierungskrise hatte man zunächst durch Preisabsprachen und eine restriktive Zollpolitik versucht, die mit der freien Marktwirtschaft verbundenen Risiken einzuengen. Zur Vorkämpferin dieser Bestrebungen machte sich die Alpine-Montangesellschaft, die durch Prohibitivzölle oder mittels Durchbrechung des Achtstundentages ihre Wirtschaftslage zu verbessern trachtete, ohne dabei jedoch vorerst Erfolg zu haben. Dagegen ließ sich ein Kartellabschluß mit den tschechoslowakischen Eisenwerken realisieren, der ihre Stellung in Österreich stärken sollte. Das Kartellübereinkommen enthielt Bestimmungen über Kontingentierung des gegenseitigen Absatzes, um sich auf diese Weise eine bilaterale Monopolstellung zu sichern; weiters waren Vereinbarungen über Regelungen des Auslandsabsatzes vorgesehen. Das Kartell machte die Alpine-Montan in Österreich zur Durchlaufstelle für sämtliche Eisenlieferungen aus der Tschechoslowakei und damit auch zum Kontrollorgan für einen Großteil des Handels. Diese Position wußte die Alpine noch dadurch zu verstärken, daß sie die mit dem Wiener Eisengroßhandel getroffenen Vereinbarungen zu einem unter ihrem massiven Einfluß stehenden Händlerkartell umwandelte.[31]

Letztlich bewährte sich der Kartellvertrag mit der Tschechoslowakei nur bedingt, da er ein Absinken der Preise nicht verhindern konnte, andererseits aber den tschechoslowakischen Werken Zutritt zum österreichischen Markt verschaffte, ohne daß die Alpine im Export in den Nachbarstaat eine entsprechende Kompensation gefunden hätte. Die tschechoslowakischen, vor allem aber auch die französischen und belgischen Werke, die infolge der Franc-Abwertung einen Preisvorteil ins Treffen führen konnten, verschärften die Wettbewerbssituation für die österreichischen Produzenten. Die Alpine-Montan intensivierte daher schon 1925 ihre Versuche, höhere Eisenzölle zu erreichen; schließlich kam es nach heftigen Debatten im Parlament anfangs 1926 zu einer Einigung mit der weiterverarbeitenden Industrie, worin sich die Alpine verpflichtete, beim Nachweis von Exporten der weiterverarbeitenden Industrie das Eisen zu Weltmarktpreisen in Rechnung zu stellen.

Der angestrebte Zollschutz wurde allerdings nur partiell verwirklicht, da es den tschechoslowakischen Eisenindustriellen unter Führung der französischen Schneider-Creuzot-Gruppe auf Vermittlung der Niederösterreichischen Escomptegesellschaft gelang, 18% des österreichischen Eisenbedarfes, d. h. etwa 50.000 t als zollfreies Kontingent zu erhalten[32].

Die prohibitionistische Zollpolitik konnte zwar den Inlandmarkt teilweise entlasten, um aber auch auf den Exportmärkten entsprechende Preise zu erzielen, wurden in der Folge weitere Kartellvereinbarungen getroffen. 1926 schlossen sich die tschechoslowakischen, ungarischen und österreichischen Werke zu

---

[31] Wirtschaftsstatistisches Jahrbuch (1924), 175 f.
[32] Allgemeine Rundschau 17 (1926), 265.

einer „Mitteleuropäischen Rohstahlgemeinschaft" zusammen. Noch im Herbst des selben Jahres entstand durch Zusammenschluß deutscher, französischer, belgischer und luxemburgischer Unternehmen die „Internationale Rohstahlgemeinschaft", die sich mit der mitteleuropäischen Gruppe vereinigte. Ebenfalls 1926 wurde das bereits vor dem Krieg entstandene „Europäische Schienenexport-Kartell „ERMA" reaktiviert und 1927 die „Internationale Draht-Gemeinschaft", der alle deutschen, belgischen, niederländischen, tschechoslowakischen und österreichischen Erzeuger angehörten, konstituiert[33]. Eine weitere Strategie zur Sicherung des Auslandsabsatzes entwickelte die Alpine-Montan durch die Gründung von Tochtergesellschaften in den Nachfolgestaaten; 1923 gründete sie in Budapest die Ferro-AG und in Zagreb die Montansyndikat AG und hoffte damit, an ihre einstige Stellung im Ostgeschäft anschließen zu können[34].

Auf der Produktionsseite versuchte man in der österreichischen Montanindustrie durch eine fortschreitende betriebliche Konzentration eine Erhöhung der Produktivität zu erzielen. Von weitreichender Bedeutung war insbesondere die Einbeziehung der traditionsreichen Graz-Köflacher Eisenbahn- und Bergbaugesellschaft in den Konzern der Alpine-Montan. Die Graz-Köflacher war während der Inflationsära in die Einflußsphäre des bekannten Spekulanten Viktor Wutte gelangt und nach dem Zusammenbruch der von diesem kontrollierten Centralbank in arge finanzielle Schwierigkeiten geraten[35]. Nach der Eingliederung in den Alpine-Konzern hatte letzterer eine

---

[33] Tremel, Entwicklung, 202.

[34] Strakele, Alpine-Montangesellschaft, 15 f.

[35] 1920 hatte das Land Steiermark die Aktienmehrheit der Graz-Köflacher Eisenbahn- und Bergbaugesellschaft erworben. Präsident wurde der steirische Landeshauptmann Rintelen, der anderthalb Jahre später seine Position Viktor Wutte abtrat und überdies diesem 40.000 Aktien zu einem Vorzugspreis überließ. Wutte konnte mit der Erwerbung der Aktienmajorität der Graz-Köflacher das altrenommierte Unternehmen in seine gigantischen Spekulationsgeschäfte einbeziehen. Es kam zu mehreren Kapitalerhöhungen, wobei er sich beträchtliche Agiogewinne aneignen konnte. Indem Wutte zum Teil unbezahlte Aktien der Graz-Köflacher benützt, um seinen Verbindlichkeiten bei der Centralbank nachzukommen, wurde die Bergbau-

nahezu einzigartige Monopolstellung in der österreichischen Montanwirtschaft erreicht. Besonders in der Kohlenwirtschaft wurden dadurch weitere Kartellbestrebungen mehr oder weniger hinfällig, da neben der Alpine-Montan nunmehr lediglich die Wolfsegg-Traunthaler Bergbaugesellschaft als Unternehmen von überregionaler Bedeutung in Betracht kam[36]. Die unter dem Einfluß des deutschen Großkapitals stehende Alpine-Montan versuchte darüber hinaus, ihren Konzern durch den Erwerb anderer Gesellschaften und diverse Rationalisierungsvorhaben, wie die Konzentration der Edelstahlerzeugung in Donawitz, abzurunden. Sie griff schließlich über die Landesgrenzen hinaus und beteiligte sich über Vermittlung der Niederösterreichischen Escomptegesellschaft an der Bismarckhütte AG in Polnisch-Oberschlesien sowie der Kattowitzer Bergbaugesellschaft, um sich die Kokszulieferung zu sichern.

Die enge Verflechtung mit deutschen Kapitalinteressen, die einerseits die Rationalisierung der österreichischen Montanindustrie beschleunigte, erwies sich andererseits infolge des damit verbundenen spekulativen Moments auch in der zweiten Hälfte der Zwanzigerjahre als nicht unproblematisch. So veräußerte Hugo Stinnes infolge finanzieller Schwierigkeiten einen Teil seines Aktienbesitzes an der Alpine-Montan und übertrug seine Anteile an die Düsseldorfer Vereinigte Stahlwerke AG, die damit in den Besitz der Aktienmajorität kam[37]. Bereits vorher hatte das Unternehmen mit Mitgliedern des Ruhrkohlensyndikats ein Abkommen auf Lieferung von 7,5 Millionen t Koks in (fünf Jahresraten) abgeschlossen, in das nunmehr die Vereinigten Stahlwerke eintraten. Die Zahlung erfolgte

---

gesellschaft in den Niedergang dieses Kreditinstitutes hineingezogen. Überdies fügte Wutte durch verschiedene andere Transaktionen der Graz-Köflacher weitere Verluste zu, „er plünderte dieses alte Unternehmen so aus, daß es vor dem Konkurs stand und schließlich von der Alpine Montan übernommen werden mußte...". — Karl Ausch, Als die Banken fielen. Zur Soziologie der politischen Korruption (1968), 239 f. Wirtschaftsstatistisches Jahrbuch (1926), 166 und 367 ff.

[36] Wirtschaftsstatistisches Jahrbuch (1927), 188. Vgl. Robert Pohl, Die Kohlenbergbaue der Österreichisch-Alpinen Montangesellschaft, in: Die Österreichisch-Alpine Montangesellschaft 1881—1931 (1931), 67.

[37] Strakele, Alpine-Montangesellschaft, 17.

teils in Aktien der Bismarckhütte, teils in Form von Erzlieferungen. Erst 1928 konnte sich die Alpine-Montan aus diesen für sie vielfach mit schweren Verlusten verbundenen Verpflichtungen lösen. Die Schuldenlast zwang das Unternehmen 1926 schließlich dazu, eine Reihe wichtiger Vermögenswerte, u. a. seinen Besitz an Kohlengruben im Ostrau-Karwiner Revier abzugeben. Verschiedene Kapitaltransaktionen, mit deren Hilfe sich das Aktienkapital des größten österreichischen Betriebes auf 60 Millionen S erhöhte, reichten zwar nicht aus, um die Finanzierungsbedürfnisse des Unternehmens zu befriedigen, brachten aber Millionengewinne für verschiedene Anleihekonsortien, wobei sich insbesondere die Niederösterreichische Escomptegesellschaft als Vermittlerin betätigte[38].

Gerade an dem genannten Beispiel kommt eine generelle Tendenz in der österreichischen Montanindustrie zum Ausdruck: Neben dem bedeutsamen Einfluß des Auslandskapitals war auch eine enge Verflechtung mit den heimischen Großbanken vorhanden, die sich zum Teil schon während des 19. Jahrhunderts gewisse strategische Positionen in diesem Sektor gesichert hatten.

Tabelle 5. *Die Verflechtung der Großbanken mit der Montanindustrie* (Stichjahr 1928)

Unternehmen	Aktienkapital in 1000,— S	Beherrschende Bank
Österr. Alpine-Montangesellschaft	60.000	Niederösterreichische Escomptegesellschaft
Staats-Eisenbahngesellschaft	25.169	Bodencreditanstalt[1]
Österreichisch-amerikanische Magnesit AG.	14.000	Wiener Bankverein
Wolfsegg-Traunthaler Kohlenwerks AG.	13.475	Wiener-Bankverein und Bodencreditanstalt[1]
Veitscher Magnesitwerke AG	10.000	Bodencreditanstalt[1]

---
[38] Ebd.

Unternehmen	Aktienkapital in 1000,— S	Beherrschende Bank
Gebrüder Böhler & Co AG.	8.000	Bodencreditanstalt[1]
Bleiberger Bergwerksunion	7.500	
Mitterberger-Kupfer AG	5.000	Credit-Anstalt
St. Egydier Eisen- und Stahl-Gesellschaft	5.000	Bodencreditanstalt[1]
Kärntnerische Eisen- und Stahlwerks-Gesellschaft	2.500	Wiener Bankverein
Steirische Magnesit-AG.	2.000	Bodencreditanstalt[1] und Niederösterr. Escomptegesellschaft
Grünbacher Steinkohlenwerke AG	1.800	Bodencreditanstalt[1]
Steirische Gußstahlwerke AG	1.755	Bodencreditanstalt[1]
Feinstahlwerke Traisen-Leobersdorf AG	900	Credit-Anstalt
Eisenwerke AG. Krieglach	750	Credit-Anstalt
AG Harter Kohlenwerke	700	Niederösterreichische Escomptegesellschaft
Steirische Kohlenbergwerks AG	375	Bodencreditanstalt[1]
Lankowitzer Kohlen-Compagnie	234	Niederösterreichische Escomptegesellschaft

Quelle: Wirtschaftsstatistisches Jahrbuch 1929/30 (1931), 447f.
[1] Seit 1929 in die Credit-Anstalt aufgegangen.

In der österreichischen Kohlenwirtschaft zeichnete sich mit der Überwindung der nachkriegsbedingten Versorgungsschwierigkeiten und dem Abbau der Bewirtschaftungsmaßnahmen eine tendenzielle Normalisierung ab. Mit der Durchsetzung marktwirtschaftlicher Prinzipien verschärfte sich allerdings der Konkurrenzdruck auf dem Inlandsmarkt. Dies machte sich in Österreich in Form einer Mengenkonjunktur auf der Produktionsseite bemerkbar, die jedoch von fallenden Preisen begleitet war. In der Braunkohlenförderung war seit 1924 ein kontinuierlicher Anstieg (mit Ausnahme einer geringfügigen Produktionsabflachung 1926) zu konstatieren, während in der Steinkohlenförderung besonders seit 1927 bis zum Ausbruch der Weltwirtschaftskrise ausgeprägte Expansionstendenzen vorhanden waren. Noch stärker als die heimische Produktion ist freilich die Einfuhr von mineralischen Brennstoffen aus dem Ausland gestiegen[39].

Die beträchtliche Abhängigkeit der österreichischen Wirtschaft von den ausländischen Kohlenlieferungen blieb daher nach wie vor bestehen. Als 1926 im Zusammenhang mit dem englischen Bergarbeiterstreik eine Einschränkung der Importkontingente befürchtet werden mußte, schritt man vorübergehend sogar zu Exportrestriktionen bei österreichischer Braunkohle, um die Inlandsversorgung sicherzustellen. Dadurch entstand allerdings für verschiedene heimische Bergbauunternehmungen ein nicht unerheblicher Verlust. Andererseits stärkte dies die Argumentation der heimischen Bergwerksunternehmer, die darauf hinwiesen, daß die ohnehin stark defizitäre Handelsbilanz insbesondere durch die Kohlenimporte belastet sei und durch eine verstärkte Heranziehung der Inlandskohle auch eine erhöhte Krisenfestigkeit der heimischen Wirtschaft erzielt werden könnte[40]. Allerdings war die Qualität der inländischen Braunkohle nur bedingt für einen rentablen Einsatz in der Energieversorgung geeignet — man rechnete an Heizwert für 1 Tonne deutscher, 2 Tonnen österreichische Braunkohle[41]. So bevorzugte auch die österreichische Bundesbahn, die als einer der Hauptabnehmer für die Inlandskohle fungierte, und

---

[39] So stieg die Steinkohleneinfuhr zwischen 1925 und 1929 von 4,25 Millionen t auf 5,32 Millionen t an. — Wirtschaftsstatistisches Jahrbuch (1929/30), 227.

[40] Der Bergbau Österreichs mit besonderer Berücksichtigung des Kohlenbergbaues, hrsg. v. Verein d. Bergwerksbesitzer Österreichs (1930), 6. Vgl. auch Die Entwicklung des Bergbaues in den letzten 10 Jahren, in: 10 Jahre Wiederaufbau. Die staatliche, kulturelle und wirtschaftliche Entwicklung der Republik Österreich 1918—1928, hrsg. v. Wilhelm Exner (1928), 428 f.; Rudolf Mayer, Die Kohlenwirtschaft Österreichs, Montanistische Rundschau (1928), Sonderabdruck, S. 1—16.

[41] Der Bergbau Österreichs, 10; Layton-Rist, Wirtschaftslage, 32.

etwa im Tiefkonjunkturjahr 1924 einen Lieferungsvertrag mit heimischen Produzenten im Ausmaß von 400.000 t jährlich abschloß, die Auslandskohle wegen ihres höheren Heizwertes. Das Bestreben der österreichischen Erzeuger zielte daher vor allem darauf ab, den Eisenbahnen eine stärkere Beimischung von Inlandskohle nahezulegen[42].

Die verschärfte Konkurrenzsituation nötigte die heimischen Erzeuger zu einer Erhöhung ihrer Produktivität, die in verstärkten Rationalisierungsbestrebungen und Konzentrationstendenzen zum Ausdruck kam. Dies drückte sich vornehmlich in einer Modernisierung des Maschinenparks und der Anwendung technologischer Innovationen aus[43]. In diesem Zusammenhang ist insbesondere die Entwicklung des Kohlentrocknungsverfahrens durch Hans Fleißner zu erwähnen, wodurch es glückte, den natürlichen Heizwert der Braunkohle von 4000 auf 5000 cal zu erhöhen und durch die Verringerung des Gewichts die Transportkosten zu senken.

Die Erzeugung an Köflacher Trockenkohle betrug 1928 bereits 140.000 t. Daneben gab es auch verschiedene Versuche, mit österreichischer Braunkohle Koks unter Gewinnung von Nebenprodukten in Form des Schwelverfahren herzustellen[44]. Die fortschreitende Rationalisierung beseitigte nur zum Teil die latent vorhandenen Strukturschwächen in diesem Wirtschaftszweig, da die in der Kriegs- und Nachkriegszeit stark

---

[42] Wirtschaftsstatistisches Jahrbuch (1925), 235.
[43] Im Jahre 1928 standen im Kohlenbergbau 205 Fördermaschinen (12.831 PS), 218 Wasserhaltungsmaschinen (17.676 PS), 242 Wettermaschinen (1407 PS) in Verwendung. Überdies waren 733 Preßluft-, Gesteinsbohr- und Schrämmaschinen sowie 83 andere Preßluftmaschinen, ferner 3 Eimerbagger und 4 Löffelbagger in Betrieb. Den Transport von Kohlen, Materialien und Mannschaften besorgten Lokomotivbahnen (mit einer Länge von 85.386 m), Seilbahnen (44.081 m), Kettenbahnen (245 m) und Schwebebahnen (14.224 m). Außerdem verfügte man über zahlreiche Dampf- und Elektromaschinen, sowie Motoren als Kraft- und Antriebsquelle. — Der Bergbau Österreichs, 4.
[44] Mayer, Kohlenwirtschaft, 10; Strakele, Alpine-Montangesellschaft, 26. Zur Verwertung des Fleißner-Verfahrens wurde eine internationale Gesellschaft mit dem Sitz in Vaduz gegründet. Für Österreich war die seit 1926 bestehende und mit 40.000 S Stammkapital ausgestattete Ahydor Kohlenveredelungs Ges. m. b. H. in Wien im Besitz aller Rechte aus diesem Verfahren.

ausgeweiteten Gruben ihre Kapazität nicht voll auszunützen imstande waren. Dadurch ergab sich eine Erhöhung der Produktionskosten, die mit den ständig sinkenden Kohlenpreisen in Widerspruch stand.

Gleichzeitig mit den Rationalisierungsmaßnahmen setzte eine deutliche Konzentration im Kohlenbergbau ein. Während die gesamte Kohlenproduktion zwischen 1924 und 1929 um 26,2%/o stieg, verringerte sich die Zahl der Betriebe um 46,7%/o und die der Beschäftigten um 33,5%/o. Durch die erzwungene größere Wirtschaftlichkeit kamen die in den Nachkriegsjahren entstandenen kleineren Bergbaue, die schon wegen der Minderwertigkeit der in ihnen gewonnenen Kohle nur in Zeiten der größten Kohlennot eine Daseinsberechtigung hatten, zum Erliegen. Die großen Bergbauanlagen hingegen konnten den geänderten Bedingungen Rechnung tragen und unter dem Wettbewerbszwang mit ausländischen Produzenten auf eine möglichst billige Gestehung und Marktfähigkeit ihres Produktes hinarbeiten[45].

Tabelle 6. *Kohlenförderung 1925—1929*

Jahr	Betriebe	Arbeiter	Produktion (in 1000 t)		
			Steinkohle	Braunkohle	Insgesamt
1925	78	16.542	145	3033	3178
1926	60	15.322	157	2958	3115
1927	52	13.016	176	3064	3230
1928	49	11.800	202	3263	3465
1929	49	12.326	208	3525	3733

Quelle: Mitteilungen über den österreichischen Bergbau, verf. im Bundesministerium für Handel und Verkehr (1925—1929).

Auffällig war, daß im Unterschied zu den übrigen Wirtschaftszweigen, wo trotz einer relativ günstigen Konjunktur die Arbeitslosenziffern hoch waren, diese im Kohlenbergbau verhältnismäßig niedrig blieben. Nur in der Mittelsteiermark und vor allem in Oberösterreich, wo die Rationalisierungsmaßnahmen zu einer Reduzierung des Abbaus auf einige wenige Schächte geführt hatten, wurden beschäftigungslose Bergarbeiter

---

[45] Kohle, hrsg. von der Österr. Alpine-Montangesellschaft und Graz-Köflacher Eisenbahn & Bergbaugesellschaft, (o. J.), 5.

registriert. Das Lohnniveau war allerdings recht bescheiden. So verdienten im steirischen Braunkohlenbergbau die Bergarbeiter wöchentlich im Durchschnitt zwischen 35—40 S; etwas besser war die Situation im oberösterreichischen Kohlenberbau, wo der Verdienst der qualifizierten Arbeiter zwischen 45—55 S wöchentlich lag. Wenn man dazu in Betracht zieht, daß der Wochenlohn eines Maurers (Vollgehilfe) je nach Bundesland zwischen 48—68 S betrug, so muß der Verdienst der Bergknappen als erstaunlich niedrig bezeichnet werden. Die Vorstellung von einer überdurchschnittlichen Lohnstruktur der Bergarbeiter kann zumindest für die Zwischenkriegszeit nicht aufrechterhalten werden[46].

Insgesamt trugen die Entwicklungstendenzen im Kohlenbergbau in der zweiten Hälfte der Zwanzigerjahre zu einem erhöhten Autarkiegrad der heimischen Kohlenwirtschaft bei, wobei vor allem der Braunkohlenbedarf nahezu zur Gänze aus dem Inland gedeckt werden konnte. Hingegen gestattete die Steinkohlenförderung nur eine etwa 6%ige Bedarfsdeckung. Man muß allerdings dabei in Rechnung stellen, daß durch verschiedene wärmetechnische Innovationen, durch die fortschreitende Elektrifizierung der Bundesbahnen sowie durch die verstärkte Heranziehung der Wasserkraft als Energieträger eine gewisse Entlastung der Kohlenwirtschaft eingetreten war.

Im Gegensatz zur Kohlenförderung zeichnete sich die Stabilisierungskrise von 1924 in der österreichischen Schwerindustrie deutlich ab. Sowohl in der Erzeugung von Stahlroheisen als auch von Gießereiroheisen war eine drastische Reduzierung der Produktion festzustellen. Auffällig war, daß trotz des Produktionsrückganges die Ausfuhr an Stahlroheisen weiter anstieg, während sich die Exporte an Gießereiroheisen nur geringfügig verringerten. Die eingeschränkte Produktion ging also vornehmlich zu Lasten des Inlandsabsatzes, der nahezu um ein Drittel absank: Darin kam vor allem die verminderte Aufnahmefähigkeit der weiterverarbeitenden Metallindustrie zum Ausdruck. Einen erheblichen Rückschlag erlebte auch die Erzeugung von Martinstahl, während die Edelstahlproduktion

---

[46] Wirtschaftsstatistisches Jahrbuch (1925), 118 und 167.

sogar anstieg⁴⁷. In der Fertigwarenproduktion war hingegen eine unterschiedliche Entwicklung zu konstatieren; während die Herstellung von Eisenbahnschienen, die sich infolge umfangreicher Bestellungen aus Deutschland 1923 besonders expansiv gestaltet hatte, nunmehr eine stark rückläufige Tendenz aufwies, vergrößerte sich durch die günstige Baukonjunktur der Absatz an Konstruktionseisen. Mit Fortgang des Jahres 1924 akzentuierte sich die Krise: In den ersten fünf Monaten standen zwar noch 3 Kokshochöfen in Betrieb, in den nächsten drei Monaten reduzierte sich deren Zahl auf 2, im September und November schließlich auf 1, im Oktober und Dezember waren sämtliche Kokshochöfen ausgeblasen, und nur ein Holzkohlenhochofen stand in Betrieb. Die Erzeugung von Stahlroheisen ging von 106.138 t im 1. Quartal auf 13.938 t im letzten zurück und die ohnehin nicht sehr beträchtliche Erzeugung an Gießereiroheisen wurde im letzten Vierteljahr überhaupt eingestellt. Abbau von Arbeitskräften, Preisreduktionen und sinkender Arbeitslohn waren die sozialen Begleiterscheinungen der schweren Produktionsdrosselung. In der Stahlerzeugung zeigten sich durchaus analoge Erscheinungen; auch hier war eine vollkommen ungenügende Ausnützung der Produktionskapazitäten und eine Reduktion der Arbeiterzahl zu beobachten, wenngleich die Krisenerscheinungen hier weniger deutlich ausgeprägt waren⁴⁸.

In der eisenschaffenden Industrie war seit 1925 infolge der allmählichen Besserung der Konjunkturlage und nicht zuletzt auch dank verschiedener Kartellübereinkünfte eine langsame Gesundung festzustellen⁴⁹.

Besonders die Erzeugung an Stahlroheisen stieg in der Folge stark an, während die von Gießereiroheisen aufgrund der Kartellvereinbarungen mit der Tschechoslowakei nicht weiter forciert wurde und um mehr als die Hälfte absank. Hingegen zeigte die Preisentwicklung eine ständig rückläufige Tendenz. Der Versuch der Alpine-Montangesellschaft, die ungünstige Preissituation durch einen verschärften Lohndruck zu kom-

---

⁴⁷ Otruba, Böhler-Konzern, 58.
⁴⁸ Wirtschaftsstatistisches Jahrbuch (1924), 173.
⁴⁹ Tremel, Entwicklung, 201 f.

pensieren, führte Ende September 1925 zu einem großen Streik im Donawitzer Hüttenwerk, der diesen Betrieb nahezu einen Monat lahmlegte. Als der Konzern den Lohnforderungen zum Teil entsprechen mußte, verfügte die Regierung zum Ausgleich für die außerordentlich angewachsenen Provisionslasten die Einhebung einer eigenen Abgabe auf die im Inland erzeugten oder aus dem Ausland eingeführten Bergbauprodukte; der damit geschaffene Bergbaufürsorgefonds nahm 1926 seine Arbeit auf. Die Löhne blieben aber auch nach dem Streik relativ niedrig und der Verdienst der meisten Arbeiter lag zwischen 40 und 50 S wöchentlich[50].

Tabelle 7. *Die Produktion im Eisenwesen 1925—1929*

Jahr	Eisenerz	Roheisen	Stahl	Fertigware
		(in 1000 t)		
1925	1030	380	464	352
1926	1094	333	474	336
1927	1598	435	551	396
1928	1928	458	636	469
1929	1891	462	632	456

Quelle: Wirtschaftsstatistisches Jahrbuch 1929/30, 237; Mitteilungen über den österr. Bergbau 12 (1931), 6.

Die allmähliche Konsolidierung, die schließlich in eine ausgesprochene Hochkonjunktur während der Jahre 1927 bis 1929 mündete, wurde durch verschiedene technologische Neuerungen und Rationalisierungsmaßnahmen unterstützt. Obwohl im Erzbergbau die Acht-Stunden-Schicht eingeführt und die Zahl der Arbeiter erheblich verringert worden war, wurden etwa am Hüttenberg 1929 von 475 Arbeitern mit 8stündiger Arbeitszeit 187.575 t gefördert, was das bis dahin höchste Fördervolumen bedeutete.[51] Auf dem Erzberg wurde 1928 der Abbau auf 60 Etagen unter Einsatz von 11 Dampf- und 4 Elektrolöffelbaggern betrieben; überdies wurden neueste Röstöfen installiert. Wichtig wurde dabei das von Apold und Fleißner

---

[50] Wirtschaftsstatistisches Jahrbuch (1925), 253.
[51] Kärnten gewerbliche Wirtschaft, 292; Hans Pirchegger-Rudolf Töpfner, Eisen immerdar (1951), 110.

1924 in Donawitz entwickelte neue Röstverfahren, das die Zerlegung des Spateisensteins bei wesentlich tieferen Temperaturen gestattete und damit den Brennstoffeinsatz verringerte. Damit wurde eine der Hauptschwierigkeiten der österreichischen Eisenindustrie zumindest gemildert[52]. Mit der Verbesserung der Brennstoffversorgung konnte auch die Roheisenerzeugung ihr Produktionsvolumen steigern und die vorhandenen Kapazitäten besser ausnützen. Zwar wurden bis 1924 verschiedene alte Hochöfen, wie die von Hieflau und Vordernberg, ausgeblasen, jedoch war dies nur der Anlaß für eine Konzentration der Roheisengewinnung in Donawitz und Eisenerz, wo 1925 eine zweite Hochofenanlage errichtet wurde[53].

Langfristig bedeutsame Folgen für die eisenschaffende Industrie ergaben sich aufgrund der bereits erwähnten engen Verflechtung mit deutschen Kapitalinteressen, weil letztere in Österreich vorwiegend den Reichtum an Rohstoffen auszubeuten trachteten, so daß sich die Produktion von der Verhüttung auf die Erzgewinnung verlagerte: Während vor dem Krieg die Erzeugung an Roheisen, Rohstahl und Walzware zusammen die an Erz übertroffen hatte, lag sie 1928 um 12% darunter. In diesem besten Konjunkturjahr der Zwischenkriegszeit befand sich der Ausstoß der Alpine-Montangesellschaft bei Eisenerz um 10,5%, bei Roheisen und Rohstahl aber um 23% unter dem Stand von 1913[54].

III. Depression und Strukturprobleme (1930—1938)

Der Ausbruch der Weltwirtschaftskrise im Jahre 1929 machte wiederum die während des Konjunkturaufschwunges in der zweiten Hälfte der Zwanzigerjahre verdeckten Strukturprobleme der österreichischen Wirtschaft deutlich. Zwischen 1929 und 1933 sank das reale Bruttonationalprodukt um mehr als 22% (auf 81% von 1913); im selben Zeitraum verringerte

---

[52] Wilhelm Schuster, Die Erzbergbaue und Hütten der Österreichisch-Alpinen Montangesellschaft, in: Die Österreichisch-Alpine Montangesellschaft 1881—1931 (1931), 171 f.
[53] Tremel, Entwicklung, 200.
[54] Bayer, Strukturwandlungen, 93.

sich die Industrieproduktion um 38%, (auf 61% von 1913)[55]. Die schwere Depression brachte für die österreichische Montanindustrie, der erst teilweise die Anpassung an die veränderte Marktkonstellation geglückt war, einen tiefen Rückschlag.

Den spezifischen strukturellen Voraussetzungen dieses Wirtschaftszweiges entsprechend machten sich die depressiven Erscheinungen allerdings in recht unterschiedlicher Form geltend. Besonders starke Einbußen erlitt vor allem das Eisenhüttenwesen, das aufgrund seiner besonderen Exportabhängigkeit sehr empfindlich auf konjunkturelle Schwankungen reagierte; die Produktion sank in diesem Sektor zwischen 1929 und 1933 um 56% (auf 31,7% von 1913). Hingegen konnte die Bergbauproduktion nicht zuletzt mittels einer Reihe dirigistischer Maßnahmen auch während der Tiefkonjunktur auf einem relativ hohen Niveau gehalten werden[56]. Dies galt insbesondere für die Braunkohlenproduktion, wo es gelang, den Inlandsmarkt durch gesetzliche Regelungen vor der Auslandskonkurrenz weitgehend abzuschirmen. Eine besondere Rolle spielte dabei das im Dezember 1931 erlassene Brennstoffgesetz, das auf die vermehrte Ausnützung der Inlandskohle abzielte. Im Zusammenhang mit diesem Gesetz wurde durch eine Reihe von Verordnungen verfügt, daß bei der Verwendung von Schmiedekohle sowie von Brennstoffen für Hausbrandzwecke inländische Kohle in einem zahlenmäßig festgesetzten Verhältnis zur ausländischen verwendet werden müsse. Der Versuch, auch der Industrie Inlandskohle aufzunötigen, gelang allerdings nur in bescheidenem Umfang, so daß sich besonders seit Herbst 1932 die Vorräte bei den einzelnen Bergbauunternehmen anzuhäufen begannen. Diese Inlandsregelung wurde durch ein teilweises Kohleneinfuhrverbot ergänzt, das namentlich die Importe an Braunkohle stark zurückdrängte. Durch diese staatlichen Eingriffe gelang es zwar, die heimische Kohlenwirtschaft während der Depressionsphase vor einem Produktionsabfall zu bewahren, die latenten Strukturschwächen dieses Sektors blieben jedoch nach wie vor existent.[57]

---

[55] Österreichs Volkseinkommen, 5.
[56] Wirtschaftsstatistisches Jahrbuch (1933—1935), 352.
[57] Koren, Industrialisierung, 310.

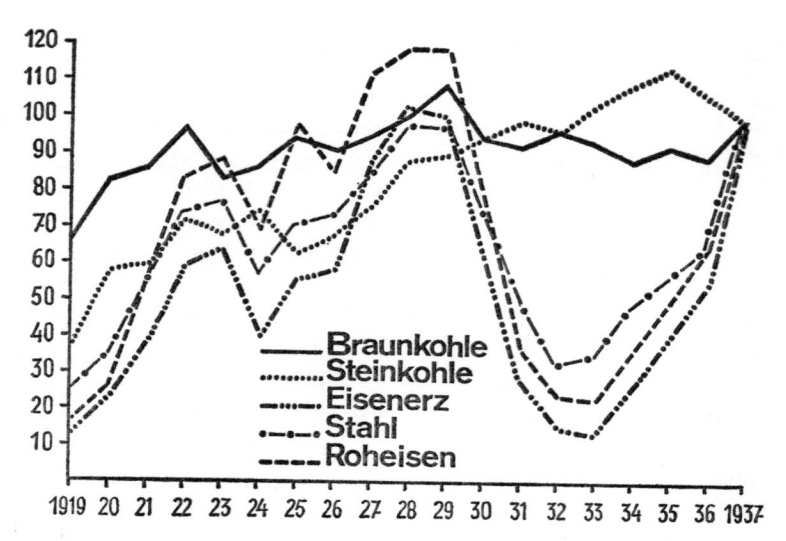

Tafel 1. Montanproduktionsindex (1937 = 100).
Quelle: Mitteilungen über den österreichischen Bergbau (1920—1937).

Ähnliche Tendenzen sind auch in der eisenschaffenden Industrie festzustellen, wo es zwar dank der restriktiven Zollpolitik und der internationalen Kartellvereinbarungen glückte, trotz der stark sinkenden Nachfrage das Preisniveau hoch zu halten. Mit dieser nicht marktkonformen Preispolitik löste man jedoch eine weitere drastische Reduzierung der Produktion aus.

Tabelle 8. *Montanproduktion 1929 bis 1937 (reale Wertschöpfung)*
1913 = 100

Jahr	Bergbau, Magnesit und Erdöl	Eisenhütten
1929	109,7	87,7
1933	74,2	31,7
1937	103,2	84,2

Quelle: Österreichs Volkseinkommen 12.

Der Tiefpunkt der Wirtschaftskrise fiel, abgesehen von der Stahlerzeugung, wo schon Ende 1932 zögernde Aufschwungstendenzen einsetzten, in die Mitte des Jahres 1933. Das kommt sowohl in der realen Wertschöpfung der Montanproduktion, wie auch im Beschäftigtenindex zum Ausdruck. Letzterer fiel in der Hüttenindustrie bis 1933 auf 44,1 (1929 = 100) und stieg 1934 auf 71,0 an. Bei den Walzwerken war eine ähnliche Entwicklung festzustellen, wo die entsprechenden Daten 49,2 bzw. 55,9 lauten[58].

Die langsame Erholung in der eisenschaffenden Industrie war einerseits durch die allmähliche Besserung der internationalen Konjunkturlage, andererseits aber auch durch gewisse wirtschafts- und handelspolitische Impulse begünstigt. Die am Höhepunkt der Krise seitens der Regierung versuchte produktive Arbeitslosenfürsorge bewirkte etwa, daß 1935 der drei Jahre zuvor eingestellte Erzbergbau am Kärntner Hüttenberg wieder aufgenommen werden konnte[59].

Die Aufträge der öffentlichen Hand gingen allerdings in eben diesem Jahr infolge des Rückfalls in die während der Ersten Republik traditionelle Deflationspolitik bald wieder zurück[60].

Zum Wiederaufschwung der Eisenindustrie trugen ganz wesentlich auch die Kompensationsgeschäfte der Alpine-Montangesellschaft mit der Tschechoslowakei, Deutschland und Ungarn bei. Einen wichtigen Faktor bildeten überdies die Handelsabkommen mit Italien im Anschluß an die Römischen Protokolle von 1934. Dem Export von Roheisen und Halbfabrikaten nach dem südlichen Nachbarstaate kam seither steigende Bedeutung zu. Die erwähnten Kompensationsgeschäfte, bei denen Österreich vor allem Rösterze im Austausch gegen Koks- und Lebensmittel lieferte, bargen in sich eine nicht ungefährliche Problematik. Durch die Ausfuhr von Rohstoffen anstelle von Halb- und Fertigwaren geriet Österreich wie schon

---

[58] Wirtschaftsstatistisches Jahrbuch (1933—1935), 352.
[59] Kärntens gewerbliche Wirtschaft, 292.
[60] Vgl. Reinhard Kamitz, Die österreichische Geld- und Währungspolitik von 1848 bis 1948, in: Hundert Jahre österr. Wirtschaftsentwicklung 1848—1948, hrsg. v. Hans Mayer (1949), 176 ff.

unmittelbar nach dem Ersten Weltkrieg in die latente Gefahr einer „neokolonialen" Abhängigkeit vom Ausland[61].

Die Alpine-Montan versuchte außerdem, durch den Anschluß an internationale Gesellschaften wiederum auf dem Weltmarkt Fuß zu fassen. So traf sie Abmachungen mit der 1933 erneuerten „Internationalen Rohstahl-Exportgemeinschaft" und schloß Vereinbarungen mit deutschen, luxemburgischen und polnischen Eisenwerken. Auf diese Weise konnte das Unternehmen an der internationalen Konjunkturbelebung partizipieren, ohne jedoch an ihren alten Auftragsstand anschließen zu können[62].

Die Kohlenproduktion wies demgegenüber wegen ihrer marktwirtschaftlichen Sonderstellung eine weitaus geringere Konjunkturempfindlichkeit auf. Der Kohlenverbrauch war zwar während der Wirtschaftskrise ständig rückläufig, ohne daß sich dies auf die heimische Produktion infolge der verfügten Importdrosselungen nennenswert niedergeschlagen hatte. Aber auch der allmähliche Konjunkturumschlag seit 1934 wirkte sich in der Kohlenwirtschaft nicht aus, da nunmehr verstärkt andere Energieträger, neben der Wasserkraft vor allem auch Erdöl, herangezogen wurden[63].

Insgesamt ging die Erholung der österreichischen Montanwirtschaft nach Überwindung der großen Depression sehr langsam vor sich und erst seit 1937 stieg die Nachfrage nicht zuletzt infolge der hektischen deutschen Rüstungsbestrebungen[64].

---

[61] Während 1933 noch überhaupt kein Rösterz exportiert wurde, lieferte Österreich 1934 im Austausch gegen Koks 30.000 t, 1935 90.000 t und 1936 120.000 t Rösterz in die Tschechoslowakei. 1934 kam es zu einem Kompensationsgeschäft mit Deutschland, wonach Österreich 34.600 t Rösterz, bzw. ab 1935/36 auch Edelstahl gegen Koks exportierte. Mit Ungarn wurde ein Lieferungsvertrag über 46.000 t Rösterz gegen 306 Waggon Mehl abgeschlossen, 1936 wurden wiederum 36.300 t Rösterz gegen 306 Waggon Mehl, 300 t Schweinefleisch und 1000 Stück Schweine geliefert. Insgesamt betrug die Exportsteigerung an Rösterz zwischen 1934 und 1936 188%. — Wirtschaftsstatistisches Jahrbuch (1936), 68 ff.

[62] Tremel, Entwicklung, 229.

[63] Im Jahre 1930 wurde eine erste Probebohrung in Zistersdorf durchgeführt, die in 729 m fündig wurde und täglich 5 t lieferte. — **Kessings Archiv der Gegenwart (1934), 1683.**

[64] Nach dem Anschluß wurde die österreichische Montanindustrie völlig in das deutsche Aufrüstungsprogramm eingegliedert. Der

Bei einer sektoralen Differenzierung der Entwicklungstendenzen der Montanindustrie in den Dreißigerjahren fällt abermals die relative geringe Reagibilität der Kohlenförderung auf. Mit dem Ausbruch der Weltwirtschaftskrise verschärfte sich zwar die Importkonkurrenz für den österreichischen Kohlenbergbau; schon 1930 war es gegenüber dem Vorjahr zu einer außerordentlich starken Verringerung des Brennstoffbedarfes gekommen, die allerdings nur zum Teil auf die sich abzeichnende wirtschaftliche Depression zurückzuführen war. Teilweise resultierte sie auch daraus, daß das Jahr 1929 mit seinem strengen Winter einen überdurchschnittlichen hohen Bedarf aufgewiesen hatte. Der Rückgang ging allerdings zum Großteil auf Kosten der Importe, die stark gedrosselt wurden, während sich die heimische Förderung vorerst weitaus weniger konjunkturempfindlich erwies. Allerdings begannen sich besonders im steirischen Kohlenrevier, das rund ein Fünftel seines Absatzes einbüßte, erste rezessive Tendenzen abzuzeichnen. Auch im Burgenland war ein nicht unerheblicher Rückgang der Förderung zu konstatieren; hingegen konnte sich die Steinkohlenförderung in Niederösterreich und die Braunkohlenproduktion in Oberösterreich und Kärnten etwa auf dem Vorjahrsniveau halten.

Reichsstatthalter Seiß-Inquart strich neben dem brachliegenden Arbeitskräftepotential (und den Gold- und Devisenvorräten der Österreichischen Nationalbank) vor allem die Bodenschätze Österreichs als eine wesentliche wirtschaftliche „Morgengabe" hervor, und Göhring, als Bevollmächtigter für den Vierjahresplan, wies wiederholt auf die Notwendigkeit einer verstärkten Verwertung der vorhandenen Rohstoffe hin. — Der Vierjahresplan, 2/4 (1938), 198; Keesings Archiv der Gegenwart (1938), 1644 ff. Besonders die steirischen Erzvorkommen bildeten für die deutsche Rüstungswirtschaft ein willkommenes Geschenk. Andererseits dürfen aber die wirtschaftlichen Aspekte in der Anschlußmotivation, deren Relevanz etwa in der jüngst erschienen Untersuchung von Norbert Schausberger überbetont erscheint, nicht überschätzt werden: Sie spielten zweifellos gegenüber national-politischen und militärisch-strategischen Erwägungen nur eine sekundäre Rolle. — Norbert Schausberger, Rüstung in Österreich, 1938—1945, Publikationen des österr. Institutes für Zeitgeschichte und des Institutes für Zeitgeschichte der Universität Wien 8 (1970), 25 ff.

Mit dem Fortschreiten der krisenhaften Rezession der industriellen Erzeugung und der sinkenden Konsumkraft der Bevölkerung, die den Bedarf an Hausbrandkohle verminderte, sanken die Absatzmöglichkeiten der Kohlenwirtschaft, die sich überdies einem steigenden Importdruck ausgesetzt sah. Vor allem im Jahre 1931 zeichnete sich ein gewisser Rückgang in der Braunkohlenproduktion ab, als die Jahresförderung erstmals seit 1926 wiederum unter die 3-Millionen-Tonnen-Grenze sank. Hingegen hielt in der Steinkohlenerzeugung die seit 1925 zu beobachtende Aufwärtsentwicklung auch während der großen Depression an. Besonders in den letzten Monaten des Jahres 1931 setzte hier sogar eine Mehrförderung ein, als sich der Bergbau infolge der Devisenbewirtschaftung eine Unterbindung der Auslandsimporte erhoffen durfte.

Im Brennstoffverbrauch der einzelnen Verbrauchergruppen machte sich der Einfluß des Brennstoffgesetzes insofern getend, daß seit dem Bekanntwerden von Plänen zu einem Beimischungszwang im Juni 1932 eine starke Voreindeckung mit ausländischem Brennmaterial einsetzte. Dies war umso begreiflicher, als der heimische Bergbau die Gelegenheit des Beimischungszwanges zu einer wesentlichen Preissteigerung nützte. Es war nicht zuletzt auf diese Zwangsmaßnahmen zurückzuführen, daß die Kohlenförderung 1932 und 1933 im wesentlichen stabil blieb[65].

Das Vordringen der inländischen Kohle seit dem Einsetzen der Weltwirtschaftskrise wird deutlich, wenn man den Anteil des Inlands an Kohle und Koks auf Kalorien umrechnet. Es zeigt sich dabei, daß der Inlandsanteil von 25,8% im Jahre 1929 auf 38% im Jahre 1934 gestiegen ist. Das verhältnismäßige Vordringen der Inlandserzeugung kommt in folgenden Indexzahlen zum Ausdruck: Wenn wir den Inlandsanteil für das Jahr 1929 gleich 100 setzen, so stieg der Index bis 1934 auf

---

[65] Wirtschaftsstatistisches Jahrbuch (1931/32), 167 ff. Um sich bessere Konkurrenzbedingungen zu schaffen, forderten die heimischen Kohlenwerksbesitzer wiederholt die Festlegung billiger Inlandstarife auf den Eisenbahnen und eine Rückstellung der Elektrifizierung der Bahnen. — Die Lage des österr. Bergbaues, insbesondere des Kohlenbergbaues, hrsg. v. Verein der Bergwerksbesitzer Österreichs (1928), 34 f.

148, während gleichzeitig der Index des Gesamtverbrauches auf 56 gesunken ist[66]. Ein Indiz dafür, daß die österreichische Kohlenförderung die gesamtwirtschaftlichen Konjunkturschwankungen nicht mitmachte, zeigt sich auch darin, daß die langsame Konjunkturbelebung seit 1934 sich ebenfalls in den Produktionsdaten nicht niederschlug. Das Niveau der Braunkohlenproduktion lag 1934 bis 1936 sogar etwas unter den Werten der Depressionsjahre 1931 bis 1933 und stieg erst 1937 wiederum auf über 3,2 Millionen t an und erreichte damit den höchsten Stand seit 1929.

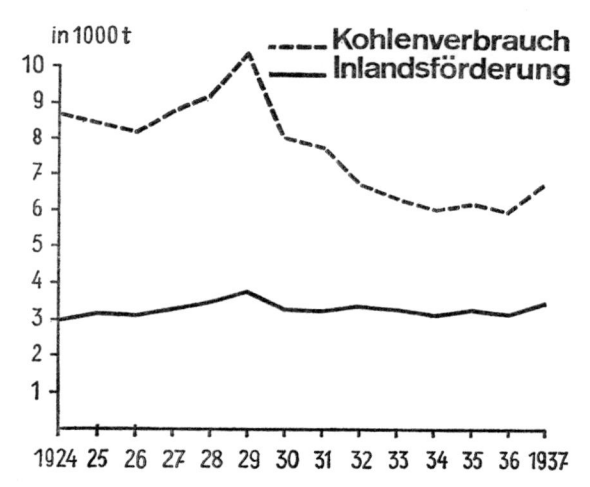

Tafel 2. Die Kohlenwirtschaft Österreichs 1924—1937.
Quelle: Mitteilungen über den österreichischen Bergbau (1924—1937).

In der Eisen- und Stahlproduktion hatte die günstige Konjunkturlage im wesentlichen bis in das letzte Quartal des Jahres 1929 angehalten, so daß die Jahreserzeugung von 1929 über der des Vorjahres lag. Die Produktionserhöhung verteilte sich ziemlich gleichmäßig auf Stahl- wie auf Gießereiroheisen, während beim Stahl der Martinstahl auf Kosten des Edelstahls eine gewisse Ausweitung erfuhr. In den letzten Mo-

---

[66] Wirtschaftsstatistisches Jahrbuch (1933/34), 119 f.

naten des Jahres 1929 setzte jedoch der konjunkturelle Niedergang ein, der bald alle Produktionszweige erfassen sollte, sich aber insbesondere in der metallurgischen Industrie und im Erzbergbau auswirkte. Am steirischen Erzberg, wo die Produktion im Jahre 1928 mit 1,74 Millionen t den höchsten Stand erreicht hatte, fiel die Erzförderung bis 1933 auf 266.000 t zurück, am kärnterischen Hüttenberg wurde der Abbau im Jahre 1932 überhaupt eingestellt und erst 1935 wieder aufgenommen[67]. Die Roheisenproduktion sank von 458.973 t im Jahre 1929 auf 87.949 t im Jahre 1933, also um mehr als 80% ab. Allein zwischen dem zweiten und vierten Quartal 1930 ging sowohl der Verbrauch an Erzen und Koks, wie auch die gesamte Roheisenproduktion um rund zwei Drittel zurück, die Beschäftigtenziffer sank in der gleichen Zeit um mehr als die Hälfte. Die Zahl der in Betrieb stehenden Hochöfen, die noch 1929 ständig drei betragen hatte, ging in der zweiten Jahreshälfte 1930 auf zwei, schließlich auf einen zurück; im ersten Quartal 1933 waren sämtliche Hochöfen ausgeblasen.

Tabelle 9. *Kohlenförderung 1930—1937*

			Produktion in 1000 t		
Jahr	Betriebe	Arbeiter	Steinkohle	Braunkohle	Insgesamt
1930	46	11.073	216	3063	3279
1931	45	10.534	228	2982	3210
1932	45	10.935	221	3104	3325
1933	45	11.283	239	3014	3253
1934	41	10.608	251	2851	3102
1935	45	10.758	260	2971	3231
1936	46	10.489	244	2897	3141
1937	49	10.838	230	3242	3472

Quelle: Mitteilungen über den österreichischen Bergbau, verf. im Bundesministerium für Handel und Verkehr (1930—1937).

Die Verringerung der Stahlerzeugung wirkte sich anteilsmäßig nicht so stark aus, da der Schrotteinsatz nicht in dem Maße rückläufig war, wie der von Roheisen. Deshalb wurde in der Stahlerzeugung die Belegschaft auch weniger drastisch eingeschränkt. Immerhin fiel auch die Stahlproduktion von

---

[67] Kärntens gewerbliche Wirtschaft, 292.

631.933 t (1929) auf 225.796 t im Jahre 1933[68]. Von 53 Siemens-Martin- und Elektroöfen stellten nicht weniger als 33 den Betrieb ein[69]. Was die Fertigware anbelangt, so war insbesondere die Schienenerzeugung stark rückläufig; hier war neben dem Rückgang der Beschäftigtenziffern auch ein akuter Preisverfall zu konstatieren.

Dies war umso auffälliger, als in der Eisenindustrie selbst in den Krisenjahren die Preise relativ konstant blieben. Es gelang also der Schwerindustrie, trotz der stark sinkenden Nachfrage mit Hilfe einer restriktiven Zollpolitik und durch die Verflechtung in aus- und inländische Kartellvereinbarungen ihre monopolhafte Stellung voll auszuschöpfen und sich ein relativ stabiles Preisniveau zu sichern; dadurch wurden zweifellos die Einschränkungen in Produktion und Absatz weiter verschärft.

Der allgemeine Konjunkturrückschlag spiegelte sich auch in der Entwicklung der Alpine-Montan wider; die Gesellschaft konnte allerdings die schwere Depression im Erzbergbau und im Hüttenwesen zumindest partiell durch eine Intensivierung ihrer Kohlenförderung kompensieren. So konnte die Gesellschaft zwar im Jahre 1931 keine Dividende ausschütten, ihren Schuldenstand aber um 9 Millionen S verringern. Aufschlußreich sind die Daten über die Kapazitätsausnutzung im Jahre 1931; sie betrug bei der Roheisenproduktion 22,45%, bei Rohstahl 42,3% und bei der Walzware 46%[70].

Die allgemeine Krisenlage manifestiert sich auch in der Entwicklung der Zahl der unfallversicherten Betriebe. Diese betrug in der eisenschaffenden Industrie 1930 140, fiel 1931 auf 134 und 1932 auf 128. In der Betriebsgrößenstruktur war besonders ein starker Rückgang in der Größenordnung 101—1000 Arbeiter festzustellen, während die Gruppe von 51—100 Arbeitern insofern einen Zuwachs erlebte, als infolge der Arbeiterentlassungen viele einstige Großbetriebe nunmehr in die Kategorie Mittelbetriebe fielen.

---

[68] Wirtschaftstatistisches Jahrbuch (1930/31), 182.
[69] Tremel, Entwicklung, 229.
[70] Strakele, Alpine-Montangesellschaft, 19; Wirtschaftsstatistisches Jahrbuch (1931/32), 177.

Seit Mitte 1933 machte sich eine allmähliche Erholung geltend. Die verbesserte wirtschaftliche Lage ging vor allem auf eine Steigerung der Exportmöglichkeiten zurück. Insbesondere die deutsche Rüstungswirtschaft griff auch auf österreichische Produkte zurück und rund ein Viertel der Roheisenexporte gingen nach dem Nachbarstaat. Seit 1934 nahm daher die Erzeugung von Roheisen, Stahl- und Walzware einen Aufschwung. Insgesamt stieg die österreichische Roheisenproduktion von 1934 bis 1937 von 133.492 t auf 387.601 t, was einer Steigerung von 190% entspricht, ohne allerdings das Produktionsniveau von 1929 erreichen zu können. Hingegen erreichte die Eisenerzförderung mit rund 1,7 Millionen t annähernd den Stand des Hochkonjunkturjahres vor der Krise, wobei allerdings zum Teil die erwähnten Kompensationsgeschäfte mit dem Ausland, aber auch eine Reihe technischer Verbesserungen ihren Niederschlag fanden.

Tabelle 10. *Die Produktion im Eisenwesen 1930—1937*

Jahr	Eisenerz	Roheisen	Stahl	Fertigware
		(in 1000 t)		
1930	1180	287	468	360
1931	512	145	322	251
1932	307	94	205	163
1933	267	88	226	181
1934	467	134	309	239
1935	775	193	364	265
1936	1024	248	418	288
1937	1885	388		

Quelle: Wirtschaftsstatistisches Jahrbuch, 1930—1936. Mitteilungen über den österreichischen Bergbau 19 (1938), 6.

Von den vorhandenen Anlagen waren aber selbst 1936 sehr viele nicht ausgelastet; 67% der Hochöfen, 63% der Martinöfen, 22% der Elektroöfen, 84% der Tiegelöfen und 50% der Nischöfen standen in diesem Jahr außer Betrieb[71]. Die Stahlerzeugung hatte im Zusammenhang mit der internationalen Rüstungskonjunktur bis 1937 die Erzeugungsleistung des besten

---

[71] Der Steirische Erzberg und der Bergbau Radmer, hrsg. v. d. Österreich-Alpine Montangesellschaft (1952), 33.

Jahres vor der Weltwirtschaftskrise wieder erreicht, nichts könnte aber die Abhängigkeit der österreichischen Wirtschaft vom Ausland deutlicher dokumentieren, als die Tatsache, daß nach dem Abflauen der Konjunktur auf den Weltmärkten im Herbst dieses Jahres die Stahlerzeugung Österreichs im Februar 1938 nochmals bis auf 63% des vergleichbaren Vorjahrsmonats absank[72].

Da Österreich zunehmend in den Sog der deutschen Rüstungskonjunktur geriet, wobei die Verflechtung mit den deutschen Konzernen eine Rolle spielte, ergab sich eine sektorale Relationsverschiebung in der Produktion; während die Erzförderung zwischen 1933 und 1937 um mehr als 500% zunahm, konnte die Roheisengewinnung lediglich um 350%, die Rohstahlerzeugung um 190%, und der Produktionsausstoß an Walzware nur um 155% gesteigert werden: „Das bedeutet aber, daß wohl die Rohstoffgewinnung den alten Stand wieder erklomm, nicht aber die Weiterverarbeitung, oder, mit anderen Worten, daß Österreichs älteste Industrie in Gefahr war, ihre Selbständigkeit an das Ausland zu verlieren[73].

---

[72] Oskar Gelinek, Die Wirtschaftsbestimmung der Ostmark (1940), 106; Monatsberichte des österr. Institutes für Konjunkturforschung (1938), 102.
[73] Tremel, Entwicklung, 229.

ÁKOŠ PAULINYI

DER TECHNISCHE FORTSCHRITT IM EISENHÜTTENWESEN DER ALPENLÄNDER UND SEINE BETRIEBSWIRTSCHAFTLICHEN AUSWIRKUNGEN (1600—1860)*

Der vorliegende Beitrag ist eine erste Studie für ein breiter angelegtes Forschungsvorhaben über das Eisenhüttenwesen in Mitteleuropa vom 17. bis 19. Jahrhundert, im Rahmen dessen auch der Frage nachgegangen werden soll, wie und warum und warum so und nicht anders sich der technische Fortschritt, die Entwicklung der Produktionstechnik in jenen, meistens traditionsreichen und bedeutenden Zentren der Eisenerzeugung vollzogen haben, denen im Zeitalter der von England ausgehenden Umwälzung des Eisenhüttenwesens zu einer modernen Großindustrie eine grundlegende Voraussetzung dieser Umwälzung, nämlich die für das Erzschmelzen brauchbare Mineralkohle gefehlt hat. Dabei gilt unser Interesse nicht nur dem Werdegang der technischen Entwicklung, sondern den Wechselwirkungen zwischen dem technischen und dem ökonomischen Fortschritt, den Auswirkungen der technischen Verbesserungen oder der Einführung grundlegender neuer technischer Verfahren auf die Betriebsergebnisse. Und nicht zuletzt soll untersucht werden, inwiefern eben die durch ihre Brennstoff-Grundlage benachteiligten Eisenproduktionsgebiete zum allgemeinen technischen Fortschritt des Eisenhüttenwesens beigetragen haben.

* Diesem Beitrag liegt im wesentlichen ein am Österreichischen Historikertag 1973 in Bregenz gehaltener Vortrag zugrunde. Inhalt und Form wurden beibehalten, für die Veröffentlichung kamen nur die Fußnoten hinzu. Der Verfasser möchte sich bei der Eisenbibliothek-Stiftung der Georg Fischer AG, Schaffhausen und bei der Deutschen Forschungsgemeinschaft, Bad Godesberg, für die gewährte Unterstützung seiner Forschungen herzlichst bedanken.

Der etwas breit gefaßte zeitliche Rahmen — die Antwort auf die soeben umrissenen Fragen liegt im Zeitraum etwa zwischen 1780 bis 1860 — wurde nur deshalb gewählt, um die Problematik der sog. indirekten Schmiedeeisen-Erzeugung von ihren Anfängen an verfolgen und ihre Betriebsresultate jenen der direkten Schmiedeeisen-Erzeugung entgegenstellen zu können. Der Schwerpunkt liegt aber eben im erwähnten Zeitraum vom Ausgang des 18. bis zur Mitte des 19. Jahrhunderts.

Räumlich beschränkt sich unser Beitrag auf die Untersuchung zweier Eisenproduktionszentren der Habsburger Monarchie, auf zwei ruhmreiche und seit dem Mittelalter ununterbrochen bedeutungsvolle, nämlich die Steiermark und Kärnten. Beide Gebiete waren bis in die sechziger Jahre des 19. Jahrhunderts, als der Ausbau des modernen Transportsystems der Eisenbahnen einigermaßen auch die Bedürfnisse der erwähnten Hüttenzentren zu berücksichtigen begann, bei der Verhüttung der Erze nur auf Holzkohle angewiesen. Dies der Unterschied zu der Gruppe der böhmischen Länder, die einerseits und zuerst durch den Übergang zur Koksbasis, andererseits und später durch die Einführung des Thomas-Verfahrens einen entscheidenden Standortvorteil gewonnen hatten. Die bis in das späte 18. Jahrhundert vorbildliche, mehr oder weniger autochtone, in den letzten Jahrhunderten von auswärtigen technischen Einflüssen kaum bezeichnete steiermärkische und kärntnerische Eisenindustrie mußte aber spätestens seit den ersten Jahrzehnten des 19. Jahrhunderts auf die Herausforderung der sich auf neuer technischer Basis entwickelnden ausländischen, und später auch inländischen Großindustrie eine Antwort suchen. Eine Antwort, die sich allerdings in einer simplen Übernahme der Produktionsmethoden führender Hüttenzentren auf Steinkohlen-Basis nicht erschöpfen konnte, sondern — da ihr dieser Rohstoff fehlte — eigene Wege suchen mußte.

Dies, grob umrissen, die zu behandelnde Problematik. Um die Darstellung womöglich übersichtlich zu gestalten, wollen wir im abgesteckten Raum das Thema in zwei Teilen erörtern. Weil im Mittelpunkt Fragen der technischen Entwicklung stehen, fanden wir es angebracht, die zwei Hauptsektoren des Hüttenwesens, nämlich die Erzeugung des Eisens aus Erzen und dann die Verarbeitung des erschmolzenen Eisens zum Fertigprodukt (Streckeisen, Stahl oder Blech) zwar im Zusammenhang, aber getrennt zu behandeln.

Bevor wir dies in Angriff nehmen, scheinen einige Bemerkungen zur Problematik der Vermittlung der wichtigsten Meßwerte für die Wirtschaftlichkeit einzelner Produktionsverfahren nicht überflüssig zu sein. Da uns der technische Fortschritt im Rahmen einer wirtschaftsgeschichtlichen Untersuchung eben im Zusammenhang mit seinem Beitrag zur Steigerung der Leistungsfähigkeit des Hüttenwesens interessiert, ist es unser Anliegen darzustellen, wie, wo und in welchem Maß die einzelnen technischen Neuigkeiten im Verlaufe eines Zeitabschnittes die Produktionsergebnisse verbessert haben. Dies ist zu messen an dem Verbrauch der Rohstoffe, dem Ausstoß einer Produktionseinrichtung, einer Anlage in einer Zeiteinheit, dem Aufwand an Arbeitszeit für ein Produkt, um nur die zu nennen, die aus dem zur Verfügung stehenden Material zu berechnen sind. Andere, nicht minder wichtige, wie z. B. die Wertproduktivität, d. h. das Verhältnis von Produktionswert zum Kapitaleinsatz und andere mehr sind für eine längere Zeitreihe vorläufig nicht zu vermitteln. In unserer Studie beschränken wir uns deshalb auf Angaben über den Verbrauch an Erz oder Roheisen und Kohle auf eine bestimmte Menge und Qualität des Produktes. Eine Schwierigkeit für die Vermittlung vergleichbarer Meßwerte ergibt sich aus den Veränderungen der Produktionsverfahren. Darüber später mehr. Eine andere Schwierigkeit bereiten die in verschiedenen Zeiten und Gebieten für diverse Produkte und Rohstoffe gebrauchten Maße. Das Schrifttum über das Eisenhüttenwesen in der Steiermark und in Kärnten ist sicherlich nicht arm, es beinhaltet auch eine Menge an Daten für die Beurteilung der Wirtschaftlichkeit der Eisenproduktion. Hat man das Glück, sich in einem Gebiet nur so lange zu bewegen, bis der Verbrauch an Holzkohle immer nur in Säcken angegeben ist, kann man feststellen, daß der Kohleverbrauch für eine Menge von Produkten gefallen oder gestiegen ist, immerhin ein Resultat, auch wenn man sich unter der Mengenangabe nichts vorstellen kann. Verläßt man aber unglücklicherweise das eine Tal und untersucht die Produktion in einem anderen, stellt man fest, daß der Hüttenmann hier x bis y Krippen, Fässer, Schaffe, Metzen oder sonst eine Einheit verbraucht hat. Die für den Wirtschaftshistoriker so wichtigen Zahlen hat man, man führt sie auch an, und selten stört, daß sie eigentlich gar nichts aussagen. Auf dieser Basis Versuche anzustellen, um die Wirtschaftlichkeit der Produktion zu vergleichen, kann zwar Seiten füllen, aber kein Bild vermitteln. Nun ist es nicht so, daß die verschiedenen Maßeinheiten nicht auf einen Nenner zu bringen wären und viele Autoren, auch der Verfasser selbst, sind schon bis zur Vereinheitlichung auf den Kubikfuß vorgedrungen; andere haben sich sogar die Mühe gegeben, den Kubikfuß auf Kubikmeter umzurechnen. Wenn wir in den anliegenden Tabellen den Brennstoffverbrauch nicht in einem Raummaß, sondern in Gewichtseinheiten angeführt haben — wie dies in Einzelfällen und unsystematisch auch viele andere schon getan haben —, so liegt der Grund dafür keineswegs in der Vorliebe des Verfassers für Rechenmaschinen, sondern in der Erkenntnis, daß dies der einzige Weg zu der Vergleichbarkeit der Daten ist und ihre Vergleichbarkeit ist wiederum, so meine ich, ihre einzige Existenzberechtigung. Nicht umsonst bediente sich die hüttenkundliche Fachliteratur spätestens seit der Mitte des 19. Jahrhunderts der Methode, den Brennstoffverbrauch im Verhältnis zum Gewicht des Produktes in Gewichtangaben anzuführen. Wenn dabei unsere Daten für Kärnten und für die Steiermark von vielen anderen abweichen, so liegt das an der Differenz in der Umrechnung der Raummaße auf Gewichtseinheiten. Warum wir einen Wiener Kubikfuß (0,0316 m³) weicher Holzkohle mit 6,574 Wiener Pfund (3,681 kg) berechnen, ist in der Fußnote zu erfahren[1].

---

[1] Die Umrechnung alter Gewichtseinheiten auf Kilogramm ist verhältnismäßig unproblematisch. Die größte Schwierigkeit bereitet die Umrechnung der alten, im Berg- und Hüttenwesen gängigen Raummaße auf Gewichtseinheiten. Beim Erz ist die Umrechnung ohne zeitgenössische Umrechnungen wegen der Spanne im spezifischen Gewicht verschiedener Erze immer mit einem Risiko größerer Fehlerquellen verbunden. Bei den in den Alpenländern im 18. und 19. Jahrhundert gängigen Kohlmaßen (Schaff, Innerberger und Vordernberger Faß) variieren die Umrechnungen für 1 Innerberger Faß weicher Holzkohle (1 Faß = 9,7355 Wiener Kubikfuß) von 58 bis 70 Wiener Pfund. Wir bedienten uns der Umrechnung: 1 Innerberger Faß

Die andere Schwierigkeit liegt, wie schon erwähnt, in der Verschiedenartigkeit der Produkte einzelner Fertigungsphasen bei verschiedenen Produktionsverfahren. So z. B. ist das Produkt des Schmelzprozesses im Stückofen mit jenem beim Hochofen keine vergleichbare Einheit für das Messen der Wirtschaftlichkeit. Auf einen gemeinsamen Nenner sind beide Produkte eigentlich nur nach der folgenden Fertigungsphase, nach dem Ausschmieden der Massel nach ein- oder mehrmaligem Ausheizen bzw. nach dem Verfrischen des Roheisens und des Ausschmiedens des Frischeisens auf das sog. Grobeisen zu bringen. Noch komplizierter wird der Vergleich mit dem Übergang zum Puddelverfahren, bei dem der Produktionsvorgang, der beim Herdfrischen meistens in einem Durchgang in den Frischhammer ausgeführt worden ist, sich in das Puddeln (Frischen) im Puddelofen und Ausschmieden bzw. Auswalzen auf Rohschienen und auf das Schweißen im Schweißofen und Auswalzen zerlegt, wobei das Produkt nach dem Puddeln eine niedrigere und nach dem Schweißen evtl. eine höhere Qualität darstellt als das Grobeisen aus dem Frischfeuer. Um vermeidbaren Verzerrungen aus dem Wege zu gehen, sollte man die Wirtschaftlichkeit verschiedener Produktionsverfahren womöglich an einem mehr oder weniger gleichwertigen Produkt messen, wie z. B. beim Frischverfahren an dem sog. Grobeisen.

(9,7355 Wiener Kubikfuß) = 64 Wiener Pfund (35,84 kg), d. h. 1 Wiener Kubikfuß (0,3157 m^3) = 6,574 Wiener Pfund (3,681 kg) oder 1 m^3 = 116,58 kg. Dieses Verhältnis wird schon bei B. I. Pantz — A. J. Atzl (1814) gebraucht und obwohl in manchen Hüttenausweisen der 1840er und 1850er Jahre ein Faß mit 68 bis 70 Pfund vorkommt, haben schließlich exakte Experimente in der Hieflauer Eisenhütte im Jahre 1857 nachgewiesen, daß ein Innerberger Faß weicher Holzkohle 64 Pfund gewogen hat. Für die harte Kohle (Buche), war das Gewicht eines Innerberger Fasses 90 Pfund (50,4 kg), d. h. 1 Kubikfuß = 9,244 Pfund (5,176 kg) oder 1 m^3 = 163,93 kg. Insofern in den Quellen keine direkte, durch Wiegen belegte Umrechnungen des Raummaßes auf Gewichteinheiten vorkommen, haben wir in unseren Tabellen die Raummaße auf Gewichtseinheiten nach dem angeführten Schlüssel umgerechnet. Dies scheint uns für die Darstellung des Kohlenverbrauches in einer längeren Zeitreihe die kleinsten Verzerrungen zu gewährleisten. Die Umrechnungen bei Marcher (Schaff, Kubikfuß, Pfund) haben sich bei Gegenproben als unbrauchbar erwiesen, deshalb übernahmen wir seine Angaben in

Und nun zum eigentlichen Thema. Die Eisengewinnung aus den Erzen ist ein verhältnismäßig einfacher chemischer, genauer thermochemischer Prozeß. Die Eisenerze, im Grunde verschiedene Sauerstoffverbindungen des Eisens (Eisenoxyde) werden bei hohen Temperaturen durch Kohlenverbrennung bei Luftzufuhr reduziert. Das Schmelzprodukt ist kein reines Eisen, sondern enthält einen Anteil von Kohlenstoff, es ist eigentlich eine Eisen-Kohlenstoff-Legierung. Bei der sog. direkten Methode der Schmiedeeisenerzeugung, der ältesten und heute wieder modernsten Methode der Eisengewinnung aus Erzen, verläuft der Schmelzprozeß bei Temperaturen bis um 1200º C, mithin unter dem Schmelzpunkt des Eisens (um 1535º C), der Kohlenstoffgehalt ist niedrig und das Schmelzprodukt eine schwammige, teigartige Masse von schmiedbarem Eisen. Das Produkt, Maß, Massel, Wolf, Stück, Luppe genannt, mußte der anhaftenden Schlacke entledigt und zusammengeschweißt werden. Beides geschah mechanisch durch den Hammer, bzw. bei größeren Maßen mußten diese zuerst auf mehrere Stücke zerschrotet, ausgeheizt und dann erst mit dem Hammer bearbeitet werden. Bei der indirekten Methode der Schmiedeeisenerzeugung erreichen die Temperaturen im Ofen den Schmelzpunkt, das

---

Kärntner Schaff (= 2 Vordernberger Faß) als Grundlage für unsere Umrechnung. Das Vordernberger Faß hatte 7,788 Wiener Kubikfuß, so auch bei G. Göth, aber in seinen eigenen Umrechnungen rechnet er trotzdem des öfteren mit 8,6 bis 8,7 Kubikfuß. W. Schuster berechnet 20 m^3 Holzkohle mit 2800 kg, d. h. 0,0316 m^3 oder 1 Kubikfuß = 4,424 kg. Dies ist eine Differenz von über 20%, hinreichend, um einen eventuell erzielten niedrigeren Kohlenverbrauch zu verwischen. — Vgl. dazu: Josef Rossiwal, Die Eisenindustrie des Herzogtums Steiermark, Mitteilungen aus dem Gebiete der Statistik 8 (1860), 135; B. Ignaz Pantz — A. Josef Atzl, Versuch einer Beschreibung der vorzüglichsten Berg- und Hüttenwerke des Herzogtums Steiermark (1814), 267 und Tafel zu 169; Franz Anton Marcher, Notizen und Bemerkungen über den Betrieb der Hochöfen 2 (1809), passim; ders., Beiträge zur Eisenhüttenkunde, I/3 (1806), Tafel VI; ebd., 4 (1806), Tafel IX; Georg Göth, Vordernberg in der neuesten Zeit (1839), 49, 82; Peter Tunner, Beiträge zur Untersuchung der möglichen und zweckmäßigen Verbesserungen und Abänderungen der innerösterreichischen Herdfrischerei (1839), 8; Wilhelm Schuster, Die Vordernberger Eisenerzeugung, Beiträge zur Geschichte der Technik und Industrie 29 (1940), 89.

Produkt ist im flüssigen Zustand, nimmt aber mehr Kohlenstoff auf und ist deshalb nach dem Erstarren nicht schmiedbar. Dieses Roheisen mußte dann in einem weiteren Fertigungsprozeß entkohlt werden (Frischen).

Bis zur Wende vom 15. zum 16. Jahrhundert herrschte in den Alpenländern die sog. direkte Methode auf ihrer höchsten Stufe, auf der Stufe des Stückofenbetriebes. Als Stückofenbetrieb bezeichnet man jenes Stadium der Eisenerzeugung, bei welchem der Schmelzvorgang — im Unterschied zu den ältesten Gruben oder Herden (Luppenfeuer, Rennfeuer, Waldschmiede) — in schachtförmigen Schmelzräumen, d. h. Öfen stattfindet. Bei diesen Öfen, die in den Alpenländern bis 3 bis 4 m hoch waren und der Schmelzraum die Form eines abgestumpften Kegels hatte, war die Anwendung von Wasserantrieb für die mechanischen Einrichtungen, für die Blasbälge und für den Hammer unumgänglich und das Erscheinen des Wasserrades bei Eisenhütten ist allgemein ein Zeichen des Stückofenbetriebes. Dieser Stückofenbetrieb erreichte in den Alpenländern im 15. und 16. Jahrhundert seinen Höhepunkt, blieb in Kärnten neben der indirekten Methode bis in die 1780er Jahre erhalten, in den wichtigsten Zentren der Steiermark, in Vordernberg und in Eisenerz aber bis etwa 1750 die einzige Methode der Eisengewinnung[2].

Da wir uns mit dem Stückofenbetrieb nicht eingehend beschäftigen wollen, soll hier nur auf einige wichtige Merkmale hingewiesen werden. Er bedeutete eine wesentliche Verbesserung der Produktion und war an eine feste Betriebsanlage gebunden. Der Betrieb war ein unterbrochener, nach dem Niederschmelzen jedes Stückes wurde das Gebläse entfernt, der Ofen unten geöffnet, das Maß herausgezogen, der Ofen wieder zugestellt, mit

---

[2] Zur Entwicklung des Schmelzbetriebes sowohl in Stücköfen wie auch in Hochöfen: Rudolf Schaur, Streiflichter auf die Entwicklungsgeschichte der Hochöfen in Steiermark, Stahl und Eisen 49 (1929), 489 ff.; Wilhelm Schuster, Die Entwicklung der Eisenschmelztechnik in der Ostmark, Beiträge zur Geschichte der Technik und Industrie 28 (1939), 132 ff.; Friedrich Münichsdorfer, Geschichtliche Entwicklung der Roheisen-Produktion in Kärnten (1873); Karl Dinklage, Geschichtliche Entwicklung des Eisenhüttenwesens in Kärnten, Radex Rundschau (1954), 256 ff.

Kohle und Erz gefüllt und ein neuer Schmelzvorgang begonnen. Meistens arbeitete man im Wochenwerk, von Montag früh bis Samstag mittags, aber bei mangelnder Nachfrage konnte man den Betrieb ohne Schaden am Ofen und ohne größere Verluste jederzeit abstellen. Die Produktionsergebnisse — die in den Alpenländern (Tab. 1) zählten zu den allerbesten bei dieser Betriebsart — zeichneten sich durch einen relativ hohen Kohlenverbrauch aus. Ein weiterer Nachteil dieses Verfahrens, welcher aber in den Zentren der alpenländischen Eisenindustrie am Hüttenberg in Kärnten und am Erzberg in der Steiermark dank der vorzüglichen, reichhaltigen und leicht schmelzbaren Erze nicht in Erscheinung trat, war die Unverwertbarkeit der schwer schmelzenden sog. strengflüssigen Erze. Die Kehrseite des Problems war ein enorm hoher Kohlenverbrauch und ein sehr niedriges Erzausbringen beim Schmelzen solcher Erze. Der Kohlenverbrauch lag dann nicht selten zweimal höher als in den angeführten Beispielen.

Aber auch bei dem in den Alpenländern relativ günstigen Kohlenverbrauch hat die Vermehrung der Stücköfen den Kohlenmangel heraufbeschworen, was einerseits zu der Beschränkung der Zahl der Schmelzwerke und andererseits zu der betrieblichen und räumlichen Trennung des Schmelzbetriebes und der weiteren Verarbeitung des Schmelzgutes auf gängige Handelsware geführt hat.

Die Alleinherrschaft der Stücköfen in den Alpenländern wurde, wie schon erwähnt, zuerst in Kärnten durchbrochen. Der erste Floßofen wurde schon 1541 im Gmünder Revier in Kremsbrücke (oder: in der Krems) in Betrieb gestellt, der zweite, ebenfalls exakt nachgewiesene von der Stadt St. Veit in Urtl (Urtlgraben) 1578 errichtet[3]. Die bis heute andauernde Epoche der indirekten Schmiedeeisenerzeugung begann also in Österreich sehr früh. Wie schon erwähnt, war das Produkt, das Roheisen (Flossen, Blattl, Gänse) nicht schmiedbar und wurde in einem nachfolgenden, meistens betrieblich und räumlich getrennten Vorgang, durch das Eisenfrischen, durch die Herabsetzung des Kohlenstoffgehaltes in einem Oxydations-

---

[3] Hermann Wiessner, Geschichte des Kärntner Bergbaus 3, Kärntner Eisen (1953), 51.

Tabelle 1. *Stückofenbetrieb*[1]
Schmelzen (Stück, Maß)

Ort		Zeit	24-h-Produktion t	Auf 100 Kohle %	100 Erz % Eisen	Ofenhöhe m	Ofenarbeiter
1	Innerberg, Stmk.	um 1625	1,17	243	(R) 50	3,16	(5)
2	St. Veit/Hüttenberg, Krnt.	1767		282	32	?	
3	Kärnten	1756		348	26	?	
4	Lölling, Krnt.	18. Jh.	1,05	181	34	3,79	4
5	Lölling, Krnt.	1775α	1,05	175	33		
6	Steiermark	17. Jh.	1,8—2,1	180—200			
7	Innerberg	18. Jh.	1,4			3,16	
8	Steiermark	18. Jh.	1,8	157	42	3,79	(5)
9	Innerberg	1770	1,5	187	42		
10	Innerberg	1770	0,95	264	30		

[1] Nr. 1: Pantz, Innerberger Hauptgewerkschaft, 64; Nr. 2, 3: Münichsdorfer, Roheisen-Produktion, 176, 188; Nr. 4, 5, 8: Marcher, Beiträge 1/3, Tafel VI; Nr. 6: Pantz, Innerberger Hauptgewerkschaft, 169; Nr. 7: Pantz-Atzl, Versuch, 110f.; Nr. 9, 10: Daniel Gottfried Schreber, Beschreibung der Eisen-, Berg- und Hüttenwerke zu Eisenerz in Steiermark (1772), 57ff.

verfahren zu Schmiedeeisen (Kohlenstoffgehalt von 0,08 bis 0,6%) bzw. zu Stahl (Kohlenstoffgehalt von 0,6 bis 1,6%) verarbeitet. In der modernen Hüttenkunde wird dieser Produktionsvorgang vom Roheisen zum schmiedbaren Produkt schlechthin als Stahlproduktion bezeichnet[4].
Der Übergang zum Hochofenbetrieb bedeutete für den Hüttenmann eigentlich die Umstellung auf ein Produkt, das ihm als Nebenprodukt (Graglach) schon beim Stückofen angefallen ist und dessen Umwandlung in schmiedbares Eisen ihm auch nicht völlig unbekannt war. Außer der Notwendigkeit der Einführung des Eisenfrischens als selbständiger Fertigungsphase bot der Hochofenbetrieb die Möglichkeit der Entfaltung der Eisengießerei, in manchen Gebieten, aber nicht in den Alpenländern, der Hauptgrund für seine Einführung. Im Unterschied zum Stückofen ermöglichte der Hochofen einen ununterbrochenen Betrieb, da nicht nur die Schlacke, sondern auch das Eisen im flüssigen Zustand war, konnte nun auch das Eisen nur einfach durch eine Öffnung dicht am Boden des Ofens herausgelassen werden, ohne den Betrieb einzustellen. Eine Unterbrechung war hier höchst unerwünscht und ein einigermaßen wirtschaftlicher Hochofenbetrieb hatte eine längere, ununterbrochene Schmelzzeit (Ofenreise, Kampagne) geradezu zur Voraussetzung. Mit anderen Worten zwang der Hochofen schon von den technischen Voraussetzungen her zur ständigen Betriebsweise, zum ununterbrochenen Tag- und Nachtbetrieb, zur höheren Produktion, steigerte die Anforderungen bezüglich Investitionen und laufender Betriebskosten. Mit welchem Maßstab immer wir den Hochofenbetrieb messen werden, er stellt eine Fertigungsmethode dar, die beim Eisenschmelzen zum Großbetrieb zwang.
Und dies war meines Erachtens auch der Grund, daß der Floßofen trotz der Kenntnis des Ofenbaus, der Betriebsweise, der entsprechenden Frischverfahren, trotz der vorteilhaften Betriebsergebnisse sowohl in bezug auf den Ausstoß, wie auch auf den Kohlenverbrauch (s. Tab. 2) bis in die 2. Hälfte des

---

[4] In unserer Abhandlung benützen wir die vor dem Bessemerverfahren allgemein verbreitete Terminologie, die zwischen Roheisen (Gußeisen), Schmiedeeisen und Stahl unterschied. Schmiedeeisen und Stahl sind im Sinne der heutigen Hüttenkunde einfach Stahl, das Produkt aus dem Hochofen wird nur als Eisen bezeichnet.

Tabelle 2. *Floßöfen bis zirka 1810*[1]

Ort		Zeit	24-h-Produktion t	Auf 100 Kohle %	100 Erz % Eisen	Ofenhöhe m	Arbeiter
1	Urtl, Krnt.	1625	1,8	(204—256)	40	4,74	11
2	Urtl, Krnt.	1740	2,0	245	40	?	?
3	Urtl, Krnt.	1774	2,2	154	49	?	?
4	Mosinz, Krnt.	1766	1,8	245	?	?	?
5	Mosinz, Krnt.	1774	2,9	113	?	?	?
6	Mosinz, Krnt.	1791	3,6—4,3	?	?	?	?
7	St. Leonhardt, Krnt.	1779—1785	1,7	204	37	7,59	?
8	St. Leonhardt, Krnt.	1785—1786	2,1	169	37	6,32	?
9	St. Gertraudt, Krnt.	1779—1785	2,0	235	45	6,32	?
10	Innerberg, Stmk.	1770	3,2	130	36	6,32	?
11	Innerberg, Stmk.	1760	3,3	128	38	5,13	?
12	Innerberg, Stmk.	um 1770	3—3,4	111	37	4,4—5,0	6—7
12a	Innerberg, Stmk.	1770	3,2	128	32	4,57	
13	Innerberg[2]	1800	3,4	138—145	37	5,13	7
14	Innerberg, Alt Weißenberg	1800	4,3	138—145	37	—	?
15	Innerberg, Alt Weißenberg	1810	3,7	139	37	6,64	7
16	Innerberg, Wendenstein	1800	3,8	145	37	?	?
17	Innerberg, Wendenstein	1810	2,9	163	36	5,69	7
18	Innerberg, Wendenstein	1803	4,5	147	40	6,01	?

[1] Nr. 1, 2, 4, 6: Münichsdorfer, Roheisen-Produktion, 184, 266, 191 f.; Nr. 3, 5: Wießner, Kärntner Bergbau, 93 f.; Nr. 7, 8, 9, 18: Marcher, Beiträge I/3, Tafel VI; Nr. 10, 12a: Schreber, Beschreibung, 59, 20; Nr. 11: Pantz, Innerberger Hauptgewerkschaft, 121; Nr. 12, 15, 17: Pantz-Atzl, Versuch, 114ff., Tafel zu 169; Nr. 13, 14, 16: HKA Wien, Innerberger Hauptgewerkschaft,1800, n 602, 603, 648, 699, 700.

[2] Durchschnittproduktion von 5 Öfen.

18. Jahrhunderts auch in Kärnten den Stückofen nicht verdrängen konnte. Dies gilt insbesondere für das Gebiet der Haupteisenwurzen. Hier im Hüttenberger Raum gab es noch um 1750 neben 14 Stücköfen nur 4 Floßöfen, demgegenüber standen im Gebiet der sog. Waldeisengewerken 14 nachgewiesene Floßofengründungen zwischen 1541 und 1712[5]. Erst die mit dem steigenden Eisenbedarf zusammenhängende Beseitigung aller Einschränkungen der Eisenproduktion im letzten Drittel des 18. Jahrhunderts führte dann im Zuge eines allgemeinen Aufstieges auch zum schnellen Ende des Stückofenbetriebes in Kärnten.

Zur selben Zeit vollzog sich dieser Wandel auch in der Steiermark. Hier war der Floßofen selbstverständlich auch bekannt, der erste in Betrieb gesetzte dürfte wohl jener in dem Schwarzenbergischen Eisenwerk in Turrach (1662) gewesen sein[6], aber am Erzberg konnte er sich nicht durchsetzen. In Eisenerz wurden schon 1665 oder 1669, mit Hilfe von Hüttenleuten aus Kärnten, Versuche mit dem Schmelzen im Floßofen ausgeführt, und man erreichte einen niedrigeren Kohlenverbrauch. Das Experiment scheiterte allerdings an dem Frischen der Flossen, offensichtlich deshalb, weil man versucht hat, die in Kärnten übliche Frischmethode anzuwenden[7]. Dieser Mißerfolg lieferte den Grund, an dem Stückofenbetrieb festzuhalten. Der zweite Floßofen in der Steiermark dürfte der zu der Innerberger Hauptgewerkschaft gehörende, 1720 in der Radmer erbaute Ofen gewesen sein, in dem man sowohl Maße wie auch

---

[5] Dazu: Dinklage, Eisenhüttenwesen 265 ff., 272. Aus der Darstellung ist allerdings nicht klar, wie viele von diesen Floßöfen um die Mitte des 18. Jahrhunderts noch in Betrieb waren.

[6] Fritz Brodschild, Der Eisenbergbau auf der Herrschaft Murau, Schwarzenberg Almanach XXXIV (1968), 61 ff.

[7] Die Versuche mit dem Floßofen in Eisenerz sollen 1665 stattgefunden haben, so z. B. Anton v. Pantz, Die Innerberger Hauptgewerkschaft 1625 bis 1783, Forschungen zur Verfassungs- und Verwaltungsgeschichte der Steiermark, 6/2 (1906), 68; Schuster, Entwicklung der Eisenschmelztechnik 139. In dem Visitationsprotokoll von 1678 wird allerdings behauptet, daß der Umbau des ehem. Pürckerschen Stückofens, die Inbetriebnahme und Abstellung des Floßofens 1669 stattgefunden habe. HKA Wien, Innerösterreichische Miszellen, R. Nr. 124, Folio 174 (S. 18).

Flossen, d. h. Roheisen erzeugen könnte[8]. Erst in den fünfziger und sechziger Jahren des 18. Jahrhunderts, als die Produktion am Erzberg der Nachfrage nicht nachkommen konnte, haben die Kammerbehörden energisch durchgegriffen. Bei der Umstellung auf Floßöfen fiel die führende Rolle, wie bekannt, Johann Josef v. Koffler, dem Vertreter des im Dezember 1750 nach Wien berufenen Oberkammergrafen in Eisenerz, Heinrich Wilhelm v. Haugwitz zu. Technikgeschichtlich ist es von Interesse, daß schon v. Haugwitz in einem Bericht an die Hofkammer vom 24. 7. 1750 vorgeschlagen hat, alle 12 Radwerke in Eisenerz durch Hochöfen zu ersetzen und die Einführung der Floßöfen nach dem Vorbild des Ofens in der Radmer nur als Zwischenlösung empfohlen hat, mit der Begründung, daß für Hochöfen keine geeigneten Gestellsteine vorhanden wären. Ob diese Unterscheidung zwischen Hochofen und Floßofen und die Betonung, daß für Hochöfen bessere, d. h. feuerfestere Gestellsteine notwendig wären, auf praktischen Erfahrungen in Eisenerz fußte, oder nur eine theoretische Erwägung war, ist vorläufig nicht nachzuweisen[9]. Nach den ersten Versuchen 1751 in Eisenerz sind binnen etwa 20 Jahren sowohl in der Innerberger Hauptgewerkschaft wie auch in Vordernberg — hier fand der erste Versuch am Radwerk VI im Jahre 1760 statt — alle Stücköfen durch Floßöfen ersetzt worden.

Der damit vollzogene Übergang zu der indirekten Schmiedeeisenerzeugung in den Alpenländern fiel in die Zeit, als in England in nuce schon die Voraussetzungen für den Übergang zum modernen Großbetrieb auf Grund der Verwendung eines die knappe Holzkohle substituierenden Brennstoffes beim Erzschmelzen geschaffen waren. Dem folgte im letzten Viertel des 18. Jahrhunderts die Lösung des Problems der Verwendbarkeit der Mineralkohle beim Eisenfrischen (Puddelverfahren) und des Walzens beim mechanischen Bearbeiten des Eisens. Zu dieser Zeit war zwar die alpenländische Eisenindustrie von jener in

---

[8] Pantz, Innerberger Hauptgewerkschaft, 109; Schaur, Streiflichter, 493.

[9] HKA Wien, Münz- und Bergwesen, R. Nr. 55, 18. August 1750. Über den Anfang des Floßofenbetriebes vgl.: Pantz, Innerberger Hauptgewerkschaft, 120; Schuster, Entwicklung der Eisenschmelztechnik, 139; Schaur, Streiflichter, 493.

England keineswegs bedroht, sie galt noch als vorbildlich, und kaum eine mineralogische oder metallurgische Reise führte an diesem Gebiet vorbei, der technische Fortschritt in der Eisenproduktion wurde aber seit dem Ende des 18. Jahrhunderts in zunehmendem Maße von den auf Steinkohlenbasis arbeitenden Gebieten bestimmt. Was den Schmelzprozeß betrifft, war die Knappheit der Holzkohle, in einem selbstverständlich kleineren Maßstab als in England, auch in den Alpenländern vorhanden. Da es aber an brauchbarer Steinkohle fehlte, beschränkte sich in den Alpenländern der technische Fortschritt bis in die siebziger Jahre des 19. Jahrhunderts auf jene technischen Verbesserungen des Hochofenbetriebes, die bei Beibehaltung der Holzkohlenbasis sowohl die Steigerung der Produktion wie auch die Senkung des Brennstoffverbrauches herbeiführen konnten. Sie bestanden hauptsächlich in:

Veränderungen der Hochöfen,
der Anwendung leistungsfähigerer Gebläse,
der Anwendung der erhitzten Gebläseluft,
den Verbesserungen der Erzaufbereitung.

Vorerst kurz zum Problem der Erzaufbereitung. Ohne auf Einzelheiten eingehen zu können, muß hervorgehoben werden, daß die mechanische (Scheiden des tauben Gesteins vom Erz, Zerkleinerung des Erzes) und die chemische (Verwitterung, Rösten) Aufbereitung der Erze eine wesentliche Voraussetzung eines optimalen Schmelzprozesses ist. Das Rösten der Erze am Berge, verbunden mit einem 20- bis 25%igen Gewichtsverlust, erleichtert durch Herabsetzung des Wassergehaltes nicht nur den Schmelzprozeß, sondern wirkt kostensparend auch über die niedrigeren Transportkosten. Sowohl in der Steiermark wie auch in Kärnten wurden bis in die 1770er Jahre nur geröstete Erze geschmolzen. Dies wurde in Kärnten und Vordernberg auch weiterhin beibehalten, in Innerberg aber überließ man nach dem Übergang zum Floßofen „die Arbeit der Natur" (W. Schuster), die Erze wurden nicht mehr geröstet, sondern nur der Verwitterung ausgesetzt. Diese „Neuigkeit" ist ziemlich unverständlich, an Fachkenntnissen fehlte es der Verwaltung der Innerberger Hauptgewerkschaft nämlich nicht. Vielleicht waren es die durch den Tagbau bedingten, im Vergleich mit

Vordernberg niedrigeren Gestehungskosten, dann die kostensparende Verbesserung des Erztransportes (Syboldsches Förderungssystem 1810 bis 1817), die die Betriebsführung dazu verleiteten, sich damit zu begnügen, daß die Erze über dem Hochofen — auch dies erst seit den 1830er Jahren — im Kranz oberhalb der Gicht getrocknet wurden. In den 1850er Jahren hielt man es dann endlich für angebracht, große Röstanlagen zu bauen und seit 1859 wurde dann nur mehr geröstetes Erz geschmolzen[10].

Um so vorbildlicher beschäftigte man sich mit der Erzaufbereitung in Vordernberg. Hier sei nur kurz darauf hingewiesen, daß in Vordernberg die durch die Eigentumsverhältnisse bedingte Abbauweise den Tagbau unmöglich machte und erst nach dem Zusammenschluß im Jahre 1829 gelang es durch bessere Organisation des Abbaus und hauptsächlich durch den Ausbau eines vorbildlichen Transportsystems zwischen 1831 und 1847 die Gestehungskosten des Erzes am Hochofen um etwa 40% herabzusetzen. Gleichzeitig verbesserte man das Rösten, das traditionelle „Grammatln" wurde in den 1830er Jahren durch das Ofenrösten ersetzt und 1845 bis 1847 eine zentrale Röstanlage gebaut. Seit 1841 experimentierte man mit der Braunkohlenfeuerung der Röstöfen, in den fünfziger Jahren wurden sie dann auf Braunkohlenbasis umgestellt. Zur gleichen Zeit, 1854/55 hat der Verwalter des Fridauschen Schmelzwerkes, Fillaffer, das Erzrösten mit Gichtgasfeuerung eingeführt[11].

Bevor wir die Veränderungen im eigentlichen Hochofenbetrieb kurz darstellen, möchten wir betonen, daß zwischen Floßofen und Hochofen kein prinzipieller Unterschied besteht. Wenn wir dennoch die meisten bis zum Ende des 18. Jahrhunderts in

---

[10] Schuster, Die Erzbergbaue und Hütten der Österreichisch-Alpinen Montangesellschaft, in: Die Österreichisch-Alpine Montangesellschaft 1881 bis 1931 (1931), 101 ff.; Rossiwal, Eisenindustrie 121 ff. Ein Vergleich der Produktionsresultate beim Schmelzen ungerösteter und gerösteter Erze (Tafel 3, Nr. 6 : 7, 12 : 13) läßt vermuten, welche Verluste aus dem Schmelzen ungerösteter Erze entstanden sind.

[11] Göth, Vordernberg, 59 ff.; Schuster, Entwicklung der Eisenschmelztechnik, 186 ff.; Rossiwal, Eisenindustrie, 203 f.

Betrieb stehenden Öfen traditionsgemäß als Floßöfen bezeichnen, so soll dadurch nur zum Ausdruck gebracht werden, daß man sich bei diesen Öfen sowohl in der Bauart wie auch in der Betriebsweise noch auf die Erfahrungen der ersten Floßöfen stützen konnte. Der Übergang zum „hohen Ofen" ist durch die Erhöhung des Floßofens eingeleitet worden, die eine höhere Produktion gewährleisten sollte. Die Veränderung der Höhe führte aber auf einer gewissen Stufe zu weiteren technischen und arbeitsorganisatorischen Problemen. Erstens mußte der Erhöhung des Ofens auch durch die entsprechende Veränderung der anderen Ofenmaße Rechnung getragen werden, die Beschickung und die zeitliche Abfolge der Gichten dem neuen Hochofenprofil angepaßt werden, dann das Gebläse verstärkt oder durch ein neues ersetzt werden und nicht zuletzt die Zahl der Arbeiter erhöht und die Arbeitsteilung geändert werden. Mit anderen Worten, in Anlehnung an ein Gleichnis von D. S. Landes, wurde der Kochtopf geändert, so mußte man auch zu neuen Rezepten greifen. Zwar leistete die Wissenschaft vom Eisenschmelzen um die Wende vom 18. zum 19. Jahrhundert für den Bau von Hochöfen ausgiebige Hilfe — unter anderen hat auch der Kärntner F. A. Marcher in seinen Abhandlungen auf Grund eines damals wirklich weltweiten Vergleichs das richtige Verhältnis zwischen Höhe und Breite ermittelt[12] —, dennoch war jede Veränderung ein Experiment, das von den Praktikern nicht sehr wohlwollend verfolgt wurde und bei den Abnehmern des Roheisens sofort Mißtrauen gegen die Qualität des Produktes erweckte. Deshalb wundert es nicht, daß z. B. beim Anlassen des ersten sog. hohen Ofens in Eisenerz (Hochofen Rupprecht) im Jahre 1802, wie dies aus dem Bericht der Verwaltung zu entnehmen ist, große Spannung und Bange um das Ergebnis herrschte, offensichtlich hatte der Bau eines neuen Hochofens anstatt des altbewährten Floßofens auch seine Gegner[13].

---

[12] Vgl.: Ivo Krulis-Randa, Ein Beitrag zum Einfluß der Anfänge des theoretischen Denkens auf den Bau der böhmischen Eisenschmelzöfen in der Zeit des unbeschränkten Holzkohlenbetriebes, Freiberger Forschungshefte, Reihe D, 56 (1967), 89.
[13] In der Berichterstattung vom 22. 7. 1802 über die Anlassung des Hochofens stellte die Plahhausverwaltung die rhetorische Frage:

Auf dem Gebiet der Veränderungen der Hochöfen waren führend: In Kärnten das Eggersche Schmelzwerk in Treibach und das Rauchersche in Heft, beide zählten in den Jahrzehnten vor und nach der Jahrhundertwende zu den vorzüglichsten Hüttenwerken der Monarchie, dann die Hütte in Lölling und in der Mosinz. In der Steiermark ist erstens die Innerberger Hauptgewerkschaft zu nennen und von den Radwerken in Vordernberg eigentlich nur das Radwerk Nr. VII. Die Verbesserungen bestanden in der Erhöhung und der ihr angemessenen Veränderung des Profils, wobei aber — nachdem sich das runde Gestellprofil durchgesetzt hat — an dem traditionellen, für die Erzeugung des weißen Roheisens ausschlaggebenden breiten Gestell und dem breiten Kohlensack festgehalten wurde[14].

Die Erhöhung der Hochöfen brachte allerdings das Gleichgewicht zwischen den einzelnen Komponenten der technischen Einrichtung durcheinander. Der größere Ofen brauchte nicht nur eine entsprechend größere Menge an Luft, sondern auch eine Luftzuführung, die im nun breiteren Gestell die eingeblasene Luft gleichmäßig verteilte. Beides war in der Steigerung der Leistungsfähigkeit der Gebläse und in dem Einblasen durch mehrere Formen zu suchen. Der wundeste Punkt waren am Ende des 18. Jahrhunderts die altherkömmlichen (hölzernen) Spitzbälge. Zuerst versuchte man es mit der Einstellung mehrerer Spitzbälge, wich etwa seit der Jahrhundertwende auf die sog. Kastenbälge aus, bis dann am Anfang der 1820er Jahre zuerst in Kärnten und dann in der Steiermark die ersten Zylindergebläse (vorerst einfach wirkende) aufgestellt wurden. Für die regelmäßige Luftzufuhr sorgten Wasserregulatoren und das Einblasen erfolgte meistens durch zwei gegenüberliegende oder

---

„Sollten diese wichtigen, beim ersten Anlassen nicht mehr zweifelhaft, sondern sich permanent erweisenden Vorteile nicht vermögend sein, jedes, auch noch so ungünstiges Vorurteil zu widerlegen?" — HKA Wien, Innerberger Hauptgewerkschaft, R. Nr. 4549, 1802, n 627.

[14] Die Entwicklung der Hochofenprofile ist dargestellt: für die Steiermark bei Schaur, Streiflichter, 494 ff.; Schuster, Entwicklung der Eisenschmelztechnik, Abb. 91, 94; für Kärnten bei Münichsdorfer, Roheisen-Produktion, Tafel I—XIV; Dinklage, Eisenhüttenwesen, 267 ff.

durch drei Formen. Im großen und ganzen waren noch in den 1830er Jahren die Zylindergebläse die Ausnahme und die Kastengebläse die Regel, der Wasserradantrieb alleinherrschend[15].

Das einigermaßen hergestellte Gleichgewicht zwischen Ofengröße und Gebläse wurde alsbald durch eine technische Neuerung, durch das Einblasen erhitzter Luft, verändert. Diese Erfindung, in der Produktion zum ersten Mal erfolgreich 1829 von Neilson auf der Hütte Clyde in Schottland angewendet, hatte in den Hüttengebieten auf Koks bzw. Steinkohlenbasis ausschließlich die Steigerung der Produktion zum Ziel, die Gebläseluft wurde in Apparaten mit eigener Feuerung erhitzt. In den Hüttengebieten ohne Steinkohle erlebte sie eine sehr wichtige Weiterentwicklung. Schon 1831 experimentierte man in den badischen Hüttenwerken in Wöhr und in Haussen mit der Erhitzung der Gebläseluft durch die Gichtflamme und 1832 gelang es dem Verwalter der Württembergischen Hüttenwerke in Wasseralfingen, Fabre du Faur, die Gichtgase zur Lufterhitzung in einem selbst konstruierten Apparat zu verwenden. Dies war der Anfang der Gichtgasverwertung im Hüttenwesen, der wichtigste Beitrag der „rückständigen" Gebiete zur modernen Metallurgie[16]. Von besonderer Bedeutung war die Gichtgasverwertung hauptsächlich für Eisenhüttenwerke auf Holzkohlenbasis, weil sie auf diese Weise die brennstoffsparende und produktionssteigernde Heißluftblasung einführen konnten.

In den Alpenländern fällt die Einführung der Lufterhitzung in die Jahre 1837 bis 1843. In Kärnten waren zwischen den ersten die Schmelzwerke in Eberstein (1837) und in Lölling, in der Steiermark in der Innerberger Hauptgewerkschaft der

---

[15] Eine systematische Untersuchung der Entwicklung der Hochofengebläse in den Alpenländern gibt es leider nicht, unsere Darstellung fußt auf der einschlägigen Literatur — s. Fußnote 2 und 14. Das Blasen durch zwei gegenüberliegende Formen wurde zuerst in Kärnten, beim Eggerschen Floßofen in Treibach 1766 angewendet, hier wurde 1820 auch das erste (einfach wirkende) gußeiserne Zylindergebläse aufgestellt.

[16] Über die Tätigkeit Fabre du Faurs auf dem Gebiet der Lufterhitzung mit Gichtgasen s. Eduard Herzog, Die Arbeiten und Erfindungen Faber du Faurs auf dem Gebiete der Winderhitzung und Gasfeuerung (1914), Diss. TH Aachen, 53 ff.

Ludovica-Hochofen in Hieflau (1840), in Eisenerz der Wrbna-Hochofen (1843) und in Vordernberg, wo Peter Tunner am Kommunitätlichen Hochofen seine Experimente durchgeführt hat, das Eggersche Radwerk Nr. VII (1841). Im allgemeinen sind die wenigen Hochöfen, die Roheisen für Eisenguß herstellten, sofort auf die Lufterhitzung umgestiegen, bei der Mehrzahl der weißes Roheisen produzierenden Schmelzwerke vollzog sich der Übergang nur zögernd, weil für die Beibehaltung der Roheisenqualität gleichzeitig auch eine Veränderung des Hochofenprofils (weiteres Gestell) notwendig war. Die bedeutendsten Schmelzwerke der Alpenländer arbeiteten allerdings schon in der zweiten Hälfte der 1840er Jahre mit Heißluft, aber in Vordernberg war noch 1858 nur die Hälfte der Hochöfen mit Lufterhitzern ausgerüstet. Für die ersten Lufterhitzungsapparate in den Alpenländern übernahm man entweder die Wasseralfingener Konstruktion — ein Röhrenapparat, in dem die Luft durch ein mehrfach gebogenes Rohr geführt wurde — oder die sog. schottischen Apparate. Diese fanden eine größere Verbreitung, weil in ihnen wurde die Luft durch ein System mehrerer Rohre geführt, wodurch der Widerstand und damit auch der Druckverlust der Gebläseluft kleiner war[17].

In beiden Fällen aber zeigte sich die Unzulänglichkeit der Gebläse. Sollte der durch die Lufterhitzung angestrebte kohlensparende und produktionssteigernde Effekt erreicht werden, mußten leistungsfähigere Gebläse aufgestellt werden, die den durch die Erhitzungsapparate verursachten Druckabfall wettmachen konnten. In den 1840er bis 1850er Jahren wurden in den führenden Betrieben doppelwirkende Zylindergebläse in-

---

[17] Auch hier fehlt eine systematische Untersuchung. Die beste Übersicht der Einführung der Lufterhitzung bietet die von Peter Tunner verfaßte „Kurze Übersicht der neueren Erfahrungen, Fortschritte und Verbesserungen in der Technik des innerösterreichischen Berg- und Hüttenwesens", in: Die steiermärkisch-ständische montanistische Lehranstalt zu Vordernberg. Ein Jahrbuch für den innerösterreichischen Berg- und Hüttenmann, 2 (1842), 149 ff. Über die ersten Betriebsresultate mit erhitzter Gebläseluft in Lölling (Kärnten), ebd., 220 ff.; in Hieflau: Ignaz Ferro, Die k. k. Innerberger Haupt-

stalliert, die überwiegend in den Gießereien in Maria Zell und St. Stephan in der Steiermark und in Brückl in Kärnten hergestellt wurden.

Spätestens mit der Einführung der Lufterhitzung mußte ein weiteres Problem gelöst werden, das viele Schmelzwerke schon seit der Einführung der Hochöfen vor sich hinschoben — das Problem der feuerfesten Auskleidung des Hochofens. Ohne Gefährdung des Betriebes war es nicht mehr möglich, an der herkömmlichen Auskleidung mit Gestellsteinen festzuhalten. Für das der größten Hitze ausgesetzte Gestell wurden verschiedene Massen (hauptsächlich aus Ton und Quarz) und für den Schacht feuerfeste Ziegel verwendet.

Die Auswirkungen des kurz geschilderten technischen Fortschrittes beim Schmelzprozeß auf die Wirtschaftlichkeit des Betriebes haben wir anhand der verfügbaren Daten (24-Stunden-Produktion, Brennstoffverbrauch, Erzausbringen) in den anliegenden Tab. 2, 3 und 4 zusammengestellt. Das wichtigste Ergebnis war die Steigerung der Produktion pro Ofen bei gleichzeitiger Brennstoffeinsparung. Der Holzkohlenverbrauch ist in den führenden Schmelzwerken von der Jahrhundertwende bis in die 1850er Jahre von ca. 100 auf 70% (d. h. von 100 auf 70 kg Holzkohle für 100 kg Roheisen) zurückgegangen. Der durchschnittliche Kohlenverbrauch lag sicherlich etwas über diesem Ergebnis, dennoch zählten die alpenländischen Hochöfen zu den wirtschaftlichsten Holzkohlenhochöfen und die kaum zu überschätzende volkswirtschaftliche Bedeutung dieser Einsparung kann man sich besser vergegenwärtigen, wenn man bedenkt, daß 1847 in Kärnten und in der Steiermark etwa 83.000 t Roheisen produziert wurden. Die Einsparung ist aber

---

gewerkschaft, in: ebd. 3/4 (1846), 192; Vincenz Dietrich, Eine 5½jährige Schmelz-Kampagne mit erhitzter Gebläseluft, in: Jahrbuch für den Berg- und Hüttenmann des österreichischen Kaiserstaates 1, hrsg. von J. B. K. Kraus (1848), 30 ff. Vereinzelte Angaben in der schon angeführten Literatur, s. Fußnote 2 und 14. Eine kurze Übersicht der allgemeinen Entwicklung der Lufterhitzungsapparate: J. Garrilot, Etudes sur l'histoire des appareils destinés à chauffer le vent des hauts fourneaux, Revue d'histoire de la sidérurgie 7 (1966), 164 ff.

Tabelle 3. *Hochofenproduktion (Innerberger Hauptgewerkschaft)*[1]

	Ort	Jahr	24-h-Pro-duktion t	Auf 100 Kohle %	100 Erz % Eisen	Ofen-höhe m	Arbeiter-zahl	Gebläse	Heiß-luft-blasen
1	Eisenerz „Rupprecht"	1802	4,1—4,2	104—112	33—35	9,48	8—(9)	4 SB	
2	Eisenerz „Rupprecht"	1806	6,2	182	40	9,48		4 SB	
3	Eisenerz „Rupprecht"	1808	6,7	99	35	9,48			
4	Eisenerz „Rupprecht"	1810	6,9	110	37	9,17			
5	Eisenerz „Rupprecht"	1842—1844	9,4	104	37	11,38	12—13		
6	Eisenerz „Rupprecht"	1858	9,6	79	42	11,38	12	2 Z	++
7	Eisenerz „Rupprecht"	1858	14,0	60—70	50—52	11,38		2 Z	
8	Eisenerz „Wrbna"	1808	5,6	101	35	11,38		4 SB	
9	Eisenerz „Wrbna"	1810	6,8	94	40	11,38		4 SB	
10	Eisenerz „Wrbna"	1838—1843	9,6	100	37	11,38	12—13	K	+++
11	Eisenerz „Wrbna"	1843—1844	9,3	92	37	11,38		3 Z	
12	Eisenerz „Wrbna"	1858	13,2	71	40	11,38			
13	Eisenerz „Wrbna"	1859	15,8	60—70	50—52	11,38	12		
14	Radmer „Franz"	1810	6,8	113	35	9,48		6 Z	
15	Eisenerz „Franz"	1842—1847	10,3	89	41	11,38	12	8 Z	+
16	Eisenerz „Franz"	1858	9,6	79	38	11,38	12	2 Z	
17	Hieflau „Ludovica"	1838—1840	9,9	87	37,1				++++
18	Hieflau „Ludovica"	1843—1844	8,3	79	37,2				++
19	Hieflau „Ludovica"	1842—1847	8,9	71—78	39	11,38			
20	Hieflau „Ludovica"	1848	10,4	68	41	11,38		2 Z	
21	Hieflau „Ludovica"	1858	14,1	73	40	11,38	22	3 Z	
22	Hieflau „Ludovica"	1858		67	44	11,38	22		

Abkürzungen: SB Spitzbalg, K Kastengebläse, Z Zylindergebläse.
[1] Nr. 1: HKA Wien, Innerberger Hauptgewerkschaft, R. Nr. 4549, 1802, n 627; Nr. 2: Marcher, Beiträge I/3, Tafel VI; Nr. 3, 8: Marcher, Notizen 4 (1810), Tafel V; Nr. 4, 9, 14: Pantz-Atzl, Versuch, Tafel zu 169; Nr. 5, 10, 11, 18: Ferro, Innerberger Hauptgewerkschaft, 292; Nr. 6, 7, 12, 13, 16, 20, 21, 22: Rossiwal, Eisenindustrie, 126, 121, 124, 132; Nr. 15: F. Kindinger, Bemerkungen über eine 5½jährige Kampagne eines Hochofens zu Eisenerz, in: Jahrbuch für den Berg- und Hüttenmann des Österreichischen Kaiserstaates 1, hrsg. von J. B. K. Kraus (1848), 27f.; Nr. 19: Dietrich, Schmelz-Kampagne, 30ff.

Der technische Fortschritt im Eisenhüttenwesen 165

Tabelle 4. *Hochofenproduktion*[1] (*Vordernberg, Kärnten*)

Ort	Jahr	24-h-Produktion t	Auf 100 Kohle %	100 Erz % Eisen	Ofenhöhe m	Arbeiter	Gebläse	Heißluftblasen
1 Vordernberg, Radwerk VII	1807	7,0	68	44	6,01		4 SB	
2	1830	6,2	83		8,85	16	4 SB	
3	1849	16,1	75	45	12,64		?	+
4	1858	25,3	69	48	13,27	24	Z/D	+
5 Radwerk I	1804	3,4	119	38	5,69		SB	
6	1858	10,0	67	46	8,38	10	2 K	
7 Radwerk III	1804	3,1	134	29	5,69		SB	
8	1858	20,0	76	43	11,7	18	Z/D	+
9 Radwerk XII	1804	5,0	95	43	6,01		Z	
10	1858	10,9	69	43	8,48	10	Z	+
11 Radwerk XIV	1804	3,9	95	51	5,69		Z	
12	1858	10,6	69	42	8,93	10	Z	+
13 Lölling, Krnt.	1804	5,0	84	50	8,85		K	
14	1855	16,0	60	50	12,64	12	Z	+
15 Mosinz, Krnt.	1804	4,4	118	51	8,53		K	
16	1855	10,0	76	?	10,1	12	Z	
17 St. Leonhardt, Krnt.	1779—1785	1,7	204	37	6,32		B	
18	1785—1786	2,1	169	37	6,32		B	
19	1855	5,6	85	38	10,6	11	Z	+
20 St. Gertraudt, Krnt.	1779—1785	2,0	235	45	6,32		B	
21	1804	3,2	122	40	7,27		B	
22	1855	9,1	78	37	11,38		Z	+

Abkürzungen: Z/D doppelwirkendes Zylindergebläse, sonst wie bei Tabelle 3.

[1] Nr. 1, 5, 7, 9, 11: Marcher, Notizen 4 (1810), Tafel V; Nr. 2: Göth, Vordernberg, 83f.; Nr. 3: F. Sprung, Das Ritter v. Friedausche Eisenschmelzwerk, in: Berg- und Hüttenmännisches Jahrbuch der k. k. Montan-Lehranstalt zu Leoben 1, hrsg. von P. Tunner (1851), 195; Nr. 4, 6, 8, 10, 12: Rossiwal, Eisenindustrie, 205ff., 231; Nr. 13, 15, 17, 18, 20, 21: Marcher, Beiträge I/3, Tafel VI; Nr. 14, 16, 19, 22: Rossiwal, Eisenindustrie Kärnten, 152, 157, 50, 59.

keineswegs gleichzusetzen mit einem Kostenvorteil gegenüber Kokshochöfen, die mit einem höheren Brennstoffverbrauch, aber mit einem billigeren Brennstoff arbeiteten. Um beurteilen zu können, ob diese Einsparungen auch kostensenkend gewirkt haben bzw. einen höheren Gewinn abwarfen, müßte man noch die Entwicklung der Holzkohlen- und Roheisenpreise verfolgen, was hier nicht geleistet werden kann. Das Erzausbringen beim Schmelzen gerösteter Erze hat sich nicht wesentlich erhöht, der Sprung bei den Hochöfen der Innerberger Hauptgewerkschaft (Tab. 3, Nr. 6: 7, 12: 13, 21: 22) ist durch den Übergang vom ungerösteten zum gerösteten Erz bedingt, durch die Verbesserung der Erzröstung haben sich aber die Gestehungskosten des Erzes vermindert. Die Frage nach der Steigerung der Arbeitsproduktivität durch den technischen Fortschritt ist nur sehr vorsichtig zu beantworten. Angesichts der 3- bis 6fachen oder auch höheren Steigerung des Ausstoßes pro Ofen, dem eine Steigerung des Hochofenpersonals nur um ein Drittel oder höchstens um 100% gegenübersteht, dürfte kein Zweifel bestehen, daß die Produktivität, gemessen am Ausstoß pro Kopf der Bedienung zwischen 1800 und 1850 kräftig gestiegen ist. Allerdings würde die Produktivitätssteigerung bei einer sachgerechten, bei der jetzigen Quellenlage nicht zu leistenden Berechnung, die nicht nur die direkte Hochofenbedienung, sondern auch alle anderen Arbeiter, die zur Bedienung der technischen Einrichtungen eingestellt werden mußten, in Betracht ziehen müßte, um einiges niedriger ausfallen.

Seit dem Übergang zur Floßofen-, d. h. Hochofenproduktion ist die Roheisenproduktion der Alpenländer bis 1811 mit kleinen Schwankungen ständig gestiegen. Dem Rückfall, der 1814 seinen Tiefpunkt erreichte, folgte ein mäßiges Ansteigen, aber seit etwa 1822 setzte sowohl in Kärnten wie auch in der Steiermark ein ständiger Aufstieg ein. In den Jahrzehnten der wesentlichsten Verbesserungen des Holzkohlenhochofenbetriebes blieb auch weiterhin die Steiermark der größte Produzent (1847 — 27% der Produktion in der Monarchie). Der sprunghafte Aufstieg mit einer Verdoppelung der Produktion erfolgte aber zuerst in Kärnten, etwa zwischen 1837 und 1847 (von 17.349 t auf 35.786 t, dies waren etwa 20% der Produktion in der

Monarchie) und in der Steiermark zwischen 1847 und 1857 (von 47.324 t auf 84.509 t)[18].

Da die alpenländische Roheisenproduktion in demselben Raum auch verarbeitet wurde, war die Steigerung der Kapazität der Betriebe für Schmiedeeisen- und Stahlerzeugung eine grundlegende Voraussetzung für eine mehr oder weniger gleichgewichtige Entwicklung der gesamten Hüttenindustrie. Damit sind wir zum zweiten Schwerpunkt unseres Beitrages angelangt, wobei wir uns auch auf dem Gebiet der Schmiedeeisenerzeugung auf die Veränderungen der Produktionstechnik als Voraussetzung für eine Massenproduktion konzentrieren wollen.

Die einzige Methode der Schmiedeeisen- bzw. Stahlproduktion in den Alpenländern war bis in die 1820er Jahre das Eisenfrischen bzw. die Stahlfertigung in Herden und die mechanische Bearbeitung mit dem durch Wasserradantrieb bewegten Hammer. Das sog. Frischen ist im Grunde ein Oxydationsverfahren zur Entfernung hauptsächlich des überschüssigen Kohlenstoffes. Der in einem für das Frischen spezial zugestellten Herd ausgeführte Fertigungsvorgang bestand im wesentlichen aus dem Einschmelzen des Roheisens auf Holzkohle unter Luftzufuhr und dem Rühren der eingeschmolzenen Eisenmasse oder seiner Teile mit einer Stange, wodurch die Aussetzung aller Teile dem Luftstrom erreicht werden sollte. Die verfrischten Stücke wurden dann unter dem Hammer auf dickere Stangen (Grobeisen, ordinari Eisen, Zangeneisen) ausgeschmiedet, wobei der Zweck des Schmiedens nicht nur die Formgebung, sondern die Festigung der Materie war. Die weitere Verarbeitung, die nicht mehr zum Frischprozeß gehörte, erfolgte dann durch ein- oder mehrmaliges Ausheizen und Hämmern. Das Eisenfrischen

---

[18] Die Berechnungen fußen auf: Franz Friese, Die Bergwerksproduktion der österreichischen Monarchie (1852); Münichsdorfer, Roheisen-Produktion, 35; Rossiwal, Eisenindustrie, XXXIV; für die Zeit vor 1823: Göth, Vordernberg, Tafel 1 (nur Vordernberg 1786 bis 1835); Pantz, Innerberger Hauptgewerkschaft, 164 f. (nur Innerberger Hauptgewerkschaft 1625 bis 1783); Jacob Schließnigg, Einiges über die Geschichte des Eisenwesens in der Provinz Kärnten ..., in: Die steiermärkisch-ständische montanistische Lehranstalt zu Vordernberg 2 (1843), Tafel nach 193 (Kärnten 1799 bis 1841).

war der auf die physischen Kräfte und die Qualifikation des Arbeiters anspruchsvollste Arbeitsvorgang in der Eisenproduktion. Die Methoden des Herdfrischens waren, je nach Art des zu verfrischenden Roheisens und des erwünschten Produktes sehr verschieden. Peter Tunner registrierte 15 Abarten des Herdfrischens, im wesentlichen konnte man sie aber auf zwei Gruppen reduzieren, je nachdem, ob das Roheisen in einem oder in zwei Arbeitsgängen verfrischt wurde. Außer den Versuchen, anderswo entwickelte Frischmethoden zu übernehmen, was nicht selten fehlgeschlagen hat, und den Veränderungen der Auskleidung des Herdbodens (z. B. Löscharbeit — Schwallarbeit), bestanden die wichtigsten Verbesserungen des Herdfrischens in den zwanziger bis vierziger Jahren des 19. Jahrhunderts in der Vervollkommnung der Thermoökonomie, überwiegend durch die Verwertung der bis dahin ungenützt entweichenden Überhitze der Frischherde. Die wichtigsten Verbesserungen bestanden in dem Vorwärmen des Roheisens vor dem Einschmelzen, in der Überwölbung der Frischherde und in dem Einblasen erhitzter Gebläseluft[19]. Der wichtigste Effekt dieser Maßnahmen war die Verminderung des Holzkohlenverbrauchs, die anderen Meßwerte (Abbrand, d. h. Kalo, 24-Stunden-Produktion) haben sich bei den einzelnen Frischmethoden nicht wesentlich verändert (s. Tab. 5). Die Stahlerzeugung in Herden — noch in den 1850er Jahren, als das Hauptsortiment schon Eisenbahnschienen und andere Profileisensorten waren (ca. 35.000 t), produzierte die Steiermark etwa 5600 t und Kärnten etwa 2000 t Herdstahl[20] — verbrauchte selbstverständlich wesentlich mehr

---

[19] Zur Problematik des Herdfrischens insbesondere für Österreich: Peter Tunner, Gemeinfaßliche Darstellung der Stabeisen — und Stahlbereitung in Frischherden in den Ländern des Vereins zur Beförderung und Unterstützung der Industrie und Gewerbe in Innerösterreich, dem Lande ob der Enns und Salzburg. Oder: Der wohlunterrichtete Hammermeister (1846); ders., Die Stabeisen- und Stahlbereitung in Frischherden 1/2 (1858); ders., Beiträge.

[20] Berechnet aufgrund der Angaben bei Rossiwal, Eisenindustrie, Tafel nach XLVI; ders., Die Eisenindustrie des Herzogthums Kärnten im Jahre 1855, Mitteilungen aus dem Gebiet der Statistik 5/3 (1856), 33.

Tabelle 5. *Herdfrischen — Puddeln (mit Schweißen)*[1]

Frischmethode bzw. Ort des Puddelwerkes	Wo	Jahr	Auf 100 Grobeisen Roheisen	Kalo %	Auf 100 Grobeisen Kohle	24-h-Produktion t	Arbeiterzahl	Prod. pro Kopf t
1 Steirische Wallonschmiede	Stmk.	1780	107—110	7—9,5	322	0,36		
2 Steirische Wallonschmiede	Stmk.	1838	115	13	197	2,2	10	0,22
3 Schwallarbeit	Stmk.	1838	115	13	145	1,3	6	0,22
4 Schwallarbeit	Stmk.	1845	118	15	189	1,1	6	0,19
5 Weichzerrennarbeit	Stmk.	1838	118	15	256	1,2	8	0,15
6 Weichzerrennarbeit	Stmk.	1858	115	13	144	1,1	5	0,23
7 Blattlarbeit	Krnt.	1800	123	19	261	0,5	?	?
8 Blattlarbeit	Krnt.	1838	120	17	197	1,2	7	0,17
9 ⌀	Krnt.	1855	123	19	197—230	1,1	7	0,16
10 Kleinfrischerei	Krnt.	1855	122—133	18—25	112—158	0,7—0,9	7	0,12—0,15
11 Anlaufschmiede	Ung.	1790	128	22	297	0,5	6	0,12
12 Walchen/Mautern	Stmk.	1845	131	23,6	250 (BKL)	0,6	4	
13 Neuberg	Stmk.	1839	133	25	269 (H)	2,0		
14 Neuberg	Stmk.	1858	135	26	386 (BK + H)	4,1		
15 Frantschach	Krnt.	1839	127	21	284 (H)	1,4		
16 Frantschach/Zeltweg	Stmk./Krnt.	1858	131	23	246 (H + BK)	3,9		
17 Buchscheiden	Krnt.	1854	125	20	296 (T)	?		
18 Rohnitz	Ung.	1841	119	16	366 (H + HK)	1,8		
19 Rohnitz	Ung.	1856	129	22,5	289 (H)	3,1		

⌀ Landesdurchschnitt.

Abkürzungen: BKL Braunkohlenlösche, BK Braunkohle, H Holz, HK Holzkohle, T Torf.

[1] Nr. 1, 7: Marcher, Beiträge II/2, Tabelle 1, Beiträge II/1, 161 ff., 288 f.; Nr. 2, 3, 5, 8, 13, 15: Tunner, Beiträge 5, 53; Nr. 4: Ferro, Innerberger Hauptgewerkschaft, 307, 312; Nr. 6, 14, 16: Rossiwal, Eisenindustrie, 149, 33 ff., 288 f.; Nr. 9, 10, 17: Rossiwal, Eisenindustrie Kärnten, 23, 174 f.; Nr. 11, 18, 19: Paulinyi, Železiarstvo na Pohroní, 187; ders., K dejinám Hroneckých železiarní, 9; Nr. 12, 17: Zerrenner, Einführung, 93, 182.

Brennstoff, auf 100 kg Scharsachstahl wurden bis 700 kg Holzkohle verwendet[21].

Eine wesentliche Steigerung der Produktion in einer Produktionseinrichtung war durch die Verbesserungen des Herdfrischens kaum zu erreichen. Deshalb versuchte man die bestehenden Kapazitäten durch den Übergang von der traditionellen 16-Stunden-Schicht zu einer ununterbrochenen 24-Stunden-Produktion voll auszunützen. Anstatt aber zwei 12-Stunden-Schichten einzuführen, hat man die Belegschaft für einen Herd von 4 auf 6 Mann erhöht und wollte diese in einer 24-Stunden-Schicht arbeiten lassen, d. h. sie sollten am Arbeitsplatz abwechselnd arbeiten und schlafen. Dieses System, man kann es nicht anders als brutal bezeichnen, scheiterte allerdings an der völligen Erschöpfung der Arbeiter, und im Durchschnitt waren die Produktionsergebnisse der 24-Stunden-Produktion ungünstiger als bei den 16-Stunden-Schichten[22]. Für die Erhöhung der Schmiedeeisenproduktion bei Beibehaltung des Herdfrischens und der Hammerwerke blieb also als einzige Lösung eine eventuelle Vermehrung der Produktionseinrichtungen.

Abgesehen davon, daß über die Verbesserungen des Herdfrischens kein Weg zur Massenproduktion führte, vermochten diese das Grundproblem des Brennstoffmangels auch nicht zu

---

[21] Diese Höhe des Kohlenverbrauchs wäre ohne Erklärung irreführend. Der Aufwand war 714 kg Kohle für 100 kg Scharsachstahl. Allerdings fallen dabei auch andere, verwertbare Nebenprodukte an. 100 kg Roheisen geben nur 60 bis 70 kg Rohstahl, der Rest bis 90 kg sind verschiedene Eisensorten. 100 kg Rohstahl geben wiederum nur 78 kg Scharsachstahl, der Rest bis 93 kg ist verschiedener minderwertiger Stahl. So berechnet braucht 100 kg Scharsachstahl 128,2 kg Rohstahl, und diese Menge Rohstahl braucht 183,1 kg Roheisen. Das ergibt bei einem Kohlenverbrauch von 100% bei der Roheisenproduktion, 216% bei der Rohstahlproduktion und 176% bei der Scharsachstahlproduktion, insgesamt einen Kohlenverbrauch von 714%.

[22] Bei den Stahlfeuern in Donnersbach war bei dem 24-Stunden-Betrieb der Abbrand um 2,7% (11,44 : 8,94%) und der Kohlenverbrauch um 7,2% (207 : 193) höher als bei dem 16-Stunden-Betrieb. Rossiwal weist darauf hin, daß diese Erfahrungen (schlechtere Ergebnisse infolge der Erschöpfung der Arbeitskräfte und organisatorischer Probleme) bei den meisten Hammerwerken in der Steiermark gemacht wurden. S. Rossiwal, Eisenindustrie, 154.

lösen. Man konnte den Brennstoffverbrauch senken, nicht aber die Holzkohle durch andere Brennstoffe ersetzen. Sollten beide Probleme — Massenproduktion und Ersatz der Holzkohle — gelöst werden, mußte man das Herdfrischen verlassen und die damals modernsten Methoden des Frischens und der mechanischen Bearbeitung, nämlich das sog. Puddeln (Ofenfrischen) und das Walzen in der Produktion anwenden. Dies waren die Fertigungsmethoden, mittels deren es in England nach dem Übergang zum Kokshochofen gelungen ist, das Gleichgewicht zwischen den Kapazitäten der Schmelzanlagen und der Roheisenverarbeitung wenigstens für eine Zeit wiederherzustellen. Der wichtigste Vorteil des Puddelverfahrens war die Möglichkeit der Verwendung anderer Brennstoffe als die Holzkohle, weil beim Puddeln das zu verfrischende Roheisen auf einem Rost verarbeitet wurde, mit dem Brennstoff selbst also nicht in Berührung kam und so die in der Mineralkohle enthaltenen, dem Eisen schädlichen Elemente nicht aufnahm. Der Arbeitsvorgang selbst blieb eine noch mehr kräftezehrende Handarbeit als das Herdfrischen, die Kapazität der Öfen war aber wesentlich höher und deshalb war das Puddelverfahren für eine Massenproduktion besser geeignet. Trotzdem blieb das Eisenfrischen auch auf dieser Ebene der Engpaß der Hüttenindustrie, und die eine maschinelle Großproduktion repräsentierenden Walzstrecken bekamen einen gleichwertigen Zulieferer erst durch das Bessemerverfahren[23].

Da ein rentabler Walzbetrieb nur in Verbindung mit einem großbetrieblichen Frischverfahren zu erreichen war, hatte die Einführung des Eisenfrischens in Puddel- und Schweißöfen für den Übergang zur Großproduktion eine primäre Bedeutung. Das Kernproblem in den Alpenländern war auch hier die Brennstofffrage, die Substitution des Holzes durch Brennstoffe, deren Verbrauch nicht am Grundstock des Brennstoffes für die Schmelzbetriebe nagte.

---

[23] Über die Bedeutung des Walzverfahrens für die maschinelle Produktion vgl.: Akos Paulinyi, Die Betriebsform im Eisenhüttenwesen zur Zeit der frühen Industrialisierung in Ungarn, in: Beiträge zu Wirtschaftswachstum und Wirtschaftsstruktur im 16. und 19. Jahrhundert (hrsg. von Wolfram Fischer), Schriften des Vereins für Socialpolitik, N. F. 63 (1971), 235 f.

Aus dieser Sicht lösten die ersten Puddelbetriebe der Alpenländer in Frantschach (1830) und in Neuberg (1838) — ohne ihre bedeutende Pionierrolle bezweifeln zu wollen — das Problem nur teilweise. Sie wiesen den Weg zur Massenproduktion, waren aber am Anfang beide auf Holzfeuerung eingerichtet und schnitten also ein gutes Stück von demselben Kuchen ab, der auch die Hochöfen ernährte. Am Beispiel des in der Nähe der Schmelzwerke gebauten Frantschacher Puddelwerkes, das binnen 33 Jahren seiner Existenz zweimal demontiert wurde, kann man sehr deutlich erkennen, daß es bei Beibehaltung der Holzfeuerung praktisch nicht möglich war, den gesamten Hüttenbetrieb vom Erzschmelzen bis zum Profileisen räumlich zu konzentrieren, daß dies am Brennstoffmangel oder/und an der Wasserkraft scheiterte und letzten Endes jene Fertigungsphasen, die mit anderen Brennstoffen zu betreiben waren, verlegt werden mußten[24].

Außer Holz standen in den Alpenländern nur sog. minderwertige Brennstoffe, wie Braunkohle und Torf, zur Verfügung. Zwar gab es schon seit dem 18. Jahrhundert Versuche, Torfkohle im Schmelzprozeß zu verwenden, sie kamen aber über das Experimentalstadium nicht hinaus. Von grundlegender Bedeutung für die metallurgische Verwertung minderwertiger Brennstoffe in den Alpenländern waren die in den 1830er und 1840er Jahren durchgeführten Versuche, Braunkohle und Torf bei der Roheisenverarbeitung in Puddel- und Schweißöfen zu verwenden, von denen wir hier nur die wichtigsten anführen wollen.

Die Verwendung der Braunkohle für das Puddelverfahren wurde zuerst in Kärnten, in dem Puddel- und Walzwerk in Prävali (heute Jugoslawien) durchgeführt. Der Gedanke, Braunkohle zur Feuerung der Puddelöfen zu verwenden, war die Grundlage der Überlegungen des führenden Unternehmers A. v. Rosthorn, in Prävali, anstatt der dort zwischen 1824 und 1828 betriebenen Zinkhütte am Miesbach, zu der auch die Braunkohlenlager in der Liescha gehörten, ein Puddelwerk ein-

---

[24] Zu Frantschach und Neuberg: Rossiwal, Eisenindustrie Kärnten, 45 f., 61 f.; Wießner, Kärntner Bergbau, 294, 296; Rossiwal, Eisenindustrie, 1 ff.

zurichten. Es wurde zwar von der Wolfsberger Eisenwerksgesellschaft (1832) errichtet, nachdem aber die Versuche von 1835 bis 1837 keinen Erfolg mit der Verwendung von Braunkohle brachten, übernahm v. Rosthorn Prävali in Eigenbesitz, holte sich den vorher in Frantschach tätigen, hervorragenden Fachmann Josef Schlegel und setzte die Versuche unverdrossen fort. Trotz aller Bemühungen wollte es aber nicht gelingen, im Ofen eine ausreichende Schweißhitze zu erreichen, und bevor die Fachleute selbst herausfinden konnten, wo der Fehler in der Ofenkonstruktion lag, gab ihnen im Jahre 1840 eine Betriebsstörung den entscheidenden Hinweis. Bei einem der Versuche ist nämlich ein Teil der sog. Fuchsbrücke — des Abzuges — eingebrochen, dies hatte einen stärkeren Luftzug zur Folge und dadurch wurde im Ofen eine höhere Hitze erreicht. Nach Abänderung der Ofenkonstruktion war das Problem gelöst und das Puddel- und Walzwerk Prävali wurde schnell ausgebaut. Es blieb auch weiterhin führend auf dem Gebiet der Braunkohlenfeuerung, spezialisierte sich auf die Erzeugung von Eisenbahnbedürfnissen und war in den fünfziger Jahren, nach Witkowitz in Mähren, das zweitgrößte Schienenwalzwerk in der Monarchie[25].

Ein weiterer Schritt auf dem Gebiet der Verwertung minderwertiger Brennstoffe war die 1841 im Eisenwerk in Rottenmann (Steiermark) angewendete Feuerung der Puddelöfen mit lufttrocknetem Torf, der eigentliche Durchbruch in der Verwertung minderwertiger Brennstoffe erfolgte aber durch die Einführung der Gasfeuerung. War die Verwendung der Hochofengase für metallurgische Zwecke sowohl im Schmelzbetrieb wie auch beim Ofenfrischen das Verdienst des Württembergers Fabre du Faur, so spielte der österreichische Hüttenfachmann Karl von Scheuchenstuel eine führende Rolle bei der Verwendung künstlich erzeugter Gase (Generatorgas) aus minderwertigen Brennstoffen zur Heizung der Puddelöfen. Die Anregung

---

[25] Rossiwal, Eisenindustrie, 70 ff.; Carl Zerrenner, Einführung, Fortschritt und Jetztstand der metallurgischen Gasfeuerung im Kaiserthume Österreich (1856), 210 ff.; Josef Schlegel, Die Eisenhütte zu Prevali in Unterkärnten, in: Die steiermärkisch-ständische montanistische Lehranstalt zu Vordernberg 1 (1842), 211 ff.

gaben die Versuche Fabre du Faurs, denen v. Scheuchenstuel beiwohnte, und in den Jahren 1839 bis 1841 experimentierte er in der Hütte zu Jenbach in Tirol und in Werfen im Salzburgischen mit der Erzeugung von Generatorgas aus Holzkohlenlösche. Nach der Versetzung in die Steiermark führte v. Scheuchenstuel mit Unterstützung der Montanbehörde seine Versuche in St. Stephan fort, verwendete aber hier als Rohstoff Braunkohlenlösche und erbrachte den Beweis, daß dieser bis dahin praktisch wertlose Abfall zur Erzeugung von Generatorgas und dieses zur Puddelofenfeuerung zu verwenden ist. Kurz darauf erfolgte die Einführung der Gasfeuerung auf Braunkohlenbasis in die Produktion, als im September 1843 im v. Fridauschen Hüttenwerk in Walchen bei Mautern (Steiermark) ein Puddel- und ein Schweißofen, die mit Generatorgas aus Braunkohlenlösche geheizt waren, in Betrieb gestellt wurden[26].

Die erfolgreichen Experimente v. Scheuchenstuels, ergänzt durch verschiedene Adaptionen des Generatorgasprinzips für Torf sowie durch die Lösung des Problems der direkten Feuerung mit Braunkohlenlösche (auf sog. Treppenrosten) — in diesem Zusammenhang sind J. Schlegel und A. Müller mindestens zu erwähnen —, ermöglichten die volle Ausnützung der Braunkohlen- und Torflagerstätten der Alpenländer für den Hüttenbetrieb und das Überhandnehmen des Puddel- und Walzwerkbetriebes bei der Verarbeitung des Roheisens. Schon die ersten Betriebsergebnisse aus Walchen, wo nach einem neunmonatlichen Durchschnitt für 100 kg Frischeisen (Blechflammen) bei einem Kalo von 23,6% nur etwa 250 kg Braunkohlenlösche verbraucht wurden, lieferten den Nachweis, daß der Übergang zum Puddelbetrieb nicht nur der einzige Weg zur Verwertung minderwertiger Brennstoffe, sondern auch der zur Kostensenkung und insgesamt zum Großbetrieb ist. Der Übergang vollzog sich im wesentlichen in den 1840er bis 1850er Jahren. Zwar bildeten die Eisenwerke mit Herdfrisch-

---

[26] Dazu: Zerrenner, Einführung, 60 f., 90 ff.; Peter Tunner, Notizen über die zu St. Stephan in Steiermark vorgenommenen Versuche..., in: Die steiermärkisch-ständische montanistische Lehranstalt zu Vordernberg 2 (1843), 257 ff.

betrieb und Hämmerwerken noch die Mehrzahl der Betriebe sowohl in Kärnten wie auch in der Steiermark, ausschlaggebend aber war, daß um das Jahr 1855 etwa 58% der Roheisenverarbeitung in Kärnten und ca. 70% jener in der Steiermark in Puddel- und Walzwerken vor sich ging. Durch die neue Brennstoffbasis ergab sich selbstverständlich eine Verschiebung der Produktionszentren, wobei in der Steiermark insbesondere der Leobner Raum in den Vordergrund getreten ist[27].

Die wichtigsten Produktionsergebnisse in einigen alpenländischen Puddelbetrieben sind in der Tabelle (s. Tab. 5) dargestellt. Bei ihrem Vergleich mit dem Frischbetrieb darf man nicht vergessen, daß diese Ergebnisse an dem Produkt nach dem Schweißen gemessen sind, was unter Umständen ein hochwertigeres Produkt gewesen ist als das Grobeisen aus Frischfeuern. Der wesentlichste Effekt war die Verwendung minderwertiger Brennstoffe und die dadurch und durch die größere Kapazität der Puddelöfen ermöglichte Steigerung der Produktion. Der Kohlenverbrauch bei den Frischfeuern lag niedriger, aber dies ist ein nur scheinbarer Vorteil. Der perzentuell höhere Brennstoffverbrauch beim Puddelverfahren geht auf die Rechnung des niedrigeren Brennwertes der angewandten Brennstoffe, stellt aber de facto einen wesentlich niedrigeren Kostenpunkt dar. So z. B. kosteten in Eibiswald (Steiermark) 1858 100 kg Holzkohle ca. 242 kr und 100 kg Braunkohle ca. 45 kr, wobei dieses Beispiel weder extrem hohe Holzkohlen- noch extrem niedrige Braunkohlenpreise darstellt[28]. Die Frage der Arbeitsproduktivität in den Puddelbetrieben konnten wir bei dieser Gelegenheit noch nicht berechnen. Es ist zwar ein Leichtes, diese auf der Basis eines Betriebes (Ausstoß : Arbeiterzahl) zu berechnen, dies aber liefert keine Möglichkeit des Vergleiches mit dem Herdfrischen, wo sich die Angaben meistens auf einen Herd beziehen. Aufgrund der Resultate des Puddelbetriebes in anderen Hüttenzentren besteht allerdings kein Zweifel, daß nach Überwindung

---

[27] Die Ergebnisse in Walchen: Zerrenner, Einführung, 91. Anteil der Puddeleisenproduktion: Rossiwal, Eisenindustrie Kärnten, 22; ders., Eisenindustrie, XLI.

[28] Kohlenpreise umgerechnet auf Preise pro 100 kg aufgrund der Daten bei Rossiwal, Eisenindustrie, 380, 397.

der ersten Kinderkrankheiten des neuen Verfahrens sich auch eine Steigerung der Arbeitsproduktivität gegenüber dem Herdfrischen eingestellt hat[29].

Indem wir uns bisher nur auf die kurze Darstellung des technischen Fortschrittes und einiger seiner Auswirkungen konzentriert haben, mag vielleicht der Eindruck entstanden sein, daß die Veränderungen der Produktionstechnik reibungslos, ohne Widerstände und Konflikte durchgeführt worden sind. Dies war keineswegs der Fall. Abgesehen von der Lösung technischer Probleme mußten bei der Einführung der neuen Technik viele Hindernisse überwunden werden. Bis in die zweite Hälfte des 18. Jahrhunderts wirkten sich die bestehenden staatlichen wirtschaftspolitischen Maßnahmen zur Reglementierung der Eisenproduktion negativ auf die Verbreitung des Floßofens bzw. auf die Verbesserung des Schmelzbetriebes in schon bestehenden Floßofenwerken aus. Die wegen Holzkohlenmangel erfolgte Limitierung der Produktion auch bei Floßöfen wirkte eigentlich gegen die Bemühungen der Staatsverwaltung um die Erhöhung und Verbesserung der Eisenproduktion. Unternehmer, die schon Floßofenbetriebe hatten, versuchten unter Ausnützung dieser Limitierungspolitik und dem Mißbrauch aller denkbaren Mittel, die Erteilung weiterer Konzessionen für Floßöfen zu verhindern. Bekannt ist der Fall der Gebrüder Rauscher am Hüttenberg in Kärnten, die wegen dem massiven Druck der anderen Gewerken (v. Kellerstein, Egger, Stadt St. Veit, v. Christallnig) vorerst von 1747 bis 1754 auf die Konzession für einen Floßofen warteten und dann 1755 durch Intrigen der drei erstgenannten und des Vizedomats des Erzstiftes Salzburg die Auslöschung ihres kaum in Betrieb gestellten Floßofens hin-

---

[29] In einem der größten staatlichen Walzwerke der Monarchie, in Brezowa in Ungarn (Podbrezová, Slowakei), kamen auf einen Arbeiter im Jahresdurchschnitt 22,6 t Eisenbahnschienen, beim Frischherd und Streckhammerbetrieb aber nur 13,5 t Streckeisen. Nun ist ein solcher Vergleich, der eine Produktivitätssteigerung von 76% ausweist, auch nicht exakt, weil die Puddelwerke in 24-Stunden-Betrieb, die Hammerwerke aber nur in 16-Stunden-Betrieb gearbeitet haben. Die Daten bei Paulinyi, Zeleziarstvo na Pohroní v 18. a v prvej polovici 19. storocia (1966), 89; ders., K dejinám Hroneckých zeleziarní v rokoch 1855—1865, Historické stúdie 6 (Bratislava 1960).

nehmen mußten[30]. Nachdem die Rauschers dank dem energischen Durchgreifen der Kammerbehörde endlich ihren Schmelzbetrieb fortführen durften, finden wir sie 20 Jahre später in den Reihen der Hüttenberger Unternehmer, die diesmal alle Register zogen, um die Erhöhung der Produktionsquote für die v. Kellersteinschen Erben (Floßofen in der Heft) zu verhindern[31]. Nachdem Hindernisse dieser Art durch die josefinischen Maßnahmen aus dem Wege geräumt worden sind, hatte die Einführung technischer Verbesserungen freie Bahn. Im 19. Jahrhundert standen dem technischen Fortschritt selbstauferlegte restriktive Maßnahmen, die eine gleichmäßige Verteilung der Kohlenvorräte bzw. der Erze zum Ziele hatten, hauptsächlich in Vordernberg im Wege. Die in dem Vertrag von 1829 verankerte konstante Erzzuteilung an die einzelnen Radwerke — sie reichte nicht einmal für die optimale Ausnützung der bestehenden Kapazitäten — waren kein Anreiz für technische Verbesserungen und es war kein Zufall, daß das führende Schmelzwerk in Vordernberg das v. Eggersche Radwerk Nr. VII gewesen ist, jenes, das sich dem Vertrag von 1829 nicht angeschlossen hat. Im allgemeinen aber standen im 19. Jahrhundert der Einführung technischer Neuerungen im Hüttenwesen keine wirtschaftspolitischen Maßnahmen im Wege. Eher umgekehrt, die österreichische Montanverwaltung, die ja selbst zu den größten Unternehmern im Alpenraum zählte, war dem technischen Fortschritt aufgeschlossen und gewährte nicht nur den v. Scheuchenstuelschen Versuchen, sondern auch der praktischen Anwendung anderer Neuigkeiten die nötige Unterstützung. Neben ihr sind wenigstens die Verdienste Peter Tunners und der Vordernberger montanistischen Lehranstalt zu erwähnen. P. Tunner leistete nicht nur persönlich mit Rat und Tat Hilfe bei der Verpflanzung technischer Neuigkeiten, sondern sorgte durch seine publizistische Tätigkeit in Broschüren, Zeitschriften und Handbüchern für die Verbreitung

---

[30] Dazu: Friedrich Münichsdorfer, Geschichte des Hüttenberger Erzberges (1870), 202 ff.; HKA Wien, Münz- und Bergwesen, R. Nr. 165 (Hauptrelation v. Kofflers vom 8. Juli 1757).

[31] HKA Wien, Münz- und Bergwesen, R. Nr. 1491, folio 459 ff. (Bericht vom 9. Juni 1775).

von Fachkenntnissen und die Bekämpfung vieler Vorurteile sowohl unter den Hüttenleuten wie auch in der Öffentlichkeit. Beides war sehr wichtig, weil bei der Einführung der neuen Technik galt es nicht nur Unternehmer zu finden, die die damit verbundenen Investitionen und die Kosten der manchmal sehr langwierigen Experimente nicht scheuten, sondern es mußten auch Vorurteile sowohl der unmittelbaren Produzenten wie auch der Konsumenten gegenüber dem neuen Produktionsverfahren und dem neuen Produkt überwunden werden. Ob bei der Einführung der Floßöfen, bei der Einführung der erhitzten Gebläseluft beim Schmelzen und Frischen oder beim Übergang zum Puddeln und zum Walzen, immer wieder tauchten Klagen und Reklamationen auf, die nur zum Teil in der schlechten oder nur veränderten Qualität der Produkte, viel mehr aber in dem Mißtrauen gegen das Neue und das Ungewohnte begründet waren. Die Arbeiter in den Frisch- und Hammerwerken wären am liebsten allen Neuerungen aus dem Wege gegangen. Nicht ganz ohne Grund, weil die Schwierigkeiten in der Anfangsphase (niedrigere Produktion, mehr Abfall, Betriebsstörungen) haben sich letzten Endes in Lohnkürzungen und in schlechteren Arbeitsbedingungen niedergeschlagen. Viele Hüttenleute — wie dies in Beiträgen auf den Seiten des Frankensteinschen Innerösterreichischen Industrie- und Gewerbeblattes am Anfang der 1840er Jahre nachzulesen ist — zogen für die alte gute Qualität des Hammereisens und Stahls, gegen das Puddel- und Walzeisen ins Feld, ein Argument, das so schwer wog, daß man die ersten gewalzten Produkte noch nachträglich unter dem sog. Planirhammer geglättet hat, um dem Stabeisen das gewohnte Aussehen der guten alten Ware zu geben. So viel, wenigstens ganz kurz, zu diesem Fragenkomplex, der auch eine selbständige Bearbeitung verdienen würde.

Infolge der kurz geschilderten Veränderungen sowohl beim Erzschmelzen wie auch bei der Produktion von Schmiedeeisen hat die alpenländische Eisenindustrie bis in die sechziger Jahre des 19. Jahrhunderts ihre führende Rolle in der Monarchie, trotz der fehlenden Steinkohlengrundlage, noch behaupten können. Sie konnte der steigenden und veränderten Nachfrage durch Erhöhung der Produktion und Veränderung des Sortiments nachkommen. Durch die Übernahme technischer Neuigkeiten im Hochofenbetrieb, durch die selbständige Lösung der technischen Probleme für die Verwendung der vorhandenen Brennstoffe bei der Roheisenverarbeitung, ist es der alpenländischen Eisenindustrie trotz der unumgänglichen Beibehaltung der Holzkohlenbasis im Schmelzbetrieb gelungen, die Leistungsfähigkeit in bezug auf Wirtschaftlichkeit den von der modernen Massenproduktion gesetzten Maßstäben anzunähern. Dieser technische Fortschritt im Holzkohlenhochofenbetrieb — W. Schuster sprach von der Glanzzeit der Holzkohlenhochöfen zwischen etwa 1840 und 1875 — und in der Roheisenverarbeitung war allerdings ohne die große Umwälzung des Eisenhüttenwesens auf der neuen Koksbasis, die ein wesentlicher Bestandteil der industriellen Revolution gewesen ist, nicht denkbar. Alle technischen Neuigkeiten wurden von dieser hervorgebracht bzw. angeregt, und man mußte sie aufgrund der eigenen Verhältnisse adaptieren oder weiterführen, wie dies bei der Verwertung der Gichtgase zur Lufterhitzung und in den Alpenländern bei der Verwertung minderwertiger Brennstoffe zum Puddeln geschehen ist.

Die Frage nach der Steigerung der betriebswirtschaftlichen Produktivität durch den technischen Fortschritt bleibt in concreto zum Teil unbeantwortet. Zwar deuten die zur Verfügung stehenden Daten über das Verhältnis zwischen dem Tagesausstoß eines Hochofens oder Puddelofens und zwischen dem dazu benötigten Arbeitspersonal auf eine Steigerung der technischen Produktivität, aus schon erwähnten Gründen ist dies aber nur selten exakt und ohne grobe Fehlerquellen in Zahlen nachzuweisen. Für die Errechnung der Wertproduktivität reicht das bislang vorliegende gedruckte Material schon überhaupt nicht aus. Nun scheint es mir, daß in der behandelten Zeit die Steigerung der betriebswirtschaftlichen Produktivität nicht das Ausschlaggebende gewesen ist. Viel wichtiger war es bei den gegebenen Rohstoffquellen und Transportverhältnissen durch die Einführung aller anwendbaren technischen Neuerungen, den Übergang zur Massenproduktion im Hüttenwesen zu erreichen. Bei dem relativ niedrigen Anteil der Arbeitslöhne an den Gestehungskosten, insbesondere im Schmelzbetrieb, aber auch in der Roheisenverarbeitung in Puddel- und Walzwerken — wenn auch in einem anderen Verhältnis —, war die Steigerung der Arbeitsproduktivität nur zweitrangig gegenüber der Senkung des Brennstoffverbrauchs bzw. der Möglichkeit der Substitution der Holzkohle durch minderwertige Brennstoffe. Damit soll die Frage nach der Steigerung der Produktivität nicht aus der Welt geschafft werden, um sie aber beantworten zu können, muß mit dieser Fragestellung an das schon öfters ausgewertete Quellenmaterial herangetreten werden.

Heinrich Kunnert

BERGBAUWISSENSCHAFT UND TECHNISCHE NEUERUNGEN IM 18. JAHRHUNDERT

Die „Anleitung zu der Bergbaukunst" von Chr. Tr. Delius (1773)

Mitte Juni 1973 jährte sich der Tag zum zweihundertsten Mal, an dem die „Anleitung zu der Bergbaukunst nach ihrer Theorie und Ausübung nebst einer Abhandlung von den Grundsätzen der Bergkammeralwirtschaft" aus der Feder von Christoph Traugott Delius, wirklicher k. k. Hofkommissionsrat in der Hofkammer im Münz- und Bergwesen beim k. k. Hofbuchdrucker- und Buchhändler Johann Thomas von Trattner in Wien erschienen ist. Maria Theresia hatte Mitte Februar 1773 die Erlaubnis erteilt, daß das Werk auf Kosten des Ärars gedruckt und ihr zugeeignet werden dürfe[1].

Wenn auch 1769 nach der Gründung der Bergakademie Freiberg in Sachsen ein 1740 vom dortigen Edelsteininspektor J. G. Kern verfaßtes Manuskript nach Überarbeitung durch Oberbergmeister F. W. v. Oppel als „Bericht vom Bergbau" in Freiberg/S erschienen ist, so steht doch zweifellos fest, daß es sich bei der „Anleitung zu der Bergbaukunst", dessen Darstellung ausführlicher und umfangreicher ist und die zugleich auf dem neuesten Stand der Wissenschaft und Betriebspraxis beruht, um das erste ausdrücklich für den akademischen Unterricht an einer Bergakademie herausgegebene Lehrbuch der Bergbaukunde handelt[2].

---

[1] Heinrich Kunnert, „Anleitung zu der Bergbaukunst", Österreichische Hochschulzeitung 25/14 (1973), 10.

[2] Johann Jacob Nöggerath, Die bergmännischen Lehranstalten in den k. k. österreichischen Staaten, Zeitschrift für Berg-, Hütten- und Salinenwesen im preußischen Staat 5 (1858), 11. Hans Baumgärtel, Vom Bergbüchlein zur Bergakademie (Freiberger Forschungs-

Delius, der einem deutschen Adelsgeschlecht entstammt, das ursprünglich in Holstein und Mecklenburg ansässig war, wurde im Jahre 1728 in Wallhaus (Thüringen) geboren. Er studierte in Wittenberg Jurisprudenz sowie Mathematik und Naturwissenschaften und erhielt im Jahre 1751 durch Vermittlung seines älteren Stiefbruders Heinrich Gottlieb Justi, der als bedeutendster Systematiker der Kameralistik gilt und seit 1750 an der Theresianischen Akademie in Wien Beredsamkeit und Nationalökonomie lehrte[3], von Maria Theresia ein Stipendium zum Besuche der Bergschule in Schemnitz im damaligen Niederungarn (heute Banská Štiavnica, ČSSR)[4].

Der Unterricht an der mit Hofkammerdekret vom 22. Juni 1735 gegründeten Schemnitzer Bergschule sollte so geregelt werden, wie die im Jahre 1717 begonnene Ausbildung von vier „Berg-Discipl" in Joachimsthal, für die von Karl VI. im Jahre 1733 eine eigene Instruktion erlassen wurde. Allerdings wurde die Joachimsthaler Ausbildung bald von der Schemnitzer Schule überflügelt, sie dürfte auch bald eingegangen sein, jedenfalls ist im Jahre 1747 nur mehr von Bergschulen in Schemnitz, Schmöllnitz und Oravica die Rede. Die Schemnitzer Berg-

---

hefte, D 50, 1965), 146 ff. Günther B. Fettweis, Über die Bergbaukunde als Wissenschaft des Bergbaues, Montan-Rundschau 18 (1970), 239. Werner Arnold, Technische Höhepunkte im europäischen Bergbau des 15.—18. Jahrhunderts bei weiterem Vordringen in die Tiefe, in: Eroberung der Tiefe (1973), 119 ff., allerdings werden die technischen Fortschritte im Schemnitzer Bergbau überhaupt nicht erwähnt. Dagegen muß Franz Kirnbauer, Kerns Abhandlung vom Bergbau (Leobener Grüne Hefte, 100, 1973), 50, widersprochen werden, wenn er meint, aus dem „Kern-Oppel-Buch" sei das „Delius-Buch" entstanden.

[3] Ulrich Troitsch, Ansätze technologischen Denkens bei den Kameralisten des 17. und 18. Jahrhunderts (Schriften zur Wirtschafts- und Sozialgeschichte 5, 1966), 99 ff. Günther Wiegand, Rußland im Urteil des Aufklärers Christoph Schmidt, genannt Philseldek, in: Die Aufklärung in Ost- und Südosteuropa (Studien zur Geschichte der Kulturbeziehungen in Mittel- und Osteuropa, 1972), 66.

[4] Johann Mihalovits, Kurzer Lebenslauf und Arbeiten des ersten Bergbauprofessors der Schemnitzer Bergakademie Christoph Traugott Delius (Mitteilungen der berg- und hüttenmännischen Abteilung der Kgl. ung. Palatin-Joseph-Universität für Technische und Wirtschaftswissenschaften, Fakultät für Berg-, Hütten- und Forstwesen zu Sopron

schule errang durch die Persönlichkeit ihres ersten Leiters Samuel v. Mikoviny, eines hervorragenden Geodäten und Mathematikers, einen besonderen Ruf. Neben Instruenten (Lehrmeister) für die praktischen Fächer besorgte Mikoviny die Ausbildung der Stipendiaten in den theoretischen Fächern Mathematik, Mechanik und Hydraulik. Gab es bis zum Beginn des 18. Jahrhunderts im allgemeinen keinen geordneten montanistischen Unterricht und erfolgte die Ausbildung der Nachwuchskräfte im Betrieb nur handwerksmäßig, so war nunmehr mit Rücksicht auf die Entwicklung der Naturwissenschaften und den erhöhten Bedarf an fachlich geschulten Oberbeamten für die ärarischen Bergwerke eine systematische Ausbildung der angehenden Bergingenieure in den einzelnen Spezialgebieten notwendig geworden[5].

Christoph Traugott Delius schloß an der Bergschule in Schemnitz im Jahre 1753 sein zweijähriges Studium ab und erhielt anschließend — wie vorgeschrieben — im Schemnitzer und Schmöllnitzer Bergbau als Bergwerkspraktikant seine weitere praktische Ausbildung. Der fähige und fleißige, mitunter aber auch recht eigenwillige junge Montanist erklomm in rascher Folge die einzelnen Stufen der Laufbahn eines Bergwerksbeamten[6]. Am 10. April 1764 wurde er über Antrag der Banater Bergwerksdirektion „in Ansehung seiner in Bergsachen praktizierten Fähigkeiten bzw. sonderbaren Diensteifers" zum zweiten Assessor der Banater Bergdirektion und des Berggerichtes bestellt[7]. Gerade in diesen Jahren erfolgten entschei-

---

9, 1937), 4 ff. Durch Vermittlung des Herrn Dr. Árpád Koska, Miskolc, erhielt ich einen Mikrofilm dieser Publikation von der Bibliothek der Universität für Schwerindustrie in Miskolc, wofür ich Dank zu sagen habe. Gábor Bóday, Leben und Werk des Christoph Traugott Delius, Der Anschnitt, 19/3 (1967), 3.

[5] Anton Hornoch, Zu den Anfängen des höheren bergtechnischen Unterrichtes in Mitteleuropa, Berg- und Hüttenmännische Monatshefte 89 (1941), 19 ff. Johann Mihalovits, Die Entstehung der Bergakademie in Selmecbánya (Schemnitz) und ihre Entwicklung bis 1846 (Historia eruditionis superioris rerum metallicarum et saltuariarum in Hungaria 1735—1935, 2, 1938), 7 ff.

[6] Mihalovits, Delius, 7 ff.

[7] Österreichisches Staatsarchiv, Abt. Finanz- und Hofkammerarchiv, Münz- und Bergwesen (M. u. B.), 1764, rote n 253, fol. 758—760.

dende Änderungen in der Organisation des höheren Bergschulwesens, die auch für Delius von besonderer Bedeutung werden sollten.

Im Mai 1762 legte der Registrator des Böhmischen Oberst-Münz- und Bergmeisteramtes in Prag Thaddäus Peithner Maria Theresia den Entwurf eines Studienplanes für ein bergakademisches Studium an der Universität Prag vor, der vornehmlich Studien auf dem Gebiete der Physik oder historia naturalis subterranea, des Bergwesens, des Hüttenwesens und insbesondere des Bergrechtes vorsah. Außerdem wurde die Schaffung einer Bibliothek, einer Mineraliensammlung, einer Modellsammlung von Bergwerksmaschinen und eines Laboratoriums angeregt. Dieser Vorschlag sowie die Notwendigkeit, das montanistische Studium den neuesten Erkenntnissen der Naturwissenschaften anzupassen, was auch im Sinne der Aufklärung gelegen war[8], veranlaßte zu Ende des Jahres 1762 intensive Beratungen der zuständigen Hofstellen unter Zuziehung des kaiserlichen Promedicus Gerhard van Swieten unter Vorsitz des Hofkammerpräsidenten Grafen Siegfried von Herberstein, deren Ergebnis ein am 20. Dezember 1762 der Landesherrin unterbreiteter gemeinsamer Vortrag der böhmischen und österreichischen Hofkanzlei sowie der Hofkammer war. Mit einer daraufhin ergangenen Entschließung verfügte Maria Theresia „... zum Behufe des Publici und mehrerer Aufnahme des ganzen Montanisticum vorzüglich zur Heranziegelung mehrerer in der Metallurgie, besonders im Schmelzwesen erfahrener Subjecta zur Dirigierung des Bergbaues und der gemeinen Arbeiter" die Errichtung einer „practischen Lehrschule" in Schemnitz für die gesamten Erbländer auf kaiserliche Kosten. Schemnitz wurde als der geeignetste Ort angesehen, weil dort die für die Ausbildung im Berg- und Hüttenwesen notwendigen Einrichtungen vorhanden sind. Die Ausbildung sollte in Theorie und Praxis in gleicher Weise durchgeführt werden und zwar in zwei Jahrgängen. Den philosophischen Fakultäten der Universitäten wurde aufgetragen, mehr Kenntnisse aus den Bergbauwissenschaften zu vermitteln. Die Schule hatte öffentlichen

---

[8] Eduard Winter, Barock, Absolutismus und Aufklärung in der Donaumonarchie (1971), 108 f.

Charakter, ihr Besuch war unentgeltlich. Voraussetzung für den Besuch der Bergschule war die Beibringung eines Zeugnisses aus Arithmetik und Geometrie. Unbemittelte, fleißige Schüler sollten ein Stipendium erhalten. Außerdem war vorgesehen, daß in Hinkunft nur mehr Absolventen dieser Schule im ärarischen Dienst verwendet werden sollten. Schließlich wurde Peithner als Professor „sämmtlicher Bergwissenschaften" an der Universität Prag ernannt[9]. Die alte Bergschule wurde nach Errichtung der neuen Lehranstalt im Jahre 1763 aufgelassen.

In Ausführung der erwähnten Entschließung der Landesfürstin wurde über Vorschlag van Swietens am 13. Juni 1763 der aus Leiden stammende Nicolaus Josef Jacquin, ein berühmter Naturforscher, als Professor für Mineralogie, Chemie und Metallurgie bestellt, doch nahm dieser seine Lehrtätigkeit erst am 1. September 1764 auf, um vorerst die Einrichtung eines Laboratoriums samt Schmelzöfen in die Wege zu leiten. Mit Rücksicht auf die Bedeutung des Maschinenwesens im Bergbau ergab sich die Notwendigkeit, auch eine Lehrkanzel für Mathematik, Physik und Maschinenwesen zu schaffen, die am 13. August 1765 mit dem Direktor des Grazer Oberservatoriums und des dortigen physikalischen Kabinetts, P. Nikolaus Poda von Neuhaus, der sich ebenfalls eines hervorragenden wissenschaftlichen Rufes erfreute, besetzt wurde[10]. Es erscheint wohl unbestritten, daß die Träger des technischen Fortschritts im Bergbau mathematisch und naturwissenschaftlich geschulte Männer gewesen sind. Die Anwendung der Mathematik im Markscheidewesen, der Chemie und Physik in der Mineralogie und Geologie führt zu einem neuen Aufschwung der Bergbauwissenschaften, worauf Baumgärtl besonders hingewiesen hat[11]. So steht auch fest, daß der Unterricht in der neuen Bergschule bereits vor Er-

---

[9] Mihalovits, Bergakademie Schemnitz, 10 ff. Georg Walach, Historische Notizen über die Begründung des bergakademischen Unterrichtes in Österreich, Österreichische Zeitschrift für Berg- und Hüttenwesen 11 (1863), 26; Hornoch, Zu den Anfängen, 33 ff.

[10] Mihalovits, Bergakademie Schemnitz, 12 f.

[11] Baumgärtel, Vom Bergbüchlein zur Bergakademie, 149; vgl. Winter, Barock, 148.

richtung der Bergakademie Freiberg/S., wo die Vorlesungen erst im Jahre 1766 aufgenommen wurden.[12], Hochschulcharakter besaß[13]. Das Schemnitzer Beispiel erwies die Notwendigkeit der Einrichtung naturwissenschaftlich-technischer Spezialstudien, wenngleich Montanfächer auch im Rahmen der Kameralistik an Universitäten betrieben wurde[14]. Die Bergakademien waren lange Zeit die fortgeschrittensten Stätten technisch-wissenschaftlicher Lehre. Wichtige technische Entwicklungen fanden im Bergbau ihre erste Anwendung, worauf im Laufe unserer weiteren Ausführungen noch besonders einzugehen sein wird.

Diese Erkenntnisse waren auch dafür ausschlaggebend, daß über den ursprünglichen Organisationsplan hinausgehend, Maria Theresia im Sinne eines Vorschlages der Hofkammer der Errichtung eines (dritten) Lehrstuhles für Bergbaukunde und der Erhebung der Bergschule zu einer Bergakademie zustimmte[15]. Sie wurde zu diesem Schritte von ihrem Gatten, Franz Stephan von Lothringen, einem starken Förderer merkantilistischer Bestrebungen und Freund der Naturwissenschaften, wesentlich beeinflußt, worauf Wandruszka besonders aufmerksam gemacht hat[16]. Auf ihn gehen Manufakturgründungen in der Westslowakei und in Ungarn zurück[17] sowie der Ausbau einer großen staatlichen Eisenindustrie in der Mittelslowakei[18]. Auf

---

[12] Darauf hat Hornoch, Zu den Anfängen, 49, bereits vor mehr als 30 Jahren hingewiesen. Kürzlich hat Karl Heinz Manegold, Universität, Technische Hochschule und Industrie (Schriften zur Wirtschafts- und Sozialgeschichte, 16, 1970), 25, neuerlich den Beginn der hochschulmäßigen Ausbildung in Schemnitz zu spät angesetzt.

[13] Jozef Vlachovič, Die Bergakademie in Banská Štiavnica, Studia Historica Slovaca 2 (1964), 110.

[14] Karl-Heinz Manegold, Das Verhältnis von Naturwissenschaft und Technik im 19. Jahrhundert im Spiegel der Wissenschaftsorganisation, in: Geschichte der Naturwissenschaft und Technik (Technikgeschichte in Einzeldarstellungen, 11, 1969), 140.

[15] Mihalovits, Bergakademie Schemnitz, 13.

[16] Adam Wandruszka, Die Habsburg-Lothringer und die Naturwissenschaften, MIÖG 70 (1962), 357.

[17] Winter, Barock, 137 ff.

[18] Akoš Paulinyi, Der sogenannte aufgeklärte Absolutismus und die frühe Industriealisierung, in: Die Aufklärung in Ost- und Südosteuropa, 204.

Grund der Entschließung Maria Theresias vom 3. April 1770 erfolgte die Errichtung und Systemisierung der Bergakademie Schemnitz, wobei deren Organisation und Lehrpläne in allen Einzelheiten festgelegt wurden. In dem hiezu erlassenen Hofkammerdekret vom 14. April 1770 heißt es wörtlich: „Ihre Majestät haben ... Allergnädigst beschlossen, daß zu würksamer Erreichung der Landesmütterlichen Fürsorge in Nachziegelung geschickter Berg-Beamten und Offizianten durch die bisher in Schemnitz errichtete Berg-Schule für die zu diesen Wissenschaften sich anwendende Jugend von nun an eine ordentliche in drey Klassen abgeteilte kaiserliche königliche Bergwesens Academie daselbst nach dem hierzuliegenden Plan aufgestellet ..." Nach einem Hinweis darauf, daß die erste Klasse mit Professor Matheseos P. Poda und die zweite Klasse mit Professor Metallurgiae et Chymiae Dr. Scopoli besetzt seien, führt das Dekret an, daß für die dritte Klasse (Bergbau) ein „taugliches Subjectum in Vorschlag gebracht werden solle"[19]. Das Ansuchen des Banater Bergwerksdirektionsassessors Christoph Traugott Delius wurde von der Hofkammer auf Grund eines Gutachtens des Banater Unterkammergrafen Bartlme Hehengarten, der erklärte, daß für dieses Amt „... kein tüchtigeres subjectum, als Delius zu finden seye ...", am 11. August 1770 der Herrscherin mit dem Antrag auf Genehmigung vorgelegt, wobei nicht unterlassen wurde, neuerlich die Wichtigkeit dieser Professur zu unterstreichen[20]. Am 8. September verlieh Maria Theresia an Delius diese Professorenstelle „... in Anbetracht seiner gründlich besitzenden theoretischen und praktischen Werkskenntnisse durch alle Theile der Bergwissenschaften wie beyhabenden Erfahrenheit in der Waldcultur und Bergrechten, wie anderen Cammeralwissenschaften" unter gleichzeitiger Ernennung zum wirklichen k. k. Hungarischen Bergrat und Oberkammergrafen-Amtsassessor[21].

---

[19] Franz Anton Schmidt, Chronologisch-systematische Sammlung der Berggesetze der österreichischen Monarchie (1836), II/13, 153 ff.

[20] Österreichisches Staatsarchiv, Abt. Finanz- und Hofkammerarchiv, MuB, 1770, rote n 2365, fol. 590—592.

[21] Ebd., fol. 588.

Mit Delius übernahm einer der hervorragendsten Bergmänner seiner Zeit die Lehrkanzel für Bergbaukunde, die die Markscheidekunst, das Bergrecht, die Kameralwissenschaften und die Waldkultur miteinschloß. Auf Grund der bereits erwähnten „Systema Academiae Montanisticae" konnte zwar jeder Professor seine Vorlesungen anfänglich auf Grund „schon vorfündiger Authoren" halten, war aber verpflichtet „... in Zukunft über sein eigenes in Druck zu beförderndes und sowohl eine systematische Lehrart in sich fassendes, als auch dem Endzweck angemessenes Werk seine Vorlesungen zu halten".

In Befolgung dieses Auftrages verfaßte Delius in den Jahren nach seinem Dienstantritt, also noch vor seiner am 11. April 1772 ausgesprochenen Berufung zum Hofkommissionsrat in der Hofkammer im Münz- und Bergwesen in Wien[22], die „Anleitung zu der Bergbaukunst"[23] zum Nutzen „unserer akademischen Lehrlinge und überhaupt aller derjenigen, die sich vom Bergbau richtige Begriffe machen wollen", wie es in seinem „Vorbericht" ausdrücklich heißt[24].

In der Widmung an die Monarchin unterstreicht Delius, daß man bisher im Schrifttum dieser Aufgabe wenig gerecht geworden sei, die „Anleitung zu der Bergbaukunst" jedoch nach theoretischen Grundsätzen und praktischen Erfahrungen den Hörern einen Leitfaden zur Erlernung gründlicher Kenntnisse auf dem Gebiet der Bergbauwissenschaft sein solle[25].

---

[22] Ebd., 1772, rote n 2366, folg. 1031.
[23] Der Titel des Werkes lautet: „Anleitung zu der Bergbaukunst nach ihrer Theorie und Ausübung nebst einer Abhandlung von den Grundsätzen der Bergkammeralwirtschaft für die k. k. Schemnitzer Bergakademie. Wien 1773." Groß 4^0, 519 S. (zusätzlich eines Anhanges von 45 S.), 24 Tafeln mit 195 Zeichnungen, nach den Angaben des Autors von Dismas Franz Reichsgraf von Dietrichstein gezeichnet und von L. Assner in Kupfer gestochen. — Dismas Franz Reichsgraf von Dietrichstein, geb. in Graz 1744 als Sohn des innerösterreichischen Gubernialrates Dismas Joseph v. Dietrichstein, studierte von 1766—1768 an der Bergschule in Schemnitz und bekleidete zur Zeit seiner Mitarbeit am Delius'schen Lehrbuch bereits den Rang eines niederungarischen Bergrates beim Oberstkammergrafenamt in Schemnitz (vgl. Kunnert, „Anleitung zu der Bergbaukunst").
[24] Delius, Vorbericht, 5.
[25] Delius, Anleitung 2 f.

Delius gliederte den Stoff seines Lehrbuches in vier Abschnitte und zwar: I. Von der unterirdischen Berggeographie, II. Von dem Grubenbaue, III. Von der Aufbereitung der Erze über Tage und IV. Von der Bergbauwirtschaft. Dazu kam noch der bereits erwähnte Anhang über die Bergkameralwirtschaft. Abgesehen vom ersten Kapitel des ersten Abschnittes, in dem Delius in Auseinandersetzung mit den Vertretern der sogenannten vulkanistischen Lehre überholte Thesen vertrat, handelt es sich bei dem Lehrbuch um die erste universelle Erfassung des Bergbaues, wobei der bisher zersplitterte Lehrgegenstand einheitlich zusammengefaßt wurde. Zum Unterschied von der älteren bergmännischen Literatur, die auf empirischer Grundlage aufbaute, behandelte er den Stoff erschöpfend in einem logisch vollkommenen System unter Heranziehung der neuesten Erkenntnisse der Naturwissenschaften. Hiebei berücksichtigte er im besonderen die bergmännische Praxis und den neuesten Stand der Bergbautechnik im Schemnitzer Bergbaugebiet sowie die Grundsätze einer fortschrittlichen Betriebswirtschaft, worauf nunmehr im einzelnen eingegangen werden soll[26].

Im Abschnitt „Von dem Grubenbaue" eräutert Delius u. a. eingehend das Abbauverfahren im Schemnitzer Bergbau, in dem damals das Schießpulver seit der erstmaligen Anwendung im Jahre 1627 allgemein verwendet wurde, und zwar das Schema des Schemnitzer „Straßenbaues" („Stroßenbau") und den bei mächtigen Gängen in Schemnitz betriebenen „Querbau" (§§ 389—440)[27]. Hinsichtlich der „Beförderung des Wetterzuges" macht Delius mit einer neuen Einrichtung vertraut: das Aufsaugen der Luft mit Hilfe von Wasser und eines Fallrohres (Injektorprinzip) und ihre Beförderung durch die Wassertrommel an den Streckenort (§ 476 ff.)[28]. Hiebei erfolgt eine ausgezeichnete Darstellung der Wirkungsfaktoren der natürlichen Bewetterung.

---

[26] Vgl. Bóday, „Anleitung zu der Bergbaukunst", „Der Anschnitt" 19/4 (1967), 10 ff.
[27] Delius, Anleitung, 255 ff.
[28] Ebd., 309 ff.

Wie sehr Delius darauf bedacht war, die Neuerungen auf dem Gebiet der Bergbautechnik in seinem Lehrbuch zu verwerten, geht aus seinen Hinweisen im Kapitel „Von den Hebezeugen, die zur Ausförderung der Grubenwässer dienen" hervor, wobei er die „Feuermaschine" und die „von dem Herrn Oberkunstmeister Höll erfundene Wassersäulenmaschine, und eben desselben erfundene Luftmaschine" besonders hervorhebt (§ 485)[29]. Es handelt sich hiebei durchwegs um Maschinen, die die Entwässerungs- und Pumpenarbeiten steigern und ökonomischer gestalten sollten.

Bereits im 17. Jahrhundert hatte man bekanntlich im Schemnitzer Revier mit erheblichen Schwierigkeiten bei der Wasserhebung aus der Teufe zu kämpfen. Damals waren hier für diesen Zweck 1000 Personen und 384 Pferde eingesetzt. Später verbrauchte in Schemnitz eine Pumpenkunst mit Wasserantrieb (mit einem Wasserrad von 11,5 m Durchmesser und einer Förderleistung von 145 m^3) in 24 Stunden für den Antrieb 6000 m^3 Wasser. Das Bestreben der Techniker ging dahin, eine von den Naturbedingungen teilweise oder vollkommen unabhängige Maschine zu konstruieren[30].

Über die erwähnte „Feuermaschine" heißt es bei Delius: „Man hat schon längst bekennen müssen, daß die Feuermaschine die feinste Erfindung ist, die in der Mechanik jemals der menschliche Witz hervorgebracht hat; und es ist nur zu bedauern, daß ihre Unterhaltung besonders an solchen Orten, wo nicht Waldung im Überflusse ist, kostbar und der Holzaufwand den Bergwerken nachtheilig ist . . ." (§ 359)[31].

Die „Feuermaschine" oder atmosphärische Dampfmaschine geht auf den Engländer Thomas Savery zurück, dem es 1698 gelungen ist, eine Dampfpumpe zu konstruieren. Es gelang ihm, eine schnelle Dampfkondensation in einem geschlossenen Gefäß durchzuführen und dadurch einen bedeutenden Unterdruck zu erzielen sowie eine geeignete Pumpenanlage zu konstruieren. Allerdings konnte diese Maschine zur Hebung der

---

[29] Ebd., 316.
[30] Jiří Majer, Feuer- und Wassersäulenmaschinen im europäischen Bergbau, Österreichischer Berg- und Hüttenkalender 1972, 84 f.
[31] Delius, 370.

Grubenwässer nicht verwendet werden. Eine verbesserte Maschine unter der Bezeichnung „machina pyraulica" zu konstruieren, gelang seinem Landsmann Thomas Newcomen in den Jahren 1705—1712; neun solcher Pumpenanlagen wurden in den Jahren 1712—1720 in englischen Gruben aufgestellt. Als Joseph Emanuel Fischer von Erlach, ein Sohn des berühmten Barockbaumeisters, sich in den Jahren 1712—1714 auf einer Studienreise durch Europa befand, erreichte ihn in London der Auftrag der Wiener Hofkammer, sich mit der Erfindung Newcomens vertraut zu machen. Fischer kehrte im Juni 1720 auftragsgemäß mit dem englischen Mechaniker Isaac Potter nach Wien zurück, wo dieser als kaiserlicher Ingenieur in den Dienst der Hofkammer trat. Anfang 1721 begann Potter beim Althandlschacht in Königsberg (heute Nová Bana) bei Schemnitz auf Kosten des Ärars mit dem Aufbau einer solchen „Feuermaschine", der im Jahre 1722 beendet wurde. Die Generalprobe fand zu Beginn des Jahres 1723 statt. Es handelte sich um die erste Newcomen-Dampfmaschine, die auf dem europäischen Festland in einem Bergbau errichtet wurde, sie blieb bis 1729 in Betrieb. Diese Maschine hob durchschnittlich 565 m^3 Wasser binnen 24 Stunden.

Unter Leitung von Fischer wurden im Schemnitzer Bergbaugebiet fünf weitere „Feuermaschinen" errichtet, die letzte derartige Maschine wurde bereits nach dem Tode Fischers († 1742) im Jahre 1758 gebaut. Diese Pumpenanlagen erreichten eine Leistung von 500—1110 m^3 aus 100—140 m Teufe binnen 24 Stunden. Die Aufstellung von 7 „Feuermaschinen" innerhalb eines relativ kurzen Zeitraumes war durch die Notwendigkeit einer raschen Gewältigung der Grubenwässer im Schemnitzer Bergbau bedingt. Allerdings führten die hohen Anschaffungskosten und der große Verbrauch an Brennholz — die Heizung der Dampfkessel erfolgte in der Slowakei zum Unterschied von England mit Brennholz, was einen Aufwand von 15—20 m^3 innerhalb eines Tages erforderte — dazu, daß seit 1758 in der Slowakei „Feuermaschinen" nicht mehr aufgestellt wurden[32].

---

[32] Josef Vozár, Významné postavy v Slovenskej bansky technike od konca 17. stor. do založenia banskoštiavnickej akadémie, Zborník

Dies führte in der Folge auch dazu, daß im Schemnitzer Revier seit der Jahrhundertmitte die von Oberkunstmeister Joseph Karl Hell im Jahre 1749 in Betrieb gesetzte erste brauchbare Konstruktion einer „Wassersäulenmaschine", die eine vollkommene Änderung der Betriebstechnik bedeutete, breiteste Verwendung gefunden hat.

Darüber schreibt Delius: „Im Jahre 1749 wurden von dem Herrn Oberkunstmeister Höll die von ihm schon mehrere Jahre vorher erfundenen Wassersäulenmaschinen am Leopoldischacht erbauet und vorgerichtet; und seit dieser Zeit sind wegen ihres vortrefflichen Nutzens noch mehrere erbauet worden, daß sich also dermalen in Schemnitz in den kaiserlichen und gewerkschaftlichen Gruben zusammen acht solche Wassersäulenmaschinen befinden, und durch sie die andern Wasserhebungskünste, (bis auf die Feuermaschinen, und die Stangenkunst gänzlich abgebauet worden sind; als welche erstere noch im Falle eines Wassermangels, und beyde zur Gewältigung einer größern Teufe vorbehalten werden" (§ 583)[33].

Joseph Karl Hell (auch Höll, 1713—1785) war ein Sohn des aus dem Zinnbergbau in der Umgebung von Karlsbad stammenden Mathias Cornelius Hell (1653—1743), der 1693 anläßlich der Überschwemmung der Oberbiberstollner Gruben nach Schemnitz berufen wurde und dem es durch Einsatz von mit Wasser betriebenen Maschinen gelungen ist, die Gruben zu entwässern und der auch während des Aufstandes von Franz Rakoczy II. und nachher den Schemnitzer Bergbau mittels Teichanlagen, Wasserrädern und Stangenkünsten vor dem Ersaufen rettete. Joseph Karl Hell betrieb nach Beendigung der Humanitätsklassen ausschließlich mechanische, hydraulische, geometrische und physikalische Studien und wurde dann — gleich wie sein Vater — Oberkunstmeister in den niederungarischen Bergstädten. Bei seinen ersten Erfindungen leistete ihm sein Lehrer Samuel von Mikoviny Hilfe. Die mathematischen Berechnungen für die Wassersäulenmaschine wie auch

---

Slovenského banského múzea 7 (1971), 108 ff.; ders., Prvý ohňový stroj baníctve na Európskom kontinente, Dějiny věd a technicky 4 (1971), 150 ff.; Majer, Feuer- und Wassersäulenmaschinen, 85 ff.

[33] Delius, Anleitung, 379.

die verschiedenen Konstruktionsverbesserungen am ersten und zweiten Entwurf dieser Maschine, deren Prinzip in der Fachliteratur seit dem 17. Jahrhundert bekannt war, gehen auf den Professor der Experimentalphysik an der Universität Wien und Schöpfer des Theresianischen Maßsystems, den Jesuitenpater Joseph Franz (1704—1776), zurück, Lehrer seines Bruders Maximilian, der später selbst ein namhafter Astronom und Physiker wurde[34].

Die Maschine beruhte auf dem System kommunizierender Gefäße. Durch eine Zufuhrrohrleitung wurde in einen Zylinder Wasser geleitet, das einen Kolben nach oben drückte und diese Bewegung wurde auf die Kolbenstangen und durch einen Schwengel auf die Zugstange der Schachtpumpen übertragen. Nach Ablassen des Wassers aus dem Zylinder sank der Kolben in ihm durch eigenes Gewicht. Durch Wiederholung dieses Vorganges mittels einer besonderen Verteileranlage wurde der regelmäßige Rhythmus der Wasserhebung erzielt.

Gegenüber den bisherigen Kolbenpumpen mit Wasserantrieb wies diese Wassersäulenmaschine die gleiche Leistung auf, wie zwei Wasserräder; zu ihrem Antrieb wurde jedoch nur ein Viertel der Wassermenge benötigt. Die ersten Typen dieser Maschine erreichten eine Leistung von etwa 550 m³ Wasser binnen 24 Stunden aus einer Teufe von etwa 200 m, die späteren in der gleichen Zeit aus einer Teufe von etwa 100 m eine Leistung von 1000—1500 m³ Wasser. Zu diesen Vorzügen kam noch die relativ rasche Durchschnittsgeschwindigkeit der Bewegung der Kolben in den Zylindern. Es ist daher begreiflich, daß diese Maschine in Schemnitz die älteren Wasserhaltungskünste ausschaltete und zum Muster des Wassermotors

---

[34] Anton Weixler, Geschichte der wichtigsten Bergbaue des niederungarischen Districtes von ihrer Entstehung bis zur Gegenwart sowie Darstellung der Fortschritte der Bergwesens-Technik in den letzten hundert Jahren, Berg- und Hüttenmännisches Jahrbuch der k. k. Montan-Lehranstalt zu Leoben 4 (1854), 31 und 36 f. Vozár, Významné postavy, 103 ff. und 120 ff.; Dušan Janota, Zivot Maximiliana Hella, in: Maximilian Hell 1720—1792 (1970), 48 f.; Karl Ulbrich, Das Klafter- und Ellenmaß in Österreich, Blätter für Technikgeschichte 32/33 (1970/71), 16 ff.

in ganz Europa wurde[35]. Bis 1763 gelangten in den ärarischen Bergwerken von Schemnitz 6 Wassersäulenmaschinen zur Aufstellung, von hier aus fanden sie in alle Bergbaugebiete Verbreitung und standen nach Verbesserungen bis in die 2. Hälfte des 19. Jahrhunderts in Verwendung.

Der bedeutende Erfinder konstruierte auch noch andere Maschinen, die für den Bergbau von Bedeutung waren, so eine Wasserhaltungsschwinghebelmaschine, eine neue Feuermaschine, eine Wetterführungsmaschine und eine Luftdruckwasserpumpe („Luftmaschine" genannt)[36].

Diese „Luftmaschine" wird von Delius in seinem Lehrbuch mit dem Hinweis besprochen, daß sie „gleichfalls von dem Herrn Oberkunstmeister Höll erfunden und im Jahre 1753 in dem Amalienschachte eingerichtet", vor einigen Jahren jedoch wieder abgetragen worden sei, weil man ihrer nicht mehr bedurfte (§ 594)[37].

Hell stellte seine „Luftmaschine" unabhängig von dem Versuch des schwedischen Konstrukteurs Christopher Polhem her, der bereits 1697 das Modell einer Pumpenkunst, der sogenannten „Siphonmaschine", aufgestellt hatte. Hiebei wurde das Wasser teilweise durch einen mit Preßluft verursachten Druck gezwungen, aufzusteigen, teilweise stieg es auch deshalb, weil es in ein Vakuum in die Höhe gesogen wurde. Es wurde also die komprimierte Luft zur Wasserbeförderung verwendet. Man suchte dadurch die Frage des Betriebswassermangels für die Wasserräder der Förder- und Pumpenmaschinen in tieferen Lagerstätten zu lösen. Im Schemnitzer Bergbaugebiet wurden 3 „Luftmaschinen" aufgestellt, die eine Leistung von 540 m³ in 24 Stunden erzielten. Dieser Maschinentyp hat außerhalb von Schemnitz keine Nachahmung gefunden, obwohl eine sol-

---

[35] Majer, Feuer- und Wassersäulenmaschinen, 89 ff.; Juraj Voda, Strojnica konštrukčna činnost Josefa Karola Hella, a jeho technickej erudíci a o pôvodnosti jeho tvorby, Zborník Slovenského banského múzea 7 (1971), 143 ff.

[36] Vozár, Významné postavy, 122; Nicolaus Boda (richtig: Poda), Kurzgefaßte Beschreibung der bei dem Bergbau zu Schemnitz in Niederungarn errichteten Maschinen (1771), 44 ff.

[37] Delius, Anleitung, 389.

che Maschine in Schemnitz bis zum Jahre 1830 verwendet wurde[38].

Aber auch in weiteren Abschnitten seines Werkes präsentiert sich Delius als ein Forscher, der ganz auf der Höhe seiner Zeit stand. Im Kapitel über die Erzscheidung erläutert er die Kupfergewinnung aus dem „Cementwasser", die vornehmlich in Neusohl und in Schmöllnitz betrieben wurde und bei geringen Kosten eine erhebliche Kupferausbeute ergeben hat (§§ 646 ff.)[39]. Das Kupfer schlug sich hiebei aus dem „Cementwasser" (Kieslauge) alter, verstürzter Zechen an den in die Gefluter aufgehängten Gußeisenknüppeln nieder, während das Eisenocker in die Abwässer ging. In Schmöllnitz verbrauchte man dazu jährlich etwa 3000 Zentner Eisen. Zur Erlangung eines Zentners reinen Cementkupfers wurden 2 Zentner und 80—90 Pfund Eisen verbraucht[40].

Aber auch mit der Goldgewinnung durch Amalgamation (Anreiben), die in den nächsten Jahren gerade im Gebiet von Schemnitz eine besondere Bedeutung gewinnen sollte, setzte sich Delius eingehend auseinander (§§ 751 ff)[41]. Dreizehn Jahre später wurde ein von dem bedeutenden österreichischen Naturwissenschafter und Montanisten Ignaz Edlen von Born (1742 bis 1792), einer Persönlichkeit, die das Aufblühen der exakten Wissenschaften in der spättheresianischen und josephinischen Zeit verkörperte, entwickeltes verbessertes Verfahren, die sogenannte „Europäische Amalgamation"[42], in Glashütten (heute Sklene Teplice) bei Schemnitz vor einem Kongreß von Naturforschern, Chemikern und Metallurgen, an dem Gelehrte aus ganz Europa und Übersee teilnahmen, praktisch erprobt. Das Bornsche Verfahren, das vom Kongreß voll anerkannt wurde, galt als das modernste und sparsamste und fand deshalb rasche

---

[38] Majer, Feuer- und Wassermaschinen, 88 f.
[39] Delius, Anleitung, 42 ff.
[40] Jiři Schenk, Cementové vody kyzového hožiska v Smolníku a získávání z nich méd chemickou úpravou v XVIII. a XIX. století, Z dejín vied a techniky Slovensku 4 (1966), 147 ff.; Bóday, „Anleitung zu der Bergbaukunst", 18.
[41] Delius, Anleitung, 480 ff.
[42] Ignaz v. Born, Über das Anquicken der gold- und silberhältigen Erze, Rohsteine, Schwarzkupfer und Hüttenspeise (1786).

Verbreitung in allen Hüttenbetrieben. Aus Anlaß dieses wissenschaftlichen Symposions, das von Mai bis September 1786 dauerte, wurde auch die „Societät der Bergbaukunde (La Société de l'art d'exploitation des mines)" mit eigenen Statuten gegründet, die als älteste derartige wissenschaftliche Körperschaft anzusehen ist. Ihr gehörten Mitglieder aus folgenden Regionen an: Preußen, Österreich, Sachsen, Harz, Schweiz, Schweden, Dänemark, Italien, Frankreich, England, Norwegen, Spanien, Santa Fé di Bogota, Mexiko und Rußland. Unter den Direktoren der Sozietät befand sich aus Österreich v. Born, als Ehrenmitglied der Region Harz fungierte auch Geheimrat v. Goethe. Die Sozietät gab als eigenes Publikationsorgan die „Bergbaukunde" heraus, von der jedoch in Leipzig nur 2 Bände (1789 und 1790) erschienen sind, was auf das Ableben Borns zurückzuführen ist[43].

Diese Betrachtungen sollen nicht beschlossen werden, ohne einen Blick auf die Bestrebungen zur Hebung der Waldwirtschaft und die Produktionsverhältnisse im Schemnitzer Bergbau zur Zeit des Erscheinens des Werkes von Delius geworfen zu haben.

Im Statut der Bergakademie Schemnitz von 1770 wurde hinsichtlich des Waldwesens („ancilla rerum metallicarum") ausdrücklich ausgesprochen: „... da bei den Bergwerken die Waldungen eine der Hauptgegenstände ausmachen, so ist denen Prakticanten eine hinlängliche Kenntnis von Waldcultur und Benützung von der Erkenntnis aller Gattungen des Holzes, zu was eigentlichen Gebrauch jede derselben bei dem Bergwesen erforderlich..." Maria Theresia unterstrich in der Resolution, mit der sie die Systema Academiae Montanisticae ge-

---

[43] Reneé Gicklhorn, Die Bergexpedition des Freiherrn von Nordenflycht und die deutschen Bergleute in Peru (Freiberger Forschungshefte, D 40, 1963), 35 ff.; Vlachovič, Bergakademie Banská Štiavnica, 134; Mikulas Teich, Ignác Born a Slovensku, Z dejín vied a techniky na Slovensku, 4 (1966), 205 ff.; Ján Tibenský, Pokusi o organizanovie vedeckého zivota v Habsburskej riši a na Slovensku v 18. storicí, in: Maximilian Hell, 16 ff.; G. H. Conrad, Vplyvy slovenskéheo baníctva na nemecké baníctvo v 18. a. 19. storici, Zborník Slovenského banského múzea 7 (1971), 210 f. Der volle Wortlaut der Statuten der „Societät" ist in: Z dejín vied a techniky na Slovensku 4 (1966), 245—256, veröffentlicht.

nehmigte, nochmals: „... Es ist aber auch auf den Unterricht in der Waldcultur der sorgsame Bedacht mitzunehmen, zumahlen diese Cultur bei dem Bergbau ohnumgänglich ist...", war es doch auch die Monarchin, die im gleichen Jahr die „Holz- und Waldordnung für das Königreich Ungarn" erlassen hatte, die dann 200 Jahre lang in Kraft geblieben ist.

So darf es nicht wundernehmen, daß Delius im letzten Abschnitt seines Lehrbuches („Von der Bergbauwirtschaft"), der sich aus moderner Sicht mit den Fragen einer ökonomischen Betriebswirtschaft im Bergbau beschäftigt, auch die Waldwirtschaft eingehend behandelt[44]. Hier gibt Delius nicht nur Anweisungen für eine wirtschaftlich richtige Verwendung des Holzes als Bauholz und als Brennholz (Kohlholz), deren Gewinnung und Triftung, sondern auch Hinweise für die organisatorische Bewältigung dieser Aufgabe durch die Waldämter der Bergwerke (§§ 798—810)[45].

Als echter Kameralist weist Delius im Anhang zu seinem Buch („Von den Grundsätzen der Bergkammeralwirtschaft") auf den wirtschaftlichen Nutzen hin, den der Bergbau dem Staate bringe, Ausführungen, die der ungarische Bergbauhistoriker Mihalovits als Musterbeispiel dafür hinstellt, wie man diesen Gegenstand vom Standpunkt des Bergbaues behandeln soll[46].

Delius führt hiezu an, daß seit dem Jahre 1740 in Schemnitz und Kremnitz, wie aus den Bergwerksrechnungen hervorgehe, gegen 100 Millionen Gulden an Gold und Silber gewonnen und in Kremnitz vermünzt worden seien. „Noch jetzt kommen", wie er schreibt, „zu Schemnitz und Kremnitz, und in Siebenbürgen jährlich wenigstens um drey Millionen Gold und Silber aus der Erde heraus..." (§ 17)[47].

Neueste Forschungen von Vozár haben bewiesen, daß die Neuerungen und Erfindungen auf dem Gebiete der Bergbautechnik in der Mittelslowakei im 18. Jahrhundert sowie die

---

[44] Jozef Urgela, Lesnictvo diele professora Delia, Zborník Slovenského banského múzea 7 (1971), 67 ff.; Ján Jancsy, Zásady hospodárenia banských podníkov vo svetle diela Chr. Tr. Delia, ebd., 39 ff.
[45] Delius, Anleitung, 504—515.
[46] Mihalovits, Delius, 29.
[47] Delius, Anhang, 11.

großen Fortschritte der Entwicklung der Bergbauwissenschaft seit der Gründung der Bergakademie Schemnitz, die den Bergbau ganz Europas beeinflußten, in der zweiten Hälfte des 18. Jahrhunderts eine merkliche Steigerung der Silberproduktion bewirkten.

Aus dem Bergrevier Schemnitz wurden im Münzamt Kremnitz an Silber ausgemünzt (Angaben in Wiener Mark):

1760	21.867	1775	39.455
1762	21.596	1780	46.334
1764	24.556	1782	41.081
1766	25.042	1785	38.597
1768	24.151	1787	49.014
1771	28.893	1790	56.460

Außer dem gemünzten Silber und Gold wurden größere Mengen an Edelmetallen in natura auch an das Hauptmünzamt, die Drahtzug- und Porzellanfabrik und an den kaiserlichen Hof in Wien sowie an das Münzamt in Prag geliefert, zeitweise wurde an die Münze in Kremnitz nur etwa die Hälfte der mitteslowakischen Silberproduktion abgeliefert[48].

Die Gruben in der Mittelslowakei waren damals größtenteils in ärarischer Hand, gleichwie dies auch in Joachimsthal der Fall war[49]. Im Jahre 1763 produzierten die ärarischen Gruben des Schemnitzer Reviers 30.293 Mark Feinsilber (die Mark zu 21 fl 30 kr) und 2730 Mark Feingold (die Mark zu 79 Dukaten 46 kr), was einem Geldwert von 994.739 fl 30 kr entsprach, die gewerkschaftlichen Gruben erzeugten hingegen Gold und Silber im Geldwert von nur 366.305 fl 11 kr[50]. Auch Delius vertrat die Auffassung, daß es für den Staat vorteilhafter sei, wenn der Bergbau vom Ärar betrieben werde[51].

---

[48] Vozár, Produkcia striebra na strednom Slovensku v 18. storičí a jej vplyv na rozvoj banskej techniky, in: Symposium pracovníkú báňského prúmyslu, Sborník přednášek, Sekce Stříbo v dějinách, technice a umění S 19 (1971), 4 ff.

[49] Kunnert, Der Bergbau Jáchymov (Joachimsthal) im Spiegel eines Reiseberichtes aus dem Jahre 1781, ebd., S 21, 5.

[50] Diese Angaben verdanke ich Herrn Dr. Jozef Vozár C. Sc., HU-SAV., Bratislava.

[51] Delius, Anhang, 22 ff.

Herbert Knittler

SALZ- UND EISENNIEDERLAGEN

Rechtliche Grundlagen und wirtschaftliche Funktion

Nach Überprüfung älterer Definitionsvorschläge für die Begriffe „Stapelrecht" und „Niederlagsrecht" anhand umfassenden Materials gelangte Otto Gönnenwein 1939 zur Bestätigung des Kernsatzes: „Befugnis einer Stadt, gelegentlich auch eines Dorfes, den Handelsverkehr aufzuhalten und ihn unter Ausschluß anderer Gemeinden an sich heranzuziehen"[1]. Die spätere Forschung hat diese Begriffsbildung anerkannt, so daß wir sie trotz der ihr formal anhaftenden Mängel[2] als Ausgangspunkt für die vorliegende Untersuchung heranziehen können. Allerdings wird es später notwendig sein, auch solche Vorzugsrechte im Ein- und Wiederverkauf der beiden Montanprodukte Eisen und Salz analog mitzubehandeln, die nicht von vornherein auf Haltezwangsbestimmungen basierten.

Neben dem allgemeinen Warenstapel verbanden sich seit ihrem Auftreten im 12. und 13. Jahrhundert in den Ländern Österreich, Steiermark und Kärnten, auf die hier eingeschränkt werden soll, auch Eisen- und Salzniederlagen durchwegs örtlich mit städtischen, d. h. Stadt- bzw. Marktsiedlungen[3]. Dabei weicht

---

[1] Otto Gönnenwein, Das Stapel- und Niederlagsrecht (Quellen und Darstellungen zur hansischen Geschichte NF 11, 1939), 357, vgl. auch 1 f., 250 f.

[2] Gerade die im Salz- und Eisenwesen notwendige Differenzierung von Haltezwangsbestimmungen zugunsten der Bürgergemeinde und der Stadt als Rechtsperson (s. unten S. 210) läßt die Gleichsetzung von Stadt bzw. Dorf einerseits und Gemeinde andererseits als bedenklich erscheinen.

[3] Generell andere Verhältnisse herrschten in Tirol vor, wo besonders die ländlichen Gemeinden in starkem Umfang an der Organisation des Verkehrswesens beteiligt waren. Vgl. Otto Stolz, Neue

die am Ausgang des Spätmittelalters und in der frühen Neuzeit scheinbare Regellosigkeit ihrer räumlichen Verteilung[4] umso mehr einer durch wirtschaftlich-rechtliche Faktoren bestimmten Ordnung, je weiter man die Anfänge der Verteilerorganisation zurückverfolgt. Es wäre nun naheliegend, für die quellenarme Frühphase, die teils mit dem Beginn des Städtewesens zusammenfällt, teils jedoch noch in die präurbane Siedlungs- und Wirtschaftsperiode zurückreicht, einfachste Strukturen, die Zuordnung eines Verteilerzentrums zu einem Montanbezirk — soweit man von solchen bereits sprechen kann — anzunehmen[5].

Österreich unter und ob der Enns, Steiermark und Kärnten wurden im zu behandelnden Zeitraum mit Eisen generell von inländischen Produktionszentren aus bedient, wenn wir die Herrschaftsteilungen im Hause Habsburg außer Betracht stellen[6] und auch das salzburgische Hüttenberg und die bambergischen Bergbaue als im Lande Kärnten gelegen annehmen

---

Beiträge zur Geschichte des Niederlagsrechtes und Rodfuhrwesens in Tirol, VSWG 22 (1929), 144 ff.; ders., Geschichte des Zollwesens, Verkehrs und Handels in Tirol und Vorarlberg von den Anfängen bis ins XX. Jahrhundert (Schlern-Schriften 108, 1953), bes. 240 ff.; Quellenbelege bei Stolz, Quellen zur Geschichte des Zollwesens und Handelsverkehres in Tirol und Vorarlberg vom 13. bis 18. Jahrhundert (Deutsche Handelsakten des Mittelalters und der Neuzeit X/1, 1955), 266 ff. Zu den österreichischen Verhältnissen allgemein über die bei Gönnenwein angeführten Beispiele hinaus: Gustav Mohr, Haltezwang und Wegerichtung nach österreichischen Quellen, in: Aus Sozial- und Wirtschaftsgeschichte. Gedächtnisschrift für Georg von Below (1928), 115 ff.; ders., Die wirtschaftliche Bedeutung des Gästerechtes besonders in den niederösterreichischen Städten des Mittelalters, Jahrb. f. Landeskunde v. NÖ. NF 19/1924 (1924), 211 ff.

[4] Vgl. die Karte „Historischer Bergbau III" von Peter Csendes, in: Österreichischer Volkskundeatlas, 4. Lfg. (1971), Bl. 55.

[5] Vgl. dazu das Kapitel „Burgbezirk und Wirtschaftsgebiet" in: Herbert Fischer, Burgbezirk und Stadtgebiet im deutschen Süden (Wiener rechtsgeschichtliche Arbeiten 3, 1956), 50 ff.

[6] So wurde etwa 1458 ausdrücklich festgelegt, daß durch die Teilung jede Störung des Salz- und Eisenverschleißes vermieden werden solle (Heinrich v. Zeißberg, Der österreichische Erbfolgestreit nach dem Tode Königs Ladislaus Posthumus (1457—1458) im Lichte der habsburgischen Hausverträge, AÖG 58, 1879, 142).

wollen[7]. Anders verhielt es sich mit dem Salz; hier beherrschte das aus den salzburgischen bzw. berchtesgadischen Salinen Hallein und Schellenberg kommende Produkt nicht nur bis ins 15. Jahrhundert neben dem Hausruckviertel auch den Großteil des Bereichs nördlich der Donau, sondern dominierte noch in der Neuzeit in den kärntnischen und diesen angrenzenden Besitzungen des Erzstifts. Hinzu kam in den südlichen Landesteilen etwa bis zur Drau eine erhebliche Konkurrenzierung des Ausseer Salzes durch das in Istrien gewonnene Meersalz[8].

Die Differenzierung nach herrschaftlichen Kriterien legt nun, reduziert man das spätmittelalterliche Niederlagsrecht auf wirtschaftsrechtliche, vom Territorialfürstentum gesetzte Maßnahmen, die Annahme einer in den einzelnen Herrschaftsräumen in unterschiedlicher Weise ausgebildeten Verteilerorganisation nahe, wie sie sich auch seit dem 13. Jahrhundert quellenmäßig

---

[7] Als Darstellungen des österreichischen Eisenwesens seien auswahlweise genannt: Hans Pirchegger, Das steirische Eisenwesen, 2 Bd. (1939); Ludwig Bittner, Das Eisenwesen in Innerberg-Eisenerz bis zur Gründung der Innerberger Hauptgewerkschaft im Jahre 1625, AÖG 89 (1901), 451 ff.; Anton v. Pantz, Die Innerberger Hauptgewerkschaft 1625—1783 (Forsch. z. Verfassungs- u. Verwaltungsgeschichte d. Steierm. 6/2, 1906); Kurt Kaser, Eisenverarbeitung und Eisenhandel. Die staatlichen und wirtschaftlichen Grundlagen des innerösterreichischen Eisenwesens (Beiträge zur Geschichte des österreichischen Eisenwesens II/1, 1932); Hermann Wießner, Geschichte des Kärntner Bergbaues. III. Kärntner Eisen (Archiv f. vaterländische Geschichte u. Topographie 41/42, 1953).

[8] Zum Ausseer Bereich vgl. Heinrich v. Srbik, Studien zur Geschichte des österreichischen Salzwesens (Forsch. z. inneren Geschichte Österreichs 12, 1917), zum Gmundner Absatzbezirk Carl Schraml, Studien zur Geschichte des österreichischen Salinenwesens, 3 Bd. (1932—1936); Ferdinand Krackowizer, Geschichte der Stadt Gmunden in Ober-Oesterreich, Bd. 2 (1899), 293 ff., weiters Herbert Klein, Zur älteren Geschichte der Salinen Hallein und Reichenhall, VSWG 38 (1952), 306 ff. = Beiträge zur Siedlungs-, Verfassungs- und Wirtschaftsgeschichte von Salzburg. Festschrift zum 65. Geburtstag von Herbert Klein (Mitt. d. Ges. f. Salzb. Landeskunde Erg.-Bd. 5, 1965), 385 ff. An älteren Arbeiten seien genannt: Josef Ernst v. Koch-Sternfeld, Die deutschen, insbesondere die bayerischen und österreichischen Salzwerke im Mittelalter (1836, Neudr. 1969); Adolf Zycha, Zur neuesten Literatur über die Wirtschafts- und Rechtsgeschichte der deutschen Salinen, VSWG 14 (1918), 88 ff., 165 ff.

eindeutig fassen läßt. Dem steirischen Erzberg, der in die beiden Reviere Innerberg-Eisenerz und Vordernberg zerfiel, entsprachen die in der Hand des Landesfürsten befindlichen Stapelplätze Steyr und Leoben, dem kärntnischen Abbaugebiet bei Hüttenberg einschließlich Mosinz und Lölling der salzburgische Markt Althofen, der in seiner Monopolstellung vom landesfürstlichen Hauptort St. Veit bedrängt wurde[9]. Analog dazu waren dem Hallstätter Bergbau und Sudwesen die Stadt Gmunden mit den Salzfertigermärkten Hallstatt und Lauffen, dem Ausseer Rottenmann bzw. Bruck an der Mur zugeordnet. Andere Verhältnisse herrschten hinsichtlich der Niederlagen und Ladstätten für das salzburgische Salz, das bis ins 15. Jahrhundert in der Belieferung zumindest Nordösterreichs führend blieb[10]. Hier stand einer im Stiftsgebiet vorfindlichen Entsprechung von Produktions- und Hauptverteilerstätte, nämlich Reichenhall, dann Hallein-Laufen (weiters für den Landsalzhandel auch Salzburg und Hallein)[11], eine im „Ausland" entlang von Inn und Donau bestehende Vielzahl von Niederlagsplätzen, die unterschiedliche Funktionen im Nah- und Fernhandel versahen, gegenüber; seit dem späteren 14. bzw. im 15. Jahrhundert übernehmen diese Plätze dann auch die Verteilung des „inländischen" Gmundner Salzes.

Das urkundliche Auftreten der genannten Orte in ihrer spezifischen Qualität erfolgte in der Mehrzahl der Fälle an der Wende vom 13. zum 14. Jahrhundert. Hinsichtlich Steyrs setzt das Privileg Herzog Albrechts I. aus 1287 fest, daß alles Eisen und Holz, das in die Stadt geführt wird, dort den Bürgern

---

[9] Karl Dinklage, in: Kärntens gewerbliche Wirtschaft (o. J. 1953), 70 ff.; ders., Das Kettenwerk Brückl als Repräsentant der alten Kärntner Eisenindustrie, Bl. f. Technikgeschichte 25 (1963), 50; ders., Grundzüge der geschichtlichen Entwicklung Althofens, in: 700 Jahre Markt Althofen (1964), 165 ff.; Gerhard Pecher, Die Herzogsstadt Sankt Veit und ihr Eisenhandel, staatswiss. Diss. Graz (1968).

[10] Srbik, Studien, 176 ff.; Alfred Hoffmann, Die Salzmaut zu Sarmingstein in den Jahren 1480—1487, MIÖG 62 (1954), 448 f.

[11] Klein, Hallein und Reichenhall, 398 f., 404 f.; Hans Widmann, Geschichte Salzburgs 2 (1909), 175 f. Das Absatzgebiet des salzburgischen Salzes in Kärnten umreißt Srbik, Studien, 180 f., 185 ff.

drei Tage lang zum Verkauf angeboten werden muß[12]. Die Leobener Bürger erhielten 1314 von Herzog Friedrich III. das Monopol zum Bezug und Weiterverkauf des Vordernberger Eisens beurkundet[13]. Ob der in einer Privilegienbestätigung für den Markt Lauffen genannte Freiheitsbrief für die Bürger von Gmunden aus der Zeit König Rudolfs[14] bereits die ausschließlichen Rechte der Salzfertiger am Salzvertrieb festlegte, ist zwar unsicher, jedoch nicht auszuschließen[15]. Auf Rudolf I. geht auch das Recht der Brucker Bürger zurück, daß zwischen Bruck an der Mur und Rottenmann keine Salzniederlage gestattet sei und nur dort das Salz in Kufen geschlagen werden dürfe[16], was ältere Stapelqualitäten des letztgenannten Ortes, der sonst für den Salzhandel erst 1360 privilegiert erscheint, impliziert[17].

Gehören die genannten Beispiele, gemessen am österreichischen Raum oder an den bei Gönnenwein dargestellten Fällen, durchwegs der älteren Generation von Haltezwangsbestimmungen an, so wird man sich doch nicht damit begnügen dürfen, in ihnen Akte einer kontinuitätsfremden spontanen Rechtssetzung seitens des Landesfürsten zu erblicken; es erscheint vielmehr notwendig, die hier faßbare Ordnung auf ältere Einrichtungen zurückzuführen.

---

[12] UBoE 4 (1867), 70 n 75; in mittelhochdeutscher Fassung in: Gustav Winter, Urkundliche Beiträge zur Rechtsgeschichte ober- und niederösterreichischer Städte, Märkte und Dörfer vom 12. bis zum 15. Jahrhunderte (1877), 41 f. n 16, Pkt. 5; dazu Michael Mitterauer, Zollfreiheit und Martkbereich. Studien zur mittelalterlichen Wirtschaftsverfassung am Beispiel einer niederösterreichischen Altsiedellandschaft (Forsch. z. Landeskunde v. NÖ. 19, 1969), 257 f.
[13] Steierm. Geschichtsbl. 2 (1881), 46 f.
[14] UBoE 6 (1872), 471 n 466 von 1344 März 10.
[15] Bei der Verleihung des Marktrechts an Hallstatt durch Königin Elisabeth 1311 Januar 21 wurden den Bürgern dieses Ortes bezeichnenderweise die Handelsrechte jener von Lauffen und Gmunden (sowie anderer Städte ob der Enns) verliehen und Recht und Verpflichtung der Fertigung festgelegt (UBoE 5, 1868, 39 f. n 41).
[16] Steierm. Geschichtsbl. 2 (1881), 55 f.
[17] 1360 wurde das Rottenmanner Niederlagsrecht dahin bestimmt, daß zwischen Aussee, Rottenmann und Schladming kein anderer Ort für Getreide und Salz Haltezwangsrechte ausüben dürfe (Steierm. Geschichtsbl. 3, 1882, 115 f.; vgl. Srbik, Studien, 117).

Zwangsbestimmungen, die — wenngleich primär zollpolitisch orientiert — den Handel in eine bestimmte Richtung lenken und außerhalb festgesetzter Plätze die Handelstätigkeit unterbinden sollten, sind für den österreichischen Donauabschnitt aufgrund des Zollweistums von Raffelstetten (904/06) bereits für spätkarolingische Zeit nachweisbar[18]. Auf die Übereinstimmung der dort genannten Marktbezirke mit verfassungsrechtlichen Einheiten hat M. Mitterauer mehrfach hingewiesen[19]. Von den spätmittelalterlichen Niederlagen in den den Zentralorten des Königsguts folgenden Städten werden vielleicht Linz und Stein — letzteres anstelle des passauisch gewordenen Mautern —, die großen Donaumautstellen, als Kontinuitätsträger anzusprechen sein[20].

Beziehungen zwischen Grafschaftsgrenzen und städtischem Stapelgebiet wurden nicht nur hinsichtlich des kölnischen Bannmeilenbezirks aufgesucht[21], sie lassen sich auch in unserem Untersuchungsbereich für die Hoheitsbezirke Judenburg-Leoben vermuten[22]. 1103 übertrug der Eppensteinerherzog Heinrich seiner Stiftung St. Lambrecht den Burgmarkt Judenburg samt Zoll, Maut und dem Warenstapel bzw. dem Niederlagsgeld von den durchziehenden Kaufleuten („praetereuntium merce")[23]; ob darunter auch das „Eisen aus Trofaiach" fiel, für welches

---

[18] MGH LL II/2 (1897), 249 ff. n 253; Gönnenwein, Stapel- und Niederlagsrecht, 15.

[19] Michael Mitterauer, Wirtschaft und Verfassung in der Zollordnung von Raffelstetten, Mitt. d. Oö. Landesarchivs 8 (1964), 344 f.; ders., Zollfreiheit und Marktbereich, 115 ff.

[20] Zu Städten als Nachfolger markgräflicher Burgplätze vgl. Michael Mitterauer, Zur räumlichen Ordnung Österreichs in der frühen Babenbergerzeit, MIÖG 78 (1970), 94 ff., bes. 109 ff.; Otto Brunner, Die geschichtliche Stellung der Städte Krems und Stein, in: Krems und Stein. Festschrift zum 950jährigen Stadtjubiläum (1948), 30 f.

[21] Konrad Beyerle, Die Entstehung der Stadtgemeinde Köln, ZRGG 31 (1910), 6.

[22] Fischer, Burgbezirk, 32 Anm. 99, 53 Anm. 208.

[23] UBStmk. 1 (1875), 111 n 95; vgl. Jürgen Sydow, Anfänge des Städtewesens in Bayern und Österreich, in: Die Städte Mitteleuropas im 12. und 13. Jahrhundert (Beiträge zur Geschichte der Städte Mitteleuropas 1, 1963), 68.

Judenburg laut Privileg König Rudolfs I. aus 1277 „ab antiquis temporibus" als Niederlage in Übung stand[24], muß offenbleiben. Vielleicht hat hier die dynamische Stadtwerdung den Stapel nach sich gezogen; die Abbaustätten lagen hingegen in der Leobener „Grafschaft", auf deren Burgort, die spätere Stadt Leoben, 1182 (vor 1164) Eisenbezugsrechte des Klosters Seitz abgestellt waren[25]. Die 1314 von Friedrich III. erlassene Verordnung, daß das Vordernberger Eisen nur nach Leoben verführt und dort verkauft werden dürfe[26], nur 37 Jahre nach dem wiederholt bestätigten Privileg für Judenburg, wird daher auch mit älteren Stapelgewohnheiten in Zusammenhang zu sehen sein.

Wurde hier das Niederlagsrecht, das sich im 15. Jahrhundert einerseits zum Handelsmonopol der Leobener Eisenkaufleute auswuchs, andererseits mit der Verlagspflicht gegenüber den Hammermeistern eine entsprechende Verbindung einging, in die genossenschaftlichen Freiheiten des Folgezentrums eines Hoheitsbezirks aufgenommen, so kommt diese Entwicklung bei Steyr, das als Dynastensitz einem ganzen Territorium den Namen gab, noch deutlicher zum Ausdruck. Auch hier wird man die Bestimmung als Stapelplatz für das Innerberger Eisen weit vor der privilegienmäßigen Fixierung 1287 annehmen dürfen, wofür nicht zuletzt der ländeartige Grundriß der Altsiedlung ein

---

[24] Ernst Frh. v. Schwind — Alphons Dopsch, Ausgewählte Urkunden zur Verfassungs-Geschichte der deutsch-österreichischen Erblande im Mittelalter (1895), 109 n 53: „Item ferrum de Treveiach debet duci tantum ad civitatem Judenburch ibique venalitati exponi, ut ab antiquis temporibus est consuetum." Vgl. Maja Loehr, Leoben. Werden und Wesen einer Stadt (1934), 73; Heinrich R. v. Srbik, Zwei Fälschungen im Dienste städtischer Handels- und Verwaltungspolitik, Zeitschr. d. hist. Ver. f. Steierm. 15 (1917), 71 ff.

[25] UBStmk. 1 (1875), 588 n 620; vgl. Ferdinand Tremel, Die Entwicklung des Eisenwesens im Raum Leoben (Leobener Grüne Hefte 101, 1967), 10. Zu den städtischen Anfängen Leobens, die weit vor der um 1262 erfolgten Siedlungsverlegung lagen, vgl. Loehr, Leoben, 72 f., zum Stadttyp Herbert Knittler, Herrschaftsstruktur und Ständebildung 2. Städte und Märkte (Sozial- und wirtschaftshistorische Studien, 1973), 75.

[26] Vgl. Anm. 13.

sprechendes Indiz darstellt[27]. Die Bindung der Handelsrechte mit einem bestimmten Produkt an einen Personenverband, die Bürgerschaft einer Stadt, ist auch hier nur der vorläufige Abschluß einer Entwicklung, die sich mit dem Aufkommen neuer Organisationsformen des Handels im Zusammenhang mit der Erstarkung des Städtewesens erklärt und in der Lieferung und Stapelung des Handelsgutes bei den Großburgen ihren Ursprung sieht[28].

Wie beim Eisen ergeben sich auch für das Salz für die Frühzeit auffällige Zusammenhänge zwischen Produktionsstätte und Stapel am Hauptort der jeweiligen Gebietseinheit. So erfolgte die Lieferung des in Aussee gewonnenen Salzes im 12. Jahrhundert wahrscheinlich zur Grafschaftsburg Grauscharn-Pürgg, auf die sich — ebenso wie beim Eisen — 1182 Salzbezugsrechte des Klosters Seitz bezogen[29]. Daß die Stadt Rottenmann als späterer Zentralort der Grafschaft im Ennstal 1277 als Träger von Niederlagsrechten für Ausseer Salz auftritt[30], paßt gut zu unseren Vorstellungen, wenngleich auch die natürliche Verkehrslage nicht ganz in ihrer Bedeutung unterschätzt werden darf. Daß gleichzeitig auch Bruck an der Mur als Sperrstapel genannt wird, hängt wohl mit der Notwendigkeit einer Mehrzahl von Verteilern bei gesteigerter Produktion zusammen, wie dies analog auch für Gmunden bzw. die Fertigerorte des oberösterreichischen Salzkammergutes anzunehmen sein wird,

---

[27] Adalbert Klaar, Stadt- und Marktformen. Grundrisse von Städten und Märkten, in: Atlas von Oberösterreich. Erläuterungsbd. zur 1. Lfg. (1958), 80. Urkundlich früher faßbare Niederlagsrechte besaß der Markt Aschbach für das durch das Ybbstal geführte Eisen (Mitterauer, Zollfreiheit, 252 f.).

[28] Vgl. Fischer, Burgbezirk, 53.

[29] UBStmk. 1 (1875), 588 n 620; dazu Hans Pirchegger, Die Grafschaften der Steiermark im Hochmittelalter, Erläuterungen zum Historischen Atlas der österreichischen Alpenländer II/1 (1940), 200 f. Die im Textteil gemachte Aussage, daß das in Aussee gewonnene Salz ins „landesfürstliche Amt" nach Pürgg geliefert wurde, wird durch die Identifizierung Grauscharns mit Aussee in Anm. 18 verunklart. Die Zuweisung des Salzes an Seitz bezog sich aber zweifellos auf einen Stapel bei der Markgrafenburg.

[30] Steierm. Geschichtsbl. 1 (1880), 55 f.; vgl. Herbert Hassinger, Zollwesen und Verkehr in den österreichischen Alpenländern bis um 1300, MIÖG 73 (1965), 338; Knittler, Herrschaftsstruktur, 76 f.

wo aufgrund des später einsetzenden Abbaus im großen auch
die Linie einer Kontinuität zum Burgplatz Wildenstein ver-
wischt erscheint[31]. Die interessante Personalunion zwischen
dem Leiter des Salzwesens, dem Salzamtmann, und dem Pfleger
der Vogtburg läßt sich nur bis ins 14. Jahrhundert zurückverfolgen[32].

Geht man von den hier genannten Beispielen aus, so ergibt
sich hinsichtlich des Haltezwangs bzw. des Handelsmonopols
für bestimmte Produkte eine Zäsur, die ins 13. Jahrhundert
zu setzen ist. Die vordem in engem Konnex mit der Einhebung von Mauten und Zöllen stehende Bindung des Handels
innerhalb eines fest umrissenen Gebiets an dessen rechtstopo-
graphischen Mittelpunkt, den Burgort, geht in das gesamt-
heitliche Recht von Personenverbänden über, die freie Durchfahrt von Handelswaren zu verbieten oder überhaupt Aus-
schließlichkeitsansprüche hinsichtlich des Vertriebs bestimmter
Güter zu behaupten. Augenfällig ist dabei der Zweck der
Sicherung der Bedarfsdeckung als Reaktion auf eine durch
raschen Bevölkerungszuwachs verursachte gesteigerte Nachfrage[33]. Die alten territorialen Bezüge, faßbar etwa im Begriff
der „gejenleide", der auf den „Gau" abgestellten Befugnis der
Niederlage für Reichenhaller Salz, wie sie 1190 für die Stadt
Mühldorf am Inn verbrieft wurde[34], oder in der Begrenzung

---

[31] Die Burg Wildenstein stellte den Mittelpunkt des vermutlich auf Vogteigut zurückgehenden Distrikt des Ischllandes dar, vgl. Knittler, Herrschaftsstruktur, 57. Die Geschichte der Organisation des älteren Salzhandels ist zusammengefaßt bei Alfred Hoffmann, Wirtschaftsgeschichte des Landes Oberösterreich. I. Werden, Wachsen, Reifen (1952), 70 ff.

[32] Krackowizer, Gunden 2, 372; Handbuch der Historischen Stätten. Donauländer und Burgenland (Österreich 2, 1970), 22; vgl. auch Franz Pfeffer, Raffelstetten und Tabersheim, Hist. Jahrb. d. Stadt Linz 1954 (1955), 83 f.

[33] Vgl. Wilhelm Abel, Agrarkrisen und Agrarkonjunkturen (²1966), 30 ff.

[34] 1190 September 21 erlaubte König Heinrich VI. Erzbischof Adalbert III., in seinem „burgus" Mühldorf eine „exhonoratio et depositio salis ab Halla ducti que vulgariter gejenleide dicitur" zu errichten (SUB 2, 1916, 647 n 477). Hans Widmann, Geschichte Salzburgs 1 (1907), 283 Anm. 7 hat diesen Ausdruck von gawi —

des 1239 Innsbruck verliehenen Niederlagsrechts mit der „comítia"[35], treten in der Folge immer mehr in den Hintergrund.

Gewohnheitsrechtliche Bindungen lassen sich in den seit dem 13./14. Jahrhundert an der Donau auftauchenden Salzladstätten und -niederlagen feststellen, die als Verteilerplätze für das salzburgische Salz keinem hoheitsrechtlich dominanten Bezugspunkt zugeordnet waren, aus ihrer Verbindung mit Stadt- und Marktorten aber Zentren herrschaftlich bestimmter Kleinräume folgen. Ansatzmöglichkeiten für Niederlagsplätze ergaben sich naturgemäß dort am ehesten, wo Fernverkehrswege vom Strom weg nach Norden ausgingen und eine Umladung des Produkts vom Schiff auf die Achse notwendig wurde, an Punkten, die sich als günstige Kontrollstellen in der Regel mit landesherrlichen Zollstätten verbanden[36]. So erscheint die erst 1365 urkundlich erwähnte Steiner Niederlage für Halleiner und Schellenberger Salz[37] durchaus mit der im Maius für St. Nikola bei Passau um 1220/30 genannten Ladstätte in Verbindung zu stehen[38]. Sie fungierte gleicherweise als Umschlagplatz für den Fernhandel in die salzlosen Länder Böhmen und Mähren wie

---

Gau und lagida — Niederlage abzuleiten versucht, wodurch eine Zuordnung von Niederlagsbezirk und verwaltungsrechtlicher Einheit wahrscheinlich würde (Mitterauer, Zollfreiheit, 251 Anm. 96).

[35] Schwind — Dopsch, Ausgewählte Urkunden, 80 n 37. Die dort vorfindliche Form „niderlaz" hatte zu Fehldeutungen geführt, die hierin nur eine „Marktsiedlung ..., in der die Kaufleute mit ihren Waren Halt machen können" sehen wollten (Hans v. Voltelini, Das älteste Innsbrucker Stadtrecht, in: Festschrift des akademischen Historikerklubs zur Erinnerung an dessen Vierzigstes Stiftungsfest, 1913, 8). Zur Richtigstellung siehe Otto Stolz in: Forsch. u. Mitt. z. Geschichte v. Tirol 10 (1913), 303 f.; ders., Neue Beiträge, 160.

[36] Brunner, Krems und Stein, 31; vgl. auch August Loehr, Beiträge zur Geschichte des mittelalterlichen Donauhandels, Oberbayer. Archiv 60/2 (1916), 155 ff.

[37] 1365 März 28 erklären die Bürger von Tulln, daß die Niederlage für Halleiner und Schellenberger Salz seit jeher in Stein gewesen sei (FRA III/1, 1953, 45 n 53).

[38] UBoE 2 (1856), 114 n 80; zur Datierung Karl Lechner, Geschichte der Besiedlung und der ältesten Herrschaftsverteilung, in: Heimatbuch des Bezirkes Horn 1 (1933), 259; vgl. auch FRA III/1, 1953, 32 n 28 zu 1327.

auch als Bezugsort für das Waldviertel und die dort auftauchenden sekundären Niederlagsbildungen[39]. Ähnliche Funktionen versah die zeitlich später anzusetzende Niederlage in Korneuburg, die ihre Rechte im 14. und 15. Jahrhundert schrittweise gegenüber Stein erkämpfen mußte, dieses aber nachweislich seit dem 17. Jahrhundert an Umsatz bei weitem übertraf[40]. Die hier für den Wagensalzhandel überlieferte Ordnung, nach der das Recht zur Nutzung des Niederlagsprivilegs unter weitgehendem Ausschluß der Handwerker innerhalb der Bürgerschaft reihum gehen sollte[41], kehrt in Linz, Murau und 1453 auch für den Kleinküfelverschleiß in Stein wieder[42]. Sie dürfte

---

[39] Zu den Salzkammern in Eggenburg, Horn, Retz, Waidhofen an der Thaya, Zwettl usw. vgl. Anm. 80. Für Weitra wird 1431 die „salzaufladung" bzw. „-abladung" als „nyderlegung" bezeichnet (Geschichtliche Beilagen z. St. Pöltner Diözesanbl. 6, 1898, 417), die in Aufbau und Funktion der Kammer in Eggenburg entsprochen haben dürfte.

[40] Korneuburg erhielt 1365 April 25 das Recht, aus Hallein Salz zuzuführen und dasselbe nach Belieben zu verschleißen, mit der Einschränkung, daß das Salz über Tag und Nacht in Krems niedergelegt werden muß. Aufgrund von Beschwerden der Städte Krems und Stein wurde dieses Vorrecht 1367 nur bis Weihnachten 1368 bzw. auf Widerruf verlängert, jedoch 1396 und 1412 sogar die freie Durchfuhr durch Krems-Stein gestattet (Albert Starzer, Geschichte der landesfürstlichen Stadt Korneuburg, 1899, 59 f., 71; FRA III/1, 1953, 54 n 76). Die Bezugsziffern der Kleinküfelladstätten, die mit Ausnahme jener von Stein anteilsmäßig vom 16. zum 18. Jahrhundert weitgehend konstant blieben, vgl. in den Resolutionsbüchern des Salzoberamtsarchivs (Anm. 115), dazu Krackowizer, Gmunden 2, 333; Eleonore Hietzgern, Der Handel der Doppelstadt Krems-Stein von seinen Anfängen bis zum Ende des Dreißigjährigen Krieges, phil. Diss. Wien (1967), 117 ff.

[41] 1397 gestatteten die Herzoge Albrecht IV. und Wilhelm den Korneuburger Bürgern, alle Wochen zwei Wägen Salz zu verkaufen, wobei der Reihe nach jeder Bürger von diesem Vorrecht Gebrauch machen sollte; die Handwerker durften hingegen nur „kleines" Salz, nicht aber Wagensalz verschleißen (vgl. Starzer, Korneuburg, 317).

[42] Für Linz in einem Privileg Albrechts IV. aus 1390 faßbar (UBoE 10, 1933—1939, 638 n 829), für Stein in der Salzhandelsordnung von 1453 (FRA III/1, 1953, 106 ff. n 184), für Murau in der Ordnung des Salzverkaufs von 1498 (Ferdinand Tremel, Murau als Handelsplatz in der frühen Neuzeit, in: Beiträge zur Geschichte von Murau (Zeitschr. d. hist. Ver. f. Steierm. So.-Bd. 3, 1957, 70 f.).

aufgrund ihrer typologischen Übereinstimmung mit Kolonistenrechten[43] älter sein und macht die Notwendigkeit einer bei Gönnenwein unterbliebenen Differenzierung der Niederlagsprivilegierten deutlich[44]: Nicht die Stadt als Rechtsperson ist Träger bestimmter Berechtigungen, sondern zunächst ausschließlich ihre Bürgergemeinde. Die unabhängig vom Bedarf festgesetzte Limitierung des Salzeinkaufs, 1498 für Murau belegt[45], weist wie im Falle Münchens in Richtung eines Einkäuferkartells[46].

Der im 14. Jahrhundert einsetzende verstärkte Ausstoß der Hallstätter Saline machte eine Abgrenzung der Belieferungsbezirke zwischen den Habsburgern und dem Erzstift Salzburg notwendig[47]. Im bekannten Vertrag von 1398, der bestehende Handelsgewohnheiten zur Richtschnur nahm, wurde dann festgelegt, daß dem hällischen Salz der Bereich nördlich der Donau offenstehen, während jener im Süden ausschließlich dem Gmundner Salz freigehalten werden sollte[48].

Die bis ins 15. Jahrhundert vorwiegende Belieferung des niederösterreichischen Donauabschnittes mit Salzburger Salz

---

[43] Vgl. Fritz Rörig, Heinrich der Löwe und die Gründung Lübecks, in: Rörig, Wirtschaftskräfte im Mittelalter (^{2}1971), 447 ff.

[44] Siehe Anm. 2.

[45] In Murau wurde 1498 festgelegt, daß kein Bürger mehr als acht Saum Salz auf einmal kaufen dürfe (Tremel, Murau als Handelsplatz, 70 f.).

[46] Hermann Vietzen, Der Münchner Salzhandel im Mittelalter. 1158—1587 (Kultur und Geschichte 8, o. J. 1936), 46; vgl. auch Jakob Strieder, Studien zur Geschichte kapitalistischer Organisationsformen (^{2}1925), 186.

[47] Srbik, Studien, 125, 178 ff.; Krackowizer, Gmunden 2, 361 f.

[48] UBoE 11 (1941—1956), 672 n 751. 1398 Juni 27 wurde dem Markt Grein die Beobachtung des Vertrags über die Verfrachtung des hällischen Salzes, das nördlich der Donau über Linz, Mauthausen, Grein, Krems, Stein und Korneuburg geführt werden soll, aufgetragen (FRA III/1, 1953, 57 n 81; Karl Dieter Glaßer, Das Ladstattrecht, der Handel und das Gewerbe der Stadt Grein bis ins 18. Jahrhundert, phil. Diss. Wien, 1967, Anh. 1). Die Abgrenzung der Belieferungsbezirke wird bereits in einem Mandat Rudolfs IV. von 1361 Mai 14 faßbar (UBoE 8, 1883, 19 n 20).

korrespondierte dort mit einem relativ einfach konstruierten Netz von Ladstätten und Niederlagspunkten, während aufgrund der additiven Beschickung mit dem Salz der Hallstätter Saline im obderennsischen Bereich sich schon im 14. Jahrhundert ein kompliziertes Nebeneinander unterschiedlicher Bezugs- und Absatzberechtigungen ergab. Hinzu kommen Aspekte territorialwirtschaftlicher Konkurrenzierung, wenn etwa der Bischof von Passau als Gegenmaßnahme zur Verstärkung der österreichischen Produktion versuchte, den Salz- und Schmalzhandel über Obernzell nach Neufelden bzw. von den Ladstätten Niederranna und Landshag nach Neufelden zu intensivieren[49].

Den von den Niederlagsplätzen Stein und Korneuburg ausgehenden Fernwegen entsprach auf oberösterreichischer Seite von der verkehrsgeographischen Situation her am ehesten die Straße von Linz durch den Haselgraben[50], die aber durch gesetzte Zwangsbestimmungen, die Verleihung des Stapelrechts an Freistadt[51], die wiederum mit der böhmischen Konkurrenzgründung Budweis in Zusammenhang stehen dürfte[52], verlegt wurde. Daß dabei ältere Handelsgewohnheiten außer acht gelassen wurden, zeigen nicht nur die wiederholten Auseinandersetzungen Freistadts mit Linz und dem an der alten Straße

---

[49] Adolf Wagner, Beiträge zu einer Geschichte des Salzhandels von Linz nach Böhmen, Hist. Jahrb. d. Stadt Linz 1961 (1962), 40. Das obere Mühlviertel entwickelte als Überschneidungsgebiet österreichischen und passauischen Einflusses ein mit den Donauladstätten nicht zusammenhängendes Netz von Niederlagen (Hofkirchen, Putzleinsdorf, Rohrbach, Haslach), das erst später nach Ottensheim hin orientiert erscheint (vgl. Wagner, Beiträge, Hist. Jahrb. d. Stadt Linz 1963, 1964, 13 f.).

[50] Vgl. Pfeffer, Raffelstetten, 33 ff. Als Salzniederlage wird Linz allerdings erst 1311 bezeichnet, als Bischof Wernhart von Passau festsetzte, daß zwischen Passau und Linz nur „auf seiner Hofmarch ze Velden in dem Markcht eine Niederlage für Salz" sein soll (UBoE 9, 1906, 921 n 778).

[51] UBoE 3 (1862), 474 n 513.

[52] Vgl. zuletzt Jiří Kuthan, Zvíkovský purkrabí Hirzo. Příspěvek k dějinám kolonizace jižních Čech, Československý časopis historický 19 (1971), 711 ff.

gelegenen Markt Leonfelden[53], sondern auch die wohl noch ins 13. Jahrhundert zurückreichende, aber erst für 1390 belegte Form der Zirkelbelieferung der Linzer Vollbürger mit Wagensalz zum Zwecke des monopolistischen Weitervertriebs[54].

Die hier angestellten Überlegungen einer durch ältere Normen bedingten Rayonierung müssen allerdings solange hypothetisch bleiben, als keine eindeutige Trennung der Niederlagsrechte für hällisches und Gmundner Salz möglich ist, wenngleich für letzteres Haltezwangsbestimmungen vor der Gewährleistung einer ausreichenden Marktbeschickung, d. h. vor der Mitte des 14. Jahrhunderts kaum zu erwarten sind. 1335 bestätigten die Herzoge Albrecht II. und Otto das alte Herkommen, daß das Gmundner Salz ennsaufwärts zum Ländeplatz Reinthal gebracht und dort niedergelegt werden müßte[55], Bestimmungen, die wohl mit allgemeinen, wenngleich zeitlich beschränkten Stapelverpflichtungen der otakarischen Zeit zusammenhängen könnten[56]. Daß bereits damals eine Erweiterung des Absatzbereichs nicht nur von der Produktion her möglich, sondern aus handels-

---

[53] Die umfangreiche Literatur zur Geschichte des Niederlagsrechts von Freistadt vgl. in: Die Städte Oberösterreichs (Österreichisches Städtebuch 1, 1968), 142; Wagner, Beiträge.

[54] UBoE 10 (1933—1939), 638 n 829; Franz Kurz, Oesterreichs Handel in aelteren Zeiten (1822), 469 f. n 51. Bereits im Zoll von Straßwalchen vom Anfang des 14. Jahrhunderts ist das Linzer Wagensalz gesondert angeführt (Pfeffer, Raffelstetten, 78). Im Salzstreit zwischen Linz und Freistadt ließ Rudolf IV. 1362 durch Schiedspersonen bestätigen, daß die Böhmen ihr Kufensalz seit jeher von der Niederlage in Freistadt und nicht von Linz bezogen hätten (vgl. Wagner, Beiträge, 43 f.), womit aber wohl nur das Gmundner Salz, nicht aber das Wagensalz und das übrige auf dem Wasserweg zugeführte Salz gemeint gewesen sein dürfte. Die Linzer wurden verpflichtet, den Freistädtern ihr ganzes Salz zu verkaufen, andererseits wurden die Freistädter dazu angehalten, die Hälfte des Salzbedarfs in Linz zu decken (Alfred Hoffmann, Verfassung, Verwaltung und Wirtschaft im mittelalterlichen Linz, Heimatgaue 16/1935, 1936, 103). Das Privileg von 1390 beweist jedoch wieder, daß der Linzer Salzhandel nicht völlig abgestellt, sondern ebenso wie bei Leonfelden mit dem Nahmarktbereich eingegrenzt wurde (Hoffmann, Wirtschaftsgeschichte, 71).

[55] UBoE 6 (1872), 159 n 153; Krackowizer, Gmunden 2, 328.

[56] UBoE 2 (1856), 431 n 296; dazu Kurz, Handel, 9 ff.; Hoffmann, Wirtschaftsgeschichte, 44 f.; Gönnenwein, Stapelrecht, 17.

politischen Erwägungen sogar notwendig war, zeigt die Aufhebung des Freibriefs von 1335 schon fünf Jahre später[57]. Wurde um die Mitte des 14. Jahrhunderts der Vertrieb des Kammerprodukts in die Riedmark und ins Machland noch durch landesfürstliche Mandate untersagt, so legte man bereits umso mehr Wert auf den Absatz nach Böhmen über die Niederlage in Freistadt[58].

In der 2. Jahrhunderthälfte begann das Gmundner Küfelsalz über Mauthausen und Grein, Märkte, die zunächst als Ladstätten für das hällische Salz fungierten, ins untere Mühlviertel bis zur Isper im Osten einzudringen[59]. Mit dem 1395 Enns verbrieften Monopol auf die Salzbelieferung des Machlandes[60], ganz im Gegensatz zum Vertragswerk von 1398, wurde die Grundlage zur Bekämpfung des ausländischen Salzes in den nördlichen Landesteilen geschaffen; 60 Jahre später folgten bereits völlige Einfuhrverbote[61]. Das Zurückdrängen des Salz-

---

[57] UBoE 6 (1872), 330 f. n 325. Den Fertigern wurde freigestellt, mit ihrem Salz in die Stadt Enns zu fahren, dasselbe in Enghagen zu landen, oder es, ohne es von den Schiffen zu bringen, donauabwärts zu führen; die Stadt Enns erhielt für den Entgang eine Mautbefreiung (UBoE 6, 1872, 331 f. n 326).

[58] 1358 befahl Herzog Albrecht II. dem Richter zu Mauthausen, darauf zu achten, daß das Gmundner Salz nur auf den althergebrachten Straßen (d. h. über Freistadt) ausgeführt werde (UBoE 7, 1876, 566 n 554). 1361 wird der Handel mit Gmundner Salz in der Riedmark untersagt (UBoE 8, 1883, 19 n 20). Vgl. Wagner, Beiträge, 41.

[59] Das Ausschließlichkeitsrecht von Enns zum (Fuder-)Salzhandel ins Machland wurde durch Privilegien für Mauthausen (1378 Bestätigung des vor 1358 verliehenen Niederlagsrechts, 1406 Erlaubnis zum freien Handel mit Gmundner Salz; UBoE 9, 1906, 408 n 331; Kurz, Handel, 474) und Grein (Glaßer, Ladstattrecht, 15 ff.) durchbrochen. 1445 (Grein) bzw. 1464 (Mauthausen) wurde entschieden, daß beide Märkte das zum Verkauf gelangende Salz aus Enns zu beziehen haben (Glaßer, Ladstattrecht, 181; Josef Mayr, Geschichte des Marktes Mauthausen, 1908, 40).

[60] UBoE 11 (1941—1956), 406 n 438.

[61] 1453, 1454 wurde die Einfuhr von Halleiner und Schellenberger Salz in die Riedmark und ins Machland verboten und das Verbot 1459 durch Albrecht VI. bestätigt (Karl Oberleitner, Die Stadt Enns im Mittelalter. Vom Jahre 900 bis 1493, AÖG 27, 1861, 117 f. n 85; Krackowizer, Gmunden 2, 363; Srbik, Studien, 179 Anm. 1).

burger Salzes hatte auch die Umwandlung der bestehenden
Ladstätten und Niederlagen in solche für Gmundner Salz zur
Folge; Salzverfrachtung und Salzhandel im österreichischen
Raum wurden damit in verstärktem Maße zum Monopol der
Fertigerorte[62].

Abweichende Besonderheiten gegenüber dem Hallstätter Bezirk wies die Organisation des Ausseer Salzhandels auf[63], der vorwiegend die Steiermark und Kärnten, dort gegen die Konkurrenz des hällischen und des Meersalzes versorgte und dessen Absatzgebiet nach Norden durch Verträge zwischen den steirischen und den österreichischen Landesherrn abgegrenzt wurde (1430). Dabei wurde neben dem Pittener und Steyrer Gebiet auch der über den Provianteisenhandel mit der Steiermark in enger Verbindung stehende Bezirk dem Ausseer Salz für offen erklärt[64].

Im Ausseer Bereich hatten die Bürger des Salinenortes keinen wesentlichen Anteil am Transport und Vertrieb; die Verfrachtung des Salzes zur Niederlage, insbesondere in die „Salzarbeitstädte" Rottenmann und Bruck an der Mur, besorgten vielmehr bäuerliche Fuhrwerker, von der Niederlage weg berufsmäßige Salzführer, die das Produkt auf festgesetzten Straßen zu den sekundären Niederlagsplätzen brachten und über das

---

[62] Vgl. die Aufzeichnungen über die Ennser Salzmaut aus den Jahren 1461, 1462, 1464, 1467, 1470, 1471 und die Trennung der Einnahmen „von denen burgern, die rechtt haben das salcz ze fueren" und von jenen „an recht" (Oberösterreichisches Landesarchiv, Stadtarchiv Enns, HS 70—75), dazu auch den Mauttarif von 1386 (Oberleitner, Stadt Enns, 91).

[63] Srbik, Studien, 114 ff.

[64] 1430 gestattete Herzog Friedrich V., daß das Ausseer Salz über den Pyhrn bis Klaus, über Admont und die Buchau nach Weyer, Steyr, Waidhofen, Amstetten, Scheibbs, St. Pölten und überhaupt in das Viertel ob dem Wienerwald sowie über den Semmering bis Wiener Neustadt gebracht werden dürfe (Srbik, Studien, 120; Mitterauer, Zollfreiheit, 333 f.). Gleicherweise erfolgte eine Festsetzung des Markt- und Konsumgebietes im Süden: 1390 bestimmte Herzog Albrecht III., das Ausseer Salz habe bis Hollenburg an der Drau und weiter bis zum Loibl-Paß, bis Eisenkappel und bis Windischfeistritz zu gehen, während Krain und die Grafschaft Cilli dem Meersalze überlassen blieben (Srbik, Studien, 120).

System der Gegenfuhr für eine Versorgung der Bergbaubezirke mit Getreide und anderen Nahrungsmitteln dienstbar gemacht werden konnten[65]. Die 1409 erfolgte Ausdehnung der Salzfertigerrechte der Brucker Bürger auf das ganze Fürstentum Steier[66] hatte einerseits wechselseitige Ausnahmeabsprachen mit anderen Niederlagsgemeinden, andererseits in zunehmendem Maße Auseinandersetzungen mit nichtprivilegierten Städten und den Hallingern als den auf die Bildung des Endpreises einflußlosen Produzenten zur Folge[67].

Hinsichtlich der Versorgung der Letztverbraucher zeigen der Gmundner und der Ausseer Salzhandelsbereich wieder deutliche Übereinstimmungen, da die Mehrzahl der landesfürstlichen Städte und Märkte im 15. Jahrhundert eine privilegienmäßige Bestätigung sekundärer Niederlagsrechte, die sich aus dem Zusammenspiel von Straßenzwangs- und Bannmeilenbestimmungen sowie dem Verbot des Fürkaufs ableiten lassen, erhielt[68], woraus eine zwangsweise Bindung der ländlichen Umgebung, aber auch berufsmäßiger Einkäufer an den städtischen Markt resultierte. Hier wie dort versuchten die Bürger der Niederlagsstädte, monopolistisch die Bedarfsdeckung des ganzen Landes in der Hand zu behalten und Nichtbürger vom kaufmännischen Gewinn auszusperren[69].

---

[65] Srbik, Studien, 117 f.
[66] Joseph Wartinger, Privilegien der Kreisstadt Bruck (1837), 31 f. n 22; Srbik, Studien, 118.
[67] Srbik, Studien, 118, 124.
[68] Srbik nennt a. a. O. als Niederlagsplätze für Salz Radkersburg, Voitsberg für den Kainachboden, für das obere Murtal Knittelfeld und Judenburg und für die Ausfuhr nach Kärnten Neumarkt. Hinzu kamen solche Städte, die aufgrund allgemeiner Niederlagsrechte auch solche für Salz beanspruchten, wie Graz, Cilli usw. (vgl. Hans Pirchegger, Geschichte der Steiermark 2, 1931, 233 f.); zum Murauer Salzhummel vgl. Tremel, Murau als Handelsplatz, 69 ff. Zu den Normeninhalten der gen. Rechte Mitterauer, Zollfreiheit, 231 ff., bes. 251; Gönnenwein, Stapelrecht, 29 ff., 274 ff.; allgemein auch Winfried Küchler, Das Bannmeilenrecht (Marburger Ostforschungen 24, 1964). Bei der Verleihung einer Salzkammer an die Stadt Waidhofen an der Thaya 1454 wurde außerhalb des städtischen jeder Salzhandel in der Bannmeile untersagt (Bl. f. Landeskunde v. NÖ. NF 27/1893, 1893, 154 f.).
[69] Srbik, Studien, 122.

In der Folge führte der Wandel im Persönlichkeitsbegriff der Stadt, gekennzeichnet durch das Auftreten des Stadtrates als Obrigkeit und Repräsentant nach außen, zu einer Schwächung der Rechte der Bürgergemeinde gegenüber der Stadt als Rechtsperson, die sich in immer stärkerem Maße in einer Kommunalisierung bürgerlich-privater Rechte und Privilegien äußerte[70]. Mit der Verleihung von Salz- und Eisenkammern an Städte und Märkte, vor allem seit Friedrich III., erwuchs ein Antagonismus bürgerlicher und städtischer Handelsmonopole[71].

Blendet man von hier zurück zu der eingangs angeführten Definition Gönnenweins[72], so wird man — zunächst ausschließlich auf den Salzhandel eingeschränkt — feststellen müssen, daß diese aufgrund der Betonung des Haltegebots für den kaufmännischen Verkehr für die hier auftauchenden, entweder ausdrücklich mit dem Begriff „Niederlage" bezeichneten oder dieser analog zu betrachtenden Phänomene als zu eng gefaßt erscheint. Weit elastischer wäre eine etwa an den Stufenlehren von Stieda[73] und Roscher[74] orientierte Schichtdefinition, wobei als unterste Stufe das Ladstattrecht anzusprechen wäre. Die

---

[70] Vgl. Karl Gutkas, Städte und Märkte im Spätmittelalter, in: Die Gotik in Niederösterreich (1963), 63.

[71] Vgl. das Beispiel Waidhofen an der Thaya (Anm. 68), dann Wien, wo 1466/79 eine Kammer mit dem Vorrecht zum Handel mit Küfelsalz eingerichtet wurde (Otto Brunner, Die Finanzen der Stadt Wien, Studien aus dem Archiv der Stadt Wien 1/2, 1929, 122; vgl. auch Peter Csendes, Die Wiener Salzhändler im 15. und 16. Jahrhundert, Jahrb. d. Vereines f. Geschichte d. Stadt Wien 27, 1971, 7 ff.). Gut zu verfolgen sind die Auseinandersetzungen zwischen dem bürgerlich-privaten Salzhandel und jenem der Kammer in Krems-Stein. Die dort vor 1492, vielleicht im Zusammenhang mit der 1491 an Krems verliehenen Handelsfreiheit für Getreide, Gmundner Salz und andere Waren, errichtete Salzkammer führte durch Erhöhung des Verkaufspreises für Salz zu Absatzschwierigkeiten und mündete in der Einrichtung einer obrigkeitlich kontrollierten Salzkammer in Stein 1525, die den Einzelhandel gänzlich beseitigte (FRA III/1, 1953, 148 f. n 243, 151 n 248, 205 f. n 324; dazu Hietzgern, Handel der Doppelstadt Krems-Stein, 75 ff.).

[72] Anm. 1.

[73] Art. „Stapelrecht", in: Handwörterbuch der Staatswissenschaften 7 (^{3}1911), 808 ff., 812.

[74] Wilhelm Roscher, System der Volkswirtschaft III/2 (^{8}1917), 100.

Ladstatt, der Platz, wo bestimmte Waren und Produkte „rechtmäßig" angelandet und umgeladen werden durften, entstand wohl als Instrument der Verkehrsleitung. Erst sekundär, vielleicht als Entsprechung für die Auslagen zur Herhaltung der Ländeeinrichtungen, kamen der Gemeinde des der Ladstatt zugeordneten Ortes bestimmte Vorrechte, „Schiffung und Arbeit"[75], zu, die bis zum Ausschließlichkeitsanspruch auf den Verschleiß der abgeladenen Güter gesteigert erscheinen können. Anländezwang bei beabsichtigter Durchfahrt war jedoch im Ladstattrecht zunächst nicht enthalten[76].

Erheblich komplexer stellt sich der Begriff der eigentlichen Niederlage dar, der zumindest für Plätze an schiffbaren Gewässern Ladstattrechte impliziert. Der Normeninhalt: Zwang für den Kaufmann oder den auf eigene Rechnung fahrenden Frächter, sein Handelsgut niederzulegen und den Bürgern feilzubieten, reduzierte sich nachweislich schon im 14. Jahrhundert auf die obrigkeitlicherseits zugesicherte Berechtigung auf Umsatzgewinn, da die Niederlagsorte, wie etwa Stein und Korneuburg, zur Zeit des vorherrschenden hällischen Salzes die Zufuhr des Produkts großteils selbst finanzierten[77]. Dies gilt in gleicher Weise für Städte ohne Ländeplatz: So gestattete Herzog Albrecht V. 1412 den Bürgern von Eggenburg, Salz von Krems

---

[75] Glaßer, Ladstattrecht, 15 ff., 20 f.
[76] Die „lastatt" als Institut der Verkehrshemmung wird 1360 erstmals genannt (Mohr, Haltezwang, 125). 1493 bis 1508: „die salltzkamer in allen laastettn bey Thunaw" (Joseph Chmel, Urkunden, Briefe und Actenstücke zur Geschichte Maximilians I. und seiner Zeit, 1845, 366 n 254).
Die „rechten und gewöhnlichen Ladstätten" an der Donau, wohin von Gmunden aus das Kleinküfelsalz geliefert wurde, verbanden sich seit dem 16. Jahrhundert durchwegs mit Kammern, die sich zunächst unter städtischer, seit 1633 unter ärarischer Verwaltung befanden. Als Ladstätten galten außer Enns die Orte Ybbs, Melk, Spitz, Hollenburg, Traismauer, Tulln, Korneuburg, Klosterneuburg und Wien; hinzu kamen im 17. Jahrhundert Ardagger, Persenbeug, St. Johann bei Grafenwörth und Weitenegg (Krackowizer, Gmunden 2, 330 f.).
[77] Vgl. Theodor Mayer, Zwei Passauer Mautbücher (1908), 79, 81, 184 ff.; Hietzgern, Handel der Doppelstadt Krems-Stein, 70 ff.; Starzer, Korneuburg, 59 f., 71. Mit dem Vordringen des Gmundner Salzes ging jedoch auch die Zufuhr auf eigenen Schiffen zurück.

und Stein in ihre Stadt zuzuführen, dort niederzulegen und fremden Kaufleuten aus Böhmen oder anderswo zu verkaufen[78]. Die Freiwilligkeit der Zufuhr betont das Niederlagsprivileg für Retz von 1458[79].

Das Recht des Einkaufs zum Zwecke des monopolistischen Wiederverkaufs zu erhöhtem Preis charakterisiert die Mehrzahl der Salzniederlags- bzw. -kammerverleihungen des 15. Jahrhunderts[80]; augenfällig ist die Reziprozität zum Fürkaufsverbot. Dabei erklärt sich der Begriff der Kammer aus einer, vielleicht zunächst auf Vorratsbildung zurückgehenden, meist von Stadt wegen erfolgten Konzentrierung der Ware als „Vorstadium des Handels"[81], neben oder im Gegensatz zur privaten Handlung des Einzelunternehmers. Daß das Niederlagsrecht auch mit dem Anfeilzwang eine Verbindung einging, zeigt etwa das Beispiel von Raabs, wo bei der Errichtung einer Salz- und Eisenkammer durch Heinrich von Puchheim 1469 nur die Untertanen der Herrschaft zur Feilbietung ihres Han-

---

[78] Bl. f. Landeskunde v. NÖ. NF 35/1901 (1901), 143 n 21.

[79] Rudolf Resch, Retzer Heimatbuch 1 (1936), 304.

[80] 1480 Verleihung einer Salzkammer an den zur Stadt erhobenen Markt Baden (Joseph Chmel, Regesta chronologico-diplomatica Friderici IV. Romanorum regis, Neudr. 1962, 699 n 7390); Bruck an der Leitha erhielt 1463 ein allgemeines Niederlagsrecht (Bl. f. Landeskunde v. NÖ. NF 34/1900, 1900, 219 n 33); Eggenburg vgl. Anm. 78; Hainburg vgl. Anm. 83; die Kosterneuburger Kammer stammt aus 1480 (Albert Starzer, Geschichte der landesfürstlichen Stadt Klosterneuburg, 1900, 219), die Korneuburger aus 1429 (Starzer, Korneuburg, 318; Topographie von Niederösterreich 5, 1903, 337 f.); Retz vgl. Anm. 79; St. Pölten erhielt 1514 das Recht, „eine lastatt zu machen" und Gmundner Salz von Hollenburg u. a. Orten an der Donau dorthin zu bringen (August Hermann, Geschichte der l.-f. Stadt St. Pölten, 1917, 518). Tulln ist 1450 einzige Ladstatt zwischen Hollenburg und Klosterneuburg, die Einrichtung einer Salzkammer wurde 1454 verboten, Kauf und Verkauf des nach Tulln gebrachten Salzes sollten vielmehr frei sein (Otto Biack — Anton Kerschbaumer, Geschichte der Stadt Tulln, 1966, 295). Waidhofen an der Thaya siehe Anm. 68, Wien Anm. 71. Wiener Neustadt erhielt 1479 das Recht zur Errichtung einer Salzkammer (Josef Mayer, Geschichte von Wiener Neustadt I/2, 1926, 125); die Zwettler Salzkammer stammt aus 1483 (Johann Hermann, Die Stadt Zwettl, 1964, 18 Anm. 5).

[81] Mohr, Haltezwang, 119 f.

delsgutes verpflichtet werden konnten[82]. In Städten, die — wenn auch nur zeitweilig, wie Hainburg — über eine Warenniederlage bzw. einen Sperrstapel verfügten, konnte diese auch die Feilbietungspflicht für das von den Gästen zugeführte Salz beinhalten, die bis zum Recht, die Weiterfuhr überhaupt zu untersagen, gesteigert erscheinen kann[83].

Ähnliche Organisationsformen wie im spätmittelalterlichen Salzhandel treten uns im Vertrieb des Eisens der verschiedenen Produktionsstätten entgegen. Auch hier steht letztlich nicht das Recht der Niederlagsstädte im Vordergrund, den Händler hinsichtlich des Verkaufs des Montanprodukts einem Zwang zu unterwerfen, sondern ausschließliche Bezugsrechte gegenüber der Produktionsstätte, die allerdings in weit stärkerem Maße als beim Salzwesen als Äquivalent für finanzielle Bevorschussung, den Verlag vor allem der Hammermeister, und die Gewährleistung einer hinreichenden Versorgung des Montanbezirks mit Nahrungsmitteln angesehen wurden[84].

Entsprechend der Vorrangstellung von Gmunden (mit Hallstatt, Lauffen, später auch Ischl) und Rottenmann-Bruck in der Salzverführung bzw. im Salzhandel bestand eine Zweiteilung des Eisenhandels nach den Verlagsstädten Steyr und Leoben, die jeweils einem Produktionszentrum zugeordnet waren[85]. In beiden Fällen geht die spätere Vorrangstellung der Handelsbürgerschaft der beiden Städte auf ein zufolge älterer Funktionen erteiltes Niederlagsprivileg zurück, das für Steyr einen zeitlich begrenzten, für Leoben einen unbegrenzten Haltezwang vor-

---

[82] Niederösterreichische Weisthümer 2 (Österreichische Weisthümer 8, 1896), 236.
[83] Hainburg erhielt von den Herzogen Albrecht III. und Leopold III. (1365—1386) auf Widerruf das Niederlagsrecht für das nach Ungarn geführte Salz. 1446 wurde festgesetzt, daß ein Hainburger Bürger frei verkaufen dürfe, ein Gast jedoch sein Salz zwei Tage lang zum Verkauf anbieten muß und erst am dritten Tag weiterfahren kann. 1460 wurde dieses Privileg dahin ergänzt, daß alles die Donau herabgeführte Salz in Hainburg an Stadt oder Salzkammer verkauft und der Gewinn für städtische Zwecke verwendet werden solle (Jahrb. f. Landeskunde v. NÖ. NF 1/1902, 1903, 323 n 18, 336 n 32, 342 n 35; vgl. Mohr, Haltezwang, 118 f.).
[84] Loehr, Leoben, 73.
[85] Kaser, Eisenverarbeitung und Eisenhandel, 96 ff., 113 ff.

sieht[86]. Wie Stapelrechte zur Umgehung herausfordern, beweist das Beispiel von Weyer und Waidhofen an der Ybbs, die teils bis ins 16. Jahrhundert direkte Bezugsrechte für Innerberger Eisen zu behaupten trachteten[87]. Sowohl in Leoben als auch in Steyr ist der Eisenhandel ein bürgerliches, kein städtisches Vorrecht, das trotz zeitweiliger Beteiligung der gesamten Bürgerschaft zur Monopolbildung in der Hand einiger weniger neigt und dadurch soziale Spannungen hervorruft[88].

Der Weg des Eisens zum Verbraucher verlief im Innerberger und Vordernberger Bereich unterschiedlich. Von Steyr aus wurde das Eisen auf einer gebundenen Marschroute nach den Legorten in Österreich ob und unter der Enns, Stapelplätzen zweiter Ordnung, gebracht: nach Wien, Krems, Emmersdorf und Melk bzw. Freistadt, Linz, Enns, Wels und Grieskirchen. Diese wurden teils ausdrücklich, teils im Zuge globaler Privilegierung mit dem Eisenniederlagsrecht ausgestattet[89]. Im Leobener Handelsbezirk erscheinen hingegen nur zwei Filialstapel, Wien und

---

[86] Anm. 12, 13.

[87] Bittner, Eisenwesen in Innerberg-Eisenerz, 526 ff.

[88] Josef Ofner, Die Eisenstadt Steyr (1956), 26; Loehr, Leoben, 74; vgl. auch Herbert Knittler, Abriß eines Wirtschafts- und Sozialgeschichte der Doppelstadt Krems-Stein, in: 1000 Jahre Kunst in Krems (1971), 55.

[89] Hoffmann, Wirtschaftsgeschichte, 201; Kaser, Eisenverarbeitung und Eisenhandel, 120. Die Organisation der Legstädte tritt uns erst im Eisenpatent von 1544 voll entwickelt entgegen (Pantz, Innerberger Hauptgewerkschaft, 71). Dabei dürfte die Qualität als Legort sowohl bei Wien und Freistadt als auch Krems auf allgemeine Stapelrechte von 1212, 1277 und 1463 zurückgehen (vgl. Hietzgern, Handel der Doppelstadt Krems-Stein, 129 f.); für Emmersdorf und Melk werden Mittelpunktfunktionen innerhalb älterer Maut- und Niederlagsbezirke weitergewirkt haben (vgl. Mitterauer, Zollfreiheit, 92 ff.; Walter Goldinger, Zur Geschichte der Eisenniederlage in Emmersdorf an der Donau, Unsere Heimat 9, 1936, 47 ff.; dort auch über die Legstätten Ybbs und Spitz). Das Auftreten von Linz, Wels und Enns als Legorte ergibt sich aus wechselseitigen Absprachen der Städte untereinander und einer gleichartigen Privilegierung (Bittner, Eisenwesen in Innerberg-Eisenerz, 574 f.; Alfred Hoffmann, Der oberösterreichische Städtebund im Mittelalter, Jahrb. d. OÖ. Musealver. 93, 1948, 113). Die Eisenkammer in Grieskirchen (Oberösterreichische Weistümer 3, Österreichische Weistümer 14, 1958, 72 f.) ist wohl auf eine diesbezügliche, dem Herrschaftsbesitzer erteilte Konzession

Wiener Neustadt[90]; der Verkauf vom Verlagsort weg erfolgte sonst generell an alle Händler im Lande[91].

Die Legorte sind dem Verlagsort hinsichtlich der Vorkaufsrechte am Montanprodukt zugeordnet wie die Salzkammern und Salzniederlagen den Fertigerstädten und -märkten. Gleicherweise versahen die Händler der Legstädte eine zweifache Funktion: einerseits die Versorgung der einheimischen Eisenhandwerker, die nur von ihnen Rohmaterial kaufen durften, andererseits die Bedienung des Außenhandels in einer gewissen Rayonierung. Ihre Abhängigkeit von den Verlagsorten im Einkauf kulminierte im 17. Jahrhundert in einer erzwungenen Beteiligung an der Bevorschussung der Hammer- und Radmeister[92]. Die Wechselbeziehungen zwischen der Belieferung der Montanbezirke mit Schmalz und Lebensmitteln und Eisenbezugsrecht kommen in den Legorten für Provianteisen Scheibbs, Gresten und Purgstall schön zum Ausdruck[93]. Hingewiesen sei ferner noch auf die Tatsache, daß sich Niederlagsrechte auch nach den

---

zurückzuführen, wie dies für andere Niederlagen und Kammern belegt werden kann (für Pöggstall und Hollabrunn vgl. Hietzgern, Handel der Doppelstadt Krems-Stein, 159; Pöchlarn vgl. bei Fritz Eheim, Die Geschichte der Stadt Pöchlarn, in: Heimatbuch der Stadt Pöchlarn, 1967, 97 f.). Zu den „unrechten" (verbotenen) Eisenniederlagen vgl. auch Bittner, Eisenwesen in Innerberg-Eisenerz, 578.

[90] Kaser, Eisenverarbeitung und Eisenhandel, 114 f., 124, 130 f.; Josef Mayer, Geschichte von Wiener Neustadt, bes. II/1 (1927), 326 ff.; Erich Lindeck-Pozza, Wiener Neustadts Streben nach der Vorherrschaft im Eisenhandel des südöstlichen Niederösterreich, Jahrb. f. Landeskunde v. NÖ. NF 31/1953 bis 1954 (1954), 113 ff.

[91] Kaser, Eisenverarbeitung und Eisenhandel, 129 ff.

[92] Bittner, Eisenwesen, 610 (1605); Hietzgern, Handel der Doppelstadt Krems-Stein, 162.

[93] Legorte für Scheibbser Eisen waren 1574 innerhalb des Proviantbezirks Scheibbs, Purgstall und Gresten, für den weiteren Verschleiß im Viertel ob dem Wienerwald Melk und St. Pölten, weiters Wien. Hinzu kamen im 16. Jahrhundert Krems, im 17. Korneuburg (1621) und Tulln (Roman Sandgruber, Der Scheibbser Eisen- und Proviant handel vom 16. bis ins 18. Jahrhundert mit besonderer Berücksichtigung preis- und konjunkturgeschichtlicher Probleme, phil. Diss. Wien, 1971, 214 ff.).

verschiedenen Handelsformen des Eisens (analog zum Salz) differenzierten[94].

Im Gegensatz zu den hoheitsrechtlich stärker homogenisierten Ländern Österreich und Steiermark hat sich in Kärnten aufgrund der Verteilung der Territorialrechte auf mehrere Träger sowohl hinsichtlich des Eisens wie auch des Salzes ein Niederlagsbegriff entwickelt, der mit seinen Normeninhalten jenem der klassischen Definition weit näher steht und hierin aus dem Konkurrenzprinzip erklärt werden kann. Niederlage und Waagverpflichtung verbunden mit Straßenzwang wurden hier zum Instrument wirtschaftspolitischer Auseinandersetzungen zwischen dem Herzog einerseits und den Hochstiften Salzburg und Bamberg andererseits, wobei besonders Salzburg wegen des Besitzes der bedeutenderen Produktionsstätten im Vorteil lag[95]; eine Nebenrolle spielten ferner die Grafen von Cilli mit ihrem Herrschaftsmittelpunkt Spittal[96].

Nicht nur von der geographischen Lage her, sondern vor allem vom hoheitsrechtlichen Bezug waren Althofen und Gmünd die natürlichen Stapelplätze für das in den salzburgischen Revieren Hüttenberg, Lölling und Mosinz bzw. Krems erzeugte Eisen; die Niederlagsrechte hiefür wurden nicht vom Herzog verliehen, sondern von dem im Besitze der Hochgerichtsbarkeit befindlichen Erzbischof[97]. Hinzu kam, daß die Bürger der genannten Orte schon früh mit dem ausschließlichen Verlag der Gewerken auch „moralisch" berechtigte Ansprüche auf das Handelsmonopol erheben konnten. Die übrigen Städte und Märkte, die vom Verlag der Hüttenberger Gewerken ausge-

---

[94] In der Scheibbser Eisenreformationsordnung von 1583 wurde bestätigt, daß das Scheibbser Eisen, das nicht Zentengut ist, nach Krems verhandelt werden dürfe (Sandgruber, Scheibbser Eisen- und Proviathandel, 215).

[95] Vgl. Karl Dinklage, in: Kärntens gewerbliche Wirtschaft von der Vorzeit bis zur Gegenwart (1953), 70 ff.; Kaser, Eisenverarbeitung und Eisenhandel, 134 ff.

[96] Karlheinz Zechner, Die Rechte der Kärntner Städte im Mittelalter und ihr Zusammenhang mit den Stadtrechten außerhalb Kärntens (1938), 131 f.

[97] 1381 erhielten die Bürger von Althofen von Erzbischof Pilgrim die Rechte, „die sie von alters daselbst gehabt haben mit dem Eisen", bestätigt (Dinklage, in: Kärntens gewerbliche Wirtschaft, 70).

schlossen blieben[98], waren somit gezwungen, sich beim Einkauf direkt oder indirekt dem Preisdiktat Althofens zu unterwerfen; im Weitervertrieb kamen allerdings die seitens des Landesfürsten vorab St. Veit verbrieften Niederlags- und Handelsrechte schon deshalb zum Tragen, weil der vom Herzog kontrollierte Wirtschaftsraum den salzburgischen doch weit übertraf. Der endgültige Einbruch in den Althofener Geschäftsbereich gelang den St. Veitern trotz zeitweiliger Ausschließung des von Althofen und Gmünd kommenden Produkts vom Markt, die mit dem Verbot des Verkaufs von Halleiner Salz korrespondierte[99], erst in jenem Augenblick, als sich Habsburg zu Ende des 15. Jahrhunderts in den Besitz von Hüttenberg setzen konnte[100]. Die Beseitigung des rechtlichen Eigenlebens der salzburgischen und bambergischen Herrschaften innerhalb des Landes Kärnten in der frühen Neuzeit ging dann Hand in Hand mit dem weiteren Abbau älterer Wirtschaftsmonopole und der Ausschaltung des „ausländischen" Einflusses[101].

---

[98] 1454 verfügte Erzbischof Sigmund, daß kein Gewerke in der Lölling, zu Hüttenberg und in der Mosinz auf seine Eisenarbeit von jemandem anderen als einem Althofener Bürger Vorschuß nehmen oder jemandem den Vorkauf daran gewähren dürfe (Dinklage, a. a. O., 71; Wießner, Kärntner Eisen, 26).

[99] Herzog Ernst ließ in Kärnten und Steiermark öffentlich ausrufen, daß das Salzburger Eisen von Althofen und Gmünd und das Halleiner Salz aufgehalten und weggenommen werden solle (Srbik, Studien, 125).

[100] Nachdem Hüttenberg 1489 in die Hand Friedrichs III. gelangt war, erhielt der Markt 1492 eine eigene Eisenniederlage, an der jedermann frei kaufen konnte (vgl. MDC 11, 1972, 269 n 682).

[101] Dinklage, in: Kärntens gewerbliche Wirtschaft, 73. Die St. Veiter Niederlage geht auf ein Privileg Herzog Wilhelms von 1399 zurück, wonach alles Eisen, das nach St. Veit gebracht wird, dort niedergelegt und verkauft werden muß (MDC 10, 1968, 337 f. n 1045), jene der Stadt Völkermarkt für Waldensteiner Eisen — im Gegensatz zur bambergischen Niederlage Wolfsberg (Handbuch der historischen Stätten. Alpenländer mit Südtirol, Österreich 2, 1966, 318) — auf einen Freiheitsbrief desselben Herzogs, der 1479 von Friedrich III. bestätigt und für das nach Krain ausgeführte Hüttenberger Eisen erweitert wurde (MDC 11, 1972, 21 n 524). Zur Geschichte der Kärntner Niederlagen vgl. zusammenfassend Dinklage, a. a. O., 70 ff.; Emil Werunsky, Österreichische Reichs- und Rechtsgeschichte (1894—1938), 350 ff.; Gönnenwein, Stapelrecht, 108.

Von den drei zu untersuchenden Ländern geben die Kärntner Beispiele am ehesten Hinweise zur Beantwortung der Frage, ob und in welchem Ausmaß Leistungen seitens der Bürgerschaft der Niederlagsorte die ihr zugesprochenen Ein- und Verkaufsmonopole rechtfertigten, wobei die Entsprechung gegenüber der Verlagsverpflichtung zweifellos einer jüngeren Entwicklung entspringt und zunächst außer Betracht gestellt werden soll. Dabei ist vom Anspruch des Käufers auf rechtes Maß und Gewicht auszugehen, dessen Gewährleistung zunächst der Gerichtsherrschaft oblag, von dieser aber auf dem Weg der Leihe in der Regel Personalverbänden übertragen werden konnte[102]. Mit der Waaggerechtigkeit, der eine Ablade- und Waagverpflichtung seitens des Verkäufers entsprach, verbanden sich markthoheitliche Rechte allgemeiner Natur. Stellte nun eine Bürgerschaft die Waage für den positiven Zweck der Findung „gerechten" Gewichts zu Verfügung, erwuchs ihr der Anspruch auf eine Gegenleistung, die einerseits in der Entrichtung einer Abgabe durch den Käufer, andererseits vielleicht auch in der Möglichkeit des Ankaufs von Waren und Produkten zum Zwecke des günstigen Weiterverkaufs gesucht werden könnte[103]. Der höhere Preis und die differenziertere Handelsform des Eisens waren neben der Tatsache, daß Salz vorab nach Zähleinheiten gemessen in den Verkauf gebracht wurde, Hauptgründe, daß die Waage in Eisenniederlagen stets eine größere Rolle spielte als in Salzlegorten.

---

[102] Vgl. Kaser, Eisenverarbeitung und Eisenhandel, 31.

[103] Es fällt auf, daß die frühesten Nennungen von (Stadt-)Waagen einerseits in Orten zu belegen sind, die ein Stapelrecht besaßen, andererseits die Waage in direktem Zusammenhang mit der Niederlage genannt wird. So scheinen die ersten Nachrichten über die Villacher Niederlage aus 1346 auf die wichtige Funktion der Waage (genannt 1347, MDC 10, 1968, 98 n 279) hinzuweisen (Zechner, Kärntner Städte, 65; Dinklage, in: Kärntens gewerbliche Wirtschaft, 70). 1369 wurde Linz ein Zoll samt Niederlagsgeld bewilligt: „... wie dann auch die Stadt Linz mit derlei Niederlage der Kaufmanngüter berechtigt und dessen in uraltem Besitz ist, wozu dieser Wareneinsatz in dem Stadtwaaghaus sich befindet ..." (Hertha Awecker, Die Linzer Stadtwaage, 1958, 3 f.; vgl. auch dies., Die Stadtwaage und das Waagamt in Freistadt, Freistädter Geschichtsbl. 3, 1952, 1 ff.). Auch in Krems befand sich die Niederlage 1402 bei

Das kleinliche Beharren der Niederlagsstädte auf ihren Monopolrechten führte schon im 15. Jahrhundert zu Engpässen in der Versorgung. Hinzu kam, daß die Preiskurve in Anbetracht der hohen Zollabgaben, der Verluste während des Transports und der Profitrate der Frächter stark anstieg und so eine Teuerungswelle hervorrief, die der nicht privilegierte Konsument, rückwirkend aber auch der Produzent und das Dienstleistungsgewerbe zu spüren bekamen[104]. So erging auch von den Hallingern von Aussee und den Salzführern von Hinterberg schon vor 1424 der Ruf nach einer Befreiung des Salzhandels von allen Monopolen der Niederlagsorte[105], dem noch im selben Jahrhundert Beschwerden der Salzorte des oberösterreichischen Rayons über den „an alle müe" erzielten Gewinn der Ladstätten folgten[106]. Der Hinweis auf die dadurch erfolgte Schädigung des Kammergutes und die Überhandnahme des billigeren ausländischen Salzes, dessen Einfuhr man durch Straßenzwangserlässe und Zollerhöhungen zu begegnen trachtete, haben dann auch zu ersten Aktionen des Landesfürsten gegen die städtischen Niederlagsgerechtigkeiten geführt.

---

der „franwag" (FRA III/1, 1953, 66 n 103/8; weitere Materialien zur Institution der „öffentlichen Waage" bei Heinrich Gottfried Gengler, Deutsche Stadtrechts-Alterthümer, 1882, 173 f.). Handelt es sich bei den letztgenannten Niederlagen wohl um Einrichtungen zum Verwahren des Kaufmannsgutes, so läßt sich die Festsetzung von Haltezwangsbestimmungen für Eisen u. a. Güter in Gmünd aus der 1409 erfolgten Verleihung der erzbischöflichen Waage an die Bürger dieser Stadt (MDC 10, 1968, 371 f. n 1117) schön ableiten. Dasselbe gilt für Althofen, wo Klagen der St. Veiter gegen die „neu wag ze Altennhofen und auch ain ungewondliche mawt" (vgl. MDC 10, 1968, 244 n 772) synonym für Beschwerden gegen die 1381 bestätigte Niederlage erscheinen. In Althofen zum Verkauf gebrachtes Eisen mußte dort gewogen werden, wobei vom Verkäufer und Käufer je ein Betrag von 3 d. pro Meiler an den Wäger zu entrichten war. Fremde Händler hatten beim Einkauf nochmals den Betrag von 3 d. zu bezahlen. Beim Eisenhandel nach Schätzung (wobei auf die Sicherstellung des „rechten" Gewichts verzichtet wurde), war neben der Maut ein geringerer Betrag (1 d. pro „Maß") zu entrichten (Dinklage, in: Kärntens gewerbliche Wirtschaft, 70).

[104] Srbik, Studien, 123.
[105] Srbik, Studien, 124, 226 f. Beil. N.
[106] Chmel, Urkunden, 367 n 254.

Das Freihandelsprinzip erfuhr jedoch nicht nur hinsichtlich der Produkte Salz und Eisen, sondern auch zeitlich und territorial eine differenzierte Verwirklichung. So wurden im steirischen Bereich unter Herzog Ernst 1424 jene Säumer vom Rottenmanner Niederlagsrecht befreit, die Getreide nach Aussee brachten; für Wagenführer, die von Rottenmann weiter Salz führen wollten, blieb hingegen der Niederlagszwang aufrecht[107]. Der freie Zugang zum Montanprodukt als Gegenleistung für die Versorgung der Saline mit Bedarfsartikeln auf dem Wege der Gegenfuhr wurde dann unter Maximilian I., besonders aber seit den Reformen Ferdinands I. in Steiermark und Kärnten zum System erhoben[108]. Der nächste Schritt, die Erzielung der Verkehrsfreiheit für das Kammerprodukt durch Beseitigung der städtischen Monopole, ging Hand in Hand mit der Durchsetzung der Idee der Widerrufbarkeit landesfürstlicherseits verliehener Privilegien, die immer mehr den Charakter zeitlich begrenzter Konzessionen annahmen[109]. Mehrfach ausgegebene Generale gegen Gäuhandel und Fürkauf, die Rücknahme erlassener Verbote der Beschränkung des freien Salzhandels und die Neuerrichtung von Niederlagen bestärkten die Städte in ihrem Ausschließlichkeitsanspruch auf Handel und Gewerbe und schwächten die initiierten Reformen in ihrer Wirksamkeit ab[110]. Auf der anderen Seite steht die Tatsache, daß die Städte ihren Aufgaben als Verteiler schon lange nicht mehr gewachsen waren und neben dem Handel über die Niederlagen ein von den alten Bindungen gelöster

---

[107] Srbik, Studien, 124.

[108] Srbik, Studien, 196.

[109] Vgl. Helmuth Größing, Die Stadtordnung von 1526 und ihre Bedeutung für die Wiener Verfassungsgeschichte, Hausarbeit am IföG (1968), 34 ff.

[110] Srbik, Studien, 201 ff. Im Gegensatz zu den Niederlagen an der Donau wurde in Bruck an der Mur 1545 das Monopol einzelner Bürger nicht durch ein solches der Stadtverwaltung abgelöst, sondern nur deren Kontrolle und Leitung unterstellt. So sollte ein Ratsmitglied bei der wöchentlich stattfindenden Salzverteilung 100, jedes Gemeindemitglied 50 Fuder Salz einkaufen können. Vergleichsweise war in Stein bereits 1525 der Salzhandel zu einer rein städtischen Angelegenheit geworden (FRA III/1, 1953, 205 f. n 324).

expansiver Salzverschleiß auf dem Lande bestand[111]. Der Verzweiflungskampf der Städte gegen die Salzhandelsfreiheit, besonders seit 1541, als die Niederlagsrechte als aufgehoben erklärt und durch Aufschläge bei Wiederverkauf ersetzt wurden, führte zwar zu Teilerfolgen, konnte aber letztlich nicht verhindern, daß 1575 der Handel mit Ausseer Salz für völlig frei erklärt wurde[112].

Das bessere Funktionieren des durch den Donaulauf straffer organisierten Niederlagsnetzes in Österreich mag mit eine Rolle gespielt haben, daß die im 16. Jahrhundert einsetzenden Reformen im Salzhandel das alte Verteilersystem nicht völlig außer Kraft setzten. Der mißlungene Versuch, den 1515 für ein weiteres Absatzgebiet, besonders im Grenzraum gegen das Halleiner Salz und in Böhmen projektierten Handel mit Großkufen völlig in Eigenregie zu betreiben[113], ließ erkennen, daß in diesem Stadium auf das Mitwirken der Städte noch nicht verzichtet werden konnte. So wurde der Großkufenhandel bis zu den Ladstätten an der Donau („Dürrfeld"-Enghagen, Linz, Mauthausen) bereits 1524 wieder der Stadt Gmunden übertragen, allerdings unter Wahrung der Verlagsrechte des kaiserlichen Salzamtes, und von dieser bis 1628 besorgt. Von der Donau weg gelangte das Großkufensalz einerseits in die Ladstätten des Mühlviertels, denen man Bezugsrechte zum Zwecke der Ausschaltung der hällischen Konkurrenz eingeräumt hatte, andererseits durch den bürgerlich-städtischen Handel, seit 1563 über die in Linz, Freistadt und Mauthausen errichteten ärarischen Salzkammern unter landesfürstlicher Regie, nach Böhmen[114].

Unangetastet blieb zunächst das System des Kleinküfelverschleißes über die jetzt durchwegs städtischen Salzkammern

---

[111] Srbik, Studien, 199.

[112] Srbik, Studien, 200, 204.

[113] Krackowizer, Gmunden 2, 335 ff.

[114] Krackowizer, Gmunden 2, 339 ff.; Hoffmann, Wirtschaftsgeschichte, 212 f.

und Ladstätten an der Donau, die ebenfalls von Gmunden aus beliefert wurden und, abgesehen von Korneuburg und Wien, deren Bezugsmengen zusammen für die Versorgung von 100.000 Häusern ausreichten, ausschließlich einen erweiterten Nahmarkt bedienten[115]. Seit der Zeit Ferdinands II. wurde jedoch auch hier durch die Einführung kaiserlicher Salzversilberungsämter, die dem Salzamt in Wien unterstellt waren, dem kommunalen Salzverschleiß der Markt entzogen; der

---

[115] Die Anweisungen für die einzelnen Donauladstätten finden sich für die Zeit nach 1656 in den Resolutionsbüchern des Salzoberamtsarchivs (Oberösterreichisches Landesarchiv Linz, J 1 HS. 55 ff.). (Angaben in Pfund [= 240] Küfeln.)

	1656	1660	1665	1671	1675	1680	1685	1692	1695	1701	1706	1710	1721	1724
Wien	1791	1400	1850	1200	1550	1500	1300	2500	2500	3000	2400	3000	2800	2750
Korneuburg	2000	1800	2000	1400	1750	3000	2000	2000	2900	2665	2100	1800	1800	1850
Stein	400	650	400	600	400	—	—	200	100	—	165	200	150	450
Tulln	100	90	50	—	100	50	60	80	40	100	100	80	120	120
Traismauer	60	60	—	80	150	80	45	40	40	100	100	100	150	140
Klosternbg.	40	20	20	15	20	20	15	20	15	—	15	20	20	—
Melk								80	60	60	30	40	60	20
Spitz								45	30	30	60	50	30	20
Ybbs								15	15	30	30	30	20	15
Ardagger								13	15	15	—	—	15	—
Weitenegg													15	20
St. Johann												150	300	100
Hollenburg	50	24			20		15							
Wallsee														
Persenbeug												30	20	15

Vergleichszahlen über den Salzkonsum lassen sich für die Zeit um 1728 ermitteln, als die Niederösterreichischen Landstände die Übernahme des Salzverschleißes ins Auge faßten und von den einzelnen Herrschaften Ausweise über die abzuholende Salzmenge einholten. Dabei ergab sich ein Salzbedarf pro Haus und Jahr von 9 bis 10 Küfel (Niederösterreichisches Landesarchiv Wien, B 3/19, fol. 32 ff.). Wenig aufschlußreich ist hingegen die Erklärung der 18 mitleidenden Städte und Märkte über die jährlich zu übernehmende Salzmenge, da diese keinerlei Übereinstimmung mit der Einwohnerzahl der jeweiligen Stadt aufweist (a. a. O., fol. 30; die Einwohnerzahlen von 1753 vgl. bei Gustav Otruba, Einwohnerzahlen niederösterreichischer Städte und Märkte 1753, Kulturber. aus NÖ. 1953, 48): Baden 1920, Bruck 1020, Perchtoldsdorf 655, Korneuburg 1080, Krems mit Klöstern und Freihöfen 1950, Tulln 2160, Eggenburg 980, Gumpoldskirchen 1000, Hainburg 720, Ybbs 720, Langenlois 2168, Laa 1200, Mödling 735, Retz 960, Waidhofen an der Thaya 600, Zwettl 1680 Küfel, Stein und Korneuburg?

städtische Salzhandel spielte, sofern er nicht gänzlich eingestellt wurde, fortan nur mehr eine untergeordnete Rolle[116]. Läßt sich in Niederösterreich das System der Ärariallegstätten topographisch und funktional weitgehend auf die Hauptpunkte des Kleinküfelverschleißes zurückzuführen[117], so war ein analoges Netz im Lande ob der Enns letztlich erst nach 1750 eingerichtet, das einerseits an die Legorte für Großkufen anschloß, andererseits den Hauptpunkten im Verteilersystem des privaten, 1705 bis 1707 und 1720 bis 1750 in den Händen der Landstände befindlichen Landhandels mit Fudersalz folgte[118]. 1663/64 einsetzenden Versuchen, das System der Ärariallegstätten auch in der Steiermark und in Kärnten zu installieren, traten Befürchtungen über Risiko und Auslagen des Regiehandels sowie einer Schädigung des Wirtschaftsgebäudes und seiner einzelnen Teile in den Weg. Die Einführung einer teilweisen „Ärarialverschleißregie" sah dann ihre vordringlichste Aufgabe darin, bei weitgehendem Festhalten am Freihandelsprinzip die Verbreitung des fremden Salzes von den Legstätten und Magazinen aus zu bekämpfen[119].

---

[116] Vgl. hierüber die Gaisrucksche Instruktion für Eggenburg (1746), „Von dem Salz-Überschuß" (Ludwig Brunner, Eggenburg. Geschichte einer niederösterreichischen Stadt 2, 1939, 351), wo der Salzhandel für 20 fl. an einen Bürger verpachtet war.

[117] Srbik, Studien, 206 f.

[118] Das Salzpatent für Oberösterreich von 1723 Januar 18 (Codex Austriacus 4, 1752, 120 ff.), das die Aufhebung des Privathandels mit Gmundner Salz und die Abschaffung der Salzsäumer und „Sackltträger" verfügte, nennt als Ladstätten Wels, Linz, Urfahr, Enns, Mauthausen, Aschach, Landshag, Schörfling und Kammer, wohin das Salz auf Kosten des Ärars geliefert und von wo aus es von den Ständen vertrieben wurde (vgl. Srbik, Studien, 207 f.). Der 1750 zwischen Regierung und Landständen geschlossene „Decennalrezeß" stellte es frei, den Salzbedarf an bestimmten, teils neu eingerichteten Legstätten zu decken. Als solche erscheinen Gmunden, Steyr, Kirchdorf, Linz, Wels, Grieskirchen, Vöcklabruck, Mauthausen, Prägarten, Freistadt, Rohrbach, Landshag und Obermühl, ferner Aschach, Ottensheim, Schlüsselberg, Urfahr, Weyer und Windischgarsten (bis 1824) (Krackowizer, Gmunden 2, 361; über den Handel der „bürgerlichen Salzaufschütt" vor der Übernahme des Landsalzhandels durch die Stände vgl. ebd., 349 ff.).

[119] 1663/64 wurden ein Salzbeförderungsamt in Leoben (Eisengegenfuhren!) und eine Legstätte in Ehrenhausen errichtet, von der

Mündete auch der Ausseer Salzhandel schließlich in der Regie, so wurde der Regalgedanke beim Eisenwesen durch den Privatkapitalismus in den Hintergrund gedrängt. Die Ursache hiefür dürfte in erster Linie in der offenbaren Strukturverschiedenheit bereits der bergbaulichen Betriebe zu suchen sein, in der Tatsache, daß den Kern des Eisenwesens nicht landesfürstliche Eigenbetriebe bildeten, sondern ein kompliziertes System privater Einrichtungen und Interessen, die durch das staatliche Organisationsband zusammengehalten wurden[120]. Zwar fehlt es auch hier nicht an Versuchen des Staates, über eine Bewirtschaftung des privat verhandelten Eisens durch die Eisenkammer in Steyr (1564) hinaus den Städten den Eisenverschleiß ganz zu entziehen[121]. Ausschlaggebend für den Fortbestand des Privathandels war letztlich wohl der größere Kapitalbedarf für

---

aus die Untersteiermark mit Ausseer Salz beliefert werden sollte, doch kam das Unternehmen bereits 1668 ins Stocken. Salzmangel und Einschwärzungen von Meersalz führten zu einem System teilweiser „Ärarialverschleißregie" zurück, wobei die „Hofsalzversilberung" von Leoben nach Ehrenhausen und Wernsee bzw. von dort zu den Salzversilberungsämtern in Gonobitz, Windischfeistritz und Friedau (vgl. Ferdinand Tremel, Schiffahrt und Flößerei auf der Mur, SA aus Jahresber. 1945/46 des Akademischen Gymnasiums Graz, 19) mit dem „Kaufsalzhandel" der „Partikularhändler" in Konkurrenz trat. In der Folge wurde das Kaufsalz durch das Hofsalz über die von den Grenzen her ins Landesinnere wandernden Legstätten, Salzversilberungen und ähnliche Einrichtungen immer stärker zurückgedrängt (vgl. Srbik, Studien, 212 ff.).

[120] Ernst Karl Winter, Rudolf IV. von Österreich (Wiener soziologische Studien II/1, 1934), 23 f.

[121] Bittner, Eisenwesen in Innerberg-Eisenerz, 562 f., 600 Anm. 2; Albert Muchar, Geschichte des steiermärkischen Eisenwesens (1550 bis 1590), Steierm. Zeitschr. 8 (1846), 78. An die landesfürstliche Eisenkammer waren nach Sorten unterschieden bestimmte Eisen- und Stahlmengen abzuführen, deren Weiterverschleiß die Kammer in Eigenregie übernahm; in Steyr ging die Eisenkammer bereits 1575 wieder in städtische Verwaltung über (Bittner, a. a. O., 562, 607). Der Plan, ärarische Eisenkammern auch in den Legorten zu errichten, wurde nur in Wien (1565/66 bis Ende 16. Jahrhundert) und in Scheibbs (1574) verwirklicht (Bittner, a. a. O., 579); über den Abwehrkampf der Kremser Eisenhändler ab 1565 vgl. Hietzgern, Handel der Doppelstadt Krems-Stein, 144 ff.).

den Verlag, so daß sich die landesfürstliche Zentralgewalt auf
eine lenkende und ordnende Position zurückziehen mußte.

Aus Einkaufs- und Vertriebsmonopolen der Niederlagsorte
resultierten im Spätmittelalter und in der frühen Neuzeit neue
kapitalistische Organisationsformen. Die Gründung einer
„Aktiengesellschaft" durch die Leobener Bürger zum Zwecke
des Eisenhandels 1415[122] steht am Anfang einer Entwicklung,
die sowohl in den Verlagsorten als auch in fast allen größeren
Legstätten früher oder später zu einer Vergesellschaftung des
Handelskapitals zum Nutzen der ganzen Gemeinde oder einem
personellen Zusammenschluß der Eisenhändler führte[123]. Das
gilt nicht nur für Althofen und St. Veit, sondern auch für
Freistadt, Krems, Wien und Neustadt, kurzfristig auch für
Scheibbs[124]. Im Salzverschleiß ergab sich lediglich in der 1624

---

[122] 1415 bestätigte Herzog Ernst, daß „Der richter, rat und die
bürger von ... Leoben sind einer solchen ainung überein worden,
dass sie das eisen ... auf einen gemeinen phennig und nutz arbeiten,
kaufen und verkaufen sollen" (Bittner, Eisenwesen in Innerberg-
Eisenerz, 605 Anm. 1; Pirchegger, Steirisches Eisenwesen 2, 69;
Ferdinand Tremel, Der Frühkapitalismus in Innerösterreich, 1954,
101 f.). Es handelte sich hiebei somit um eine Handels- und Pro-
duktionsgesellschaft (Commune), der jeder Leobener Bürger mit einer
Einlage beitreten konnte, wofür er anteilsmäßig am Gewinn beteiligt
war (1421, 1439 bestätigt). Die Handelsgemeinschaft blieb allerdings
nicht bestehen, und allmählich bildete sich in Leoben wieder ein
Stand selbständiger Eisenhändler. Noch kürzeren Bestand hatten die
im Zuge der Auseinandersetzungen zwischen Althofen und St. Veit
in beiden Orten gegründeten Kommunen, die 1500 von Maximilian I.
aufgehoben wurden (Dinklage, in: Kärntens gewerbliche Wirtschaft,
73). Die in Althofen im 16. Jahrhundert überlieferte Organisationsform (Wießner, Kärntner Eisen, 50) entspricht eher dem Zunfttyp.

[123] Vgl. allgemein Jakob Strieder, Studien zur Geschichte kapitalistischer Organisationsformen. Monopole, Kartelle und Aktiengesell-
schaften im Mittelalter und zu Beginn der Neuzeit (²1925), 127 ff.

[124] 1581 wurde in Steyr zum Zwecke des Eisenverlags unter
Garantie der Stadt und mit Einlagen der Steyrer Bürger eine
Compagnie gegründet, der anfangs 11 Eisenhändler und 62 Bürger
beitraten und die 1583 ihre Tätigkeit aufnahm; im Gegensatz zur
Kommune in Leoben war die Einlagenhöhe nach unten limitiert
(Bittner, Eisenwesen in Innerberg-Eisenerz, 605 ff.). Ebenfalls unter

zu einer „bürgerlichen Compagnia" umgewandelten Salzaufschütt eine analoge Bildung[125].

Weist schon die Gründung der Steyrer Eisenkompanie 1583 durch die Verbindung mit der gleichzeitig obrigkeitlicherseits publizierten Verlagsordnung[126] eine stark staatlich-planwirtschaftliche Kennzeichnung auf, so verstärkte sich die Unterstellung des Eisenhandels unter landesfürstliche Kontrolle in der 1625 gegründeten Innerberger Hauptgewerkschaft, der sowohl die Rad- und Hammermeister als auch der Eisenhandel als Verlagsinstrument einverleibt waren[127]. Der Antagonismus zwischen den führenden Händlerfamilien als eigentlichen Exponenten des Privatkapitals und der halb privaten, halb kameralen Organisation kennzeichnet dort die weitere Entwicklung[128]. In Leoben hatte der Einzelhandel noch im 15. Jahrhundert die genossenschaftliche Idee wiederum verdrängt[129].

Die unterschiedliche Beanspruchung des Staatsmonopols für den Handel mit Montanprodukten im 16. und 17. Jahrhundert hat die Entwicklung der anfangs wenngleich rechtlich auch uneinheitlichen, so doch funktional ähnlichen Institutionen der Salz- und Eisenniederlagen aufgespalten. Geht die Linie beim

---

Garantiestellung der Stadt entstand die Freistädter Eisenhandelskommunität (Bittner, a. a. O., 610). Die zwölf Wiener Eisenhändler bildeten 1747 bis 1780 eine „Handlungs-Kommunität" (Wilhelm Kurz, Der niederösterreichische Eisenhandel unter Maria Theresia und Josef II., phil. Diss. Wien, 1939, 66; Pantz, Innerberger Hauptgewerkschaft, 133 ff. setzt die Gründung 1749 an); die sechs Kremser Eisenhändler schlossen 1767 einen „Compagnie-Contract" auf 30 Jahre (Anton Kerschbaumer, Geschichte der Stadt Krems, 1885, 435). Pläne zur Errichtung einer Eisenkompagnie in Wiener Neustadt (1694) wurden 1701 verwirklicht (Mayer, Wiener Neustadt II/1, 327 f.). Zur Gesellschaftsgründung in Scheibbs vgl. Sandgruber, Scheibbser Eisen- und Provianthandel, 103 ff.

[125] Krackowizer, Gmunden 2, 350 f.

[126] Bittner, Eisenwesen in Innerberg-Eisenerz, 602 f.

[127] Pantz, Innerberger Hauptgewerkschaft, 19 ff.

[128] Hoffmann, Wirtschaftsgeschichte, 200 f.

[129] Bittner, Eisenwesen in Innerberg-Eisenerz, 605.

Salz von genossenschaftlichen über kommunal-städtisch nutzbare Monopole zu ärarischen Verteilereinrichtungen, Lagerhäusern ähnlichen Magazinen, so divergieren beim Eisen die alten Niederlagsrechte in eine Vielzahl kapitalistischer Erscheinungsformen, die in ganz unterschiedlicher Weise dem Kameralsystem untergeordnet wurden.

MICHAEL MITTERAUER

PRODUKTIONSWEISE, SIEDLUNGSSTRUKTUR UND SOZIALFORMEN IM ÖSTERREICHISCHEN MONTANWESEN DES MITTELALTERS UND DER FRÜHEN NEUZEIT

Das Montanwesen ist von seinen spezifischen Standortfaktoren her durch ein eigenartiges Spannungsverhältnis charakterisiert: Einerseits ergibt sich aus den Fundstätten der Bodenschätze eine Bindung an die äußersten Randzonen des Siedlungsraumes. Der Bergbau stößt vielfach sogar in Regionen vor, die überhaupt nur seinetwegen vom Menschen erschlossen werden. Andererseits bedarf die Montanproduktion — jedenfalls in technisch weiter fortgeschrittenen Stadien — einer hohen Zahl von Arbeitskräften und tendiert so zu Bevölkerungsballung und Siedlungsverdichtung. Das bedeutet eine Herausforderung zu Formen der Naturbewältigung von ganz besonderer Art: In extrem siedlungsfeindlichen Gebieten müssen die Voraussetzungen für das Überleben einer Vielzahl von Menschen geschaffen werden; Räume, die einer Zentralortbildung außergewöhnliche Hindernisse entgegenstellen, sind für eine Bevölkerungskonzentration zu erschließen. Eine solche Herausforderung wirkt stimulierend auf die Ausbildung neuer Gestaltungsformen menschlichen Zusammenlebens, die die Bewältigung derartiger Schwierigkeiten ermöglichen. So sind gerade von der Entwicklung des Montanwesens wichtige soziale Veränderungen ausgegangen.

Durch seine topographischen Bedingungen ist der Bergbau in die sozialen Strukturen des ländlichen Raums eingebunden. Von seiner gesamtwirtschaftlichen Funktion her sprengt er jedoch notwendig die Ordnungen der Agrargesellschaft. Montanproduktion dient ja nie primär der Eigenversorgung, wie sie in der bäuerlichen Wirtschaft bis weit herauf in neuere Zeit im Vordergrund gestanden ist. Sie ist auch nicht am Nahmarkt orientiert. Bergbauprodukte sind vielmehr typische Fernhandelswaren. Nur in einer anautarken Wirtschaftskultur kann der Bergbau zu voller Entfaltung gelangen[1]. Als selbständiger Wirtschaftszweig setzt er eine entwickelte Stadt-Land-Differenzierung voraus, zu deren Vertiefung er dann weiter beiträgt. Das Stadt-Land-Spannungsfeld ist so für das Montanwesen insgesamt von entscheidender Bedeutung. Auch in der Eigentümlichkeit seiner Sozialformen findet das seinen Niederschlag. Die enge Beziehung zur bäuerlichen Lebensweise der ländlichen Umwelt auf der einen Seite, die funktionalen Parallelen zu den arbeitsteiligen Produktionsverhältnissen des städtischen Milieus auf der anderen, geben den sozialen Ordnungen der Montangesellschaft ihr ganz besonderes Gepräge.

Eine solche Zuordnung der vom Montanwesen bestimmten Sozialformen zu einem Interferenzbereich ländlicher und städtischer Strukturen steht in Widerspruch zu häufig in der stadthistorischen Literatur vertretenen Ansichten, die dem Bergbau schlechthin städtebildende Kraft zuschreiben. Nun ist es natürlich keineswegs zu bestreiten, daß eine Vielzahl von Städten in ihrer Entstehung mit der Förderung von Bodenschätzen zusammenhängt. Das gilt vor allem für Bergbaugebiete in den von der Ostkolonisation erfaßten Räumen, wo sich oft eine Stadt an die andere reiht[2]. Ihnen stehen Regionen gegenüber, in denen die Stadtwerdung von Montansiedlungen den Ausnahmefall darstellt oder jedenfalls solche Bergbaustädte deutlich in der Minderheit sind. Der hier zu untersuchende Raum gehört — so kann man vorwegnehmend feststellen — zu den letzteren[3]. Die schon fast zum Klischee gewordene Allgemein-

---

[1] Gabriele Schwarz, Allgemeine Siedlungsgeographie, ³1966, 255 f.

[2] Vgl. etwa für das Erzgebirge Manfred Unger, Stadtgemeinde und Bergwesen Freibergs im Mittelalter (Abhandlungen zur Handels- und Sozialgeschichte 5, 1963), 3 ff.

[3] Einige allgemeine Hinweise bei Ernst Klebel, Städte und Märkte des baierischen Stammesgebietes in der Siedlungsgeschichte, Zeitschrift für bayerische Landesgeschichte 12 (1939/40), 88. Ausführlicher dazu Ferdinand Tremel, Der Bergbau als städtebildende Kraft

aussage von der „städtebildenden Kraft des Bergbaus" ist also sicherlich viel zu generell und geht von einer einseitigen Betrachtungsweise aus. Das Verhältnis von Montanwesen und Stadt muß differenzierter gesehen werden. Dabei gilt es vor allem, zwischen den Auswirkungen von Abbau und Verhüttung der Montanprodukte einerseits, der Verfrachtung, des Handels und der gewerblichen Weiterverarbeitung andererseits, klar zu unterscheiden. Alle diese Arbeitsprozesse gestalten sich wiederum je nach Art des Bergbauprodukts grundsätzlich verschieden. Weiters haben technische Neuerungen in den einzelnen Phasen von Produktion, Weiterverarbeitung und Verteilung ganz prinzipielle Rückwirkungen auf die Siedlungsweise im Montanbereich gehabt, sodaß der Einfluß auf das Städtewesen im zeitlichen Ablauf sehr unterschiedlich beurteilt werden muß. Schließlich ist der Prozeß der Stadtwerdung auch noch von verschiedenen außerökonomischen Faktoren abhängig, vor allem solchen der allgemeinen Herrschaftsstruktur des Landes.

Fragt man nach dem umfassenden räumlichen Rahmen für die Gemeinschaftsordnungen der Montangesellschaft, so ist also sicherlich nicht vom Verhältnis Bergbau — Stadt auszugehen. Dieses Problem ist bloß ein spezieller Aspekt im größeren Zusammenhang der vom Montanwesen bestimmten Siedlungsverhältnisse, wenn auch gewiß ein besonders interessanter. Warum Sammelsiedlungen im Bereich von Montanregionen Stadtrang erlangen, wird erst dann sinnvoll zu untersuchen sein, wenn Ausmaß, Formen und Bedingungen der Bevölkerungskonzentration in diesem Raum näher besprochen wurden.

Hinsichtlich der Organisation des Bergbaues sowie den daraus resultierenden Auswirkungen auf das Siedlungswesen haben wir im mittelalterlichen und frühneuzeitlichen Bergbau drei Haupttypen zu unterscheiden: zunächst die Gewinnung von Edel- und Buntmetallen, dann die von Eisen und schließlich die

---

Innerösterreichs, Beiträge zur Wirtschafts- und Sozialgeschichte (Festschrift für Hektor Ammann, 1965), 97 ff. Der Titel dieser Arbeit steht zu ihrem wesentlichen Ergebnis — nämlich der relativ geringen Bedeutung des Bergbaus für den eigentlichen Prozeß der Stadtwerdung im Untersuchungsraum — in einem gewissen Widerspruch.

von Salz[4]. Alle drei sind im österreichischen Raum vertreten, und zwar sowohl durch große Bergwerke als auch durch kleinere Abbaustätten. Die Voraussetzungen für einen Vergleich erscheinen dementsprechend relativ günstig.

Für die Frage der Bevölkerungskonzentration im Montanbereich interessiert zunächst der unterschiedliche Arbeitskräftebedarf. Er ist im Edelmetallbergbau weitaus am höchsten. In den Silbergruben am Falkenstein bei Schwaz erreichte die Knappenzahl 1554 einen Höchststand von 7460[5]. In der „Alten Zeche" arbeiteten 9 Jahre früher 1896 Bergleute[6]. Die Belegschaft der Berg- und Hüttenwerke in der Gegend von Schwaz betrug um die Mitte des 16. Jahrhunderts insgesamt etwa 11.500[7]. Wenn der Tiroler Landreim von 1558 von 30.000 Männern und Frauen spricht, so bezieht sich diese Schätzung auf die Gesamtbevölkerung des Gebietes[8]. Für den Bergbau Rerobichl bei Kitzbühel wird für 1583 ein Mannschaftsstand von 1547, für Rattenberg 1589 von 1001 angegeben[9]. In den Goldbergwerken des Gasteiner Tals arbeiteten um die Mitte des 16. Jahrhunderts 1200 Knappen[10]. Die Gesamtbevölkerung der Talschaft wird für diese Zeit auf 5000 geschätzt[11]. Das benachbarte Rauristal war ähnlich dicht besiedelt.

---

[4] Rolf Sprandel, Gewerbe und Handel 900—1350, Handbuch der deutschen Wirtschafts- und Sozialgeschichte, hrsg. v. Hermann Aubin und Wolfgang Zorn 1 (1971), 220.

[5] Max von Isser-Gaudenthurm, Schwazer Bergwerksgeschichte, Berg- und Hüttenmännisches Jahrbuch 52 (1904), 454.

[6] A. Nöh, Bergbau Alte Zeche und Zapfenstreich, Schwazer Buch (Schlern-Schriften 85, 1951), 130.

[7] Georg Mutschlechner, Vom alten Bergbau am Falkenstein, ebd. 119.

[8] Adolf Zycha, Zur neuesten Literatur über die Wirtschafts- und Rechtsgeschichte des deutschen Bergbaus, VSWG 5 (1907), 256.

[9] Georg Mutschlechner, Kitzbüheler Bergbaugeschichte, Stadtbuch Kitzbühel 2 (1968), 152; Max von Wolfstrigl-Wolfskron, Die Tiroler Erzbergbaue 1301—1665 (1902), 162 f.

[10] Heinrich von Zimburg, Geschichte Gasteins und des Gasteiner Tales (1938), 131.

[11] Kurt Klein, Die Bevölkerung Österreichs vom Beginn des 16. bis zur Mitte des 18. Jahrhunderts, Beiträge zur Bevölkerungs- und Sozialgeschichte Österreichs, hrsg. v. Heimold Helczmanovszki (1973), 75.

Im Edelmetallbergbau ist der durchwegs hohe Mannschaftsstand durch die im Abbau selbst tätigen Personen bedingt. Im Eisenwesen hingegen machen die eigentlichen Bergknappen einen relativ geringen Anteil aus. Im Innerberger Revier des steirischen Erzbergs arbeiteten 1565 etwa 150 Knappen[12]. 1605 waren es 193, während die Zahl der in Abbau und Verhüttung in Innerberg Tätigen für diese Zeit auf etwa 500 bis 600 geschätzt wird[13]. Die Gesamtzahl der bei der Innerberger Hauptgewerkschaft Beschäftigten betrug 1678, einem für die Betriebsverhältnisse des 17. Jahrhunderts typischen Durchschnittsjahr, 2624 Personen. Davon waren 153 reine Bergknappen. Die Radwerks- und Rechenwirtschaft insgesamt beschäftigte 824 Arbeiter, die Hammerwerkswirtschaft 937 und die Köhlerei 800[14]. Für das Hüttenberger Revier wird die Zahl der im Eisenwesen Wirkenden einschließlich Fuhrleute und Köhler für das ausgehende 16. Jahrhundert mit 1000 geschätzt[15]. In Kremsbrücke in Oberkärnten arbeiteten 1684 von 159 Personen 18 als Bergknappen, 21 in der Verhüttung und 120 als Holzknechte und Köhler[16]. Das Verhältnis zwischen Knappen und übrigen Arbeitern belief sich also hier auf 1 : 8. Insgesamt wirkt sich in den Beschäftigtenzahlen des Eisenwesens im Vergleich zum Edelmetallbergbau die Verhüttung gegenüber dem Abbau und der Aufbereitung viel stärker aus. Als quantitativ weitaus bedeutendster Faktor tritt hier aber die Holz- und Kohlebeschaffung in Erscheinung.

Auch im Salzbergbau liegen die Knappenzahlen gegenüber dem Edelmetallbergbau vergleichsweise niedrig. In Aussee arbei-

---

[12] Hans Pirchegger, Das steirische Eisen 1564—1625 (1937), 16.

[13] Pirchegger, ebd., 47; Ludwig Bittner, Das Eisenwesen in Innerberg-Eisenerz bis zur Gründung der Innerberger Hauptgewerkschaft AÖG 89 (1901), 482, 498.

[14] Anton von Pantz, Die Innerberger Hauptgewerkschaft 1625 bis 1783 (Forschungen zur Verfassungs- und Verwaltungsgeschichte der Steiermark 4/2, 1906), 54.

[15] Hermann Wießner, Geschichte des Kärntner Bergbaues 3 (Archiv für vaterländische Geschichte und Topographie 41/42, 1953), 57.

[16] Wießner, ebd. 154.

teten 1550 114 Personen am Berg[17]. In Hallstatt waren es 1525 110, 1563 131 und 1656 108[18]. Die Gesamtzahl der im Salzwesen beschäftigten Arbeiter unter Einschluß der „Pfannhauser" und der Holzknechte betrug hier 1671 300[19]. Für Hall in Tirol gibt das Raitbuch des Hans Ernstinger von 1579 an, daß im Salzbergwerk, im Sudhaus und für die Holzlieferung bei 1000 Personen beschäftigt gewesen wären[20]. Die Zahl scheint etwas hoch gegriffen. Jedenfalls läßt sich genauso wie für das Eisen auch für das Salz sagen, daß die Bergknappen unter den im Montanwesen Beschäftigten nicht die Mehrheit bilden und daß den Holz- und Kohlearbeitern zahlenmäßig eine besonders große Bedeutung zukommt. Bei Quellsole verarbeitenden Salinen, die freilich im österreichischen Raum nie eine größere Rolle spielten, fällt die Knappenschaft naturgemäß überhaupt weg.

Zu einer Konzentration der gesamten durch ihre Tätigkeit mit dem Bergbau verbundenen Bevölkerung in einer einzigen Siedlung kommt es nirgends. Sie verteilt sich stets auf eine Mehrzahl mehr oder minder großer Siedlungseinheiten. Das Montanwesen durchdringt im Umkreis der Abbaustätte die bäuerliche Siedellandschaft. Es führt weniger zur Ausbildung einzelner zentraler Orte als vielmehr zur Entstehung von großräumigen Revieren. Natürlich haben diese Reviere einen oder mehrere Mittelpunkte, die umgreifenden Zonen stärkerer oder schwächerer Durchdringung müssen aber ebenso mitberücksichtigt werden.

Die einzelnen Plätze, an denen sich der Prozeß der Förderung und Aufbereitung der Bodenschätze abspielt, beeinflussen in ganz unterschiedlicher Weise die Siedlungsstruktur. Bei den

---

[17] Heinrich v. Srbik, Studien zur Geschichte des österreichischen Salzwesens, Forschungen zur inneren Geschichte Österreichs 12 (1917), 71.

[18] Carl Schraml, Die Entwicklung des oberösterreichischen Salzbergbaus im 16. und 17. Jahrhundert, Jahrb. d. Oö. Musealvereines 83 (1930), 185, 201 und 210.

[19] Derselbe, Das oberösterreichische Salinenwesen vom Beginn des 16. bis zur Mitte des 18. Jahrhunderts 1 (Studien zur Geschichte des österreichischen Salinenwesens 1932), 173.

[20] Otto Stolz, Geschichte der Verfassung, Verwaltung und Wirtschaft der Stadt Hall, Haller Buch (Schlern-Schriften 106, 1953), 74.

Lagerstätten selbst bzw. in ihrer nächsten Umgebung ist die Anlage von Sammelsiedlungen meist von vornherein nicht möglich. Vor allem in hochalpinen Montangebieten, wie etwa dem bis in die Gletscherregionen reichenden Goldbergbau in den Hohen Tauern, ist eine dauerhafte Niederlassung bei den Fundplätzen ganz ausgeschlossen. Die im Abbau des Montanproduktes Tätigen wohnen daher meist abseits ihrer Arbeitsstätte und haben oft stundenlange Anmarschwege. Eine Ausnahme bildete diesbezüglich der Silberbergbau in Oberzeiring. Die Knappensiedlung lag hier unmittelbar bei den Gruben, die zum Teil bis unter die Häuser vorgetrieben wurden. Da sich hier auch die Verhüttung unmittelbar anschloß, kam es zur Entstehung einer einheitlichen Sammelsiedlung. Geschlossene Knappensiedlungen in unmittelbarer Bergnähe finden sich mitunter im Salzbergbau. Die Bergleutesiedlung Dürrnberg ist vom Salinenort Hallein gesondert. In Aussee wurde die vorher wohl gemeinsame Ansiedlung der im Bergbau und im Sudbetrieb Tätigen durch die Verlegung der Pfannhäuser von Altaussee an den Platz des heutigen Marktes schon im 13. Jahrhundert getrennt[21]. In Hallstatt wohnte bloß der Bergmeister und der Bergschaffer am Salzberg selbst. Die hauptsächlich im Salinenort ansässige Knappenschaft verblieb nur die Bergwoche von Montag bis Samstag hier und hatte im Haus des Schaffers ihre Unterkunftsräume[22]. Ganz ähnlich war die Situation beim Salzbergwerk in Hall in Tirol[23]. Eine schöne bildliche Darstellung dieser Herrenhäuser der Bergoffiziere findet sich in der berühmten Bilderhandschrift des Schwazer Bergbuchs[24].

Das Auftreten geschlossener Knappensiedlungen im Salzbergbau dürfte unter anderem auch mit Besonderheiten der Arbeitsverfassung zusammenhängen. Das System der Arbeitslehen, auf

---

[21] Srbik, Studien, 51 f, Tremel, Bergbau, 99 f.
[22] Schraml, Salinenwesen 1, 143 f.
[23] Georg Kienberger, Beiträge zur Geschichte der Stadt Hall, Haller Buch (Schlern-Schriften 106, 1953), 112 f.
[24] Schwazer Bergbuch, hrsg. v. d. Gewerkschaft Eisenhütte Westfalia, bearb. v. H. Winkelmann (1956), Tafel XVII.

das noch zurückzukommen sein wird, führte ja notwendig zur Bindung an eine bestimmte Siedlungseinheit[25].

Eine direkte Besiedlung der Abbaustätten ist auch bei jenen urtümlichen Formen des Eisenbergbaus gegeben, die von Bauern als Nebenerwerb betrieben werden. Am steirischen Erzberg könnten solche Verhältnisse bis ins 13. Jahrhundert bestanden haben[26], im Hüttenberger Revier in Kärnten begegnen sie noch viel länger[27]. Bei vielen kleineren Eisenvorkommen bleibt dies bis weit herauf die vorherrschende Form[28]. Wir haben es aber bei solchen „Eisenbauern" stets mit Streusiedlungen zu tun, nie mit Sammelsiedlungen. Auch handelt es sich nicht um Bergleutesiedlungen im eigentlichen Sinn, da ja die bäuerliche Wirtschaft im Vordergrund steht. Der Bergbau für sich hat hier für die Bewohner noch keine existenzerhaltende Bedeutung.

Die Lagerstätten der Bodenschätze sind also nur ausnahmsweise ein unmittelbar standortbestimmender Faktor für Sammelsiedlungen des Bergbaureviers. Viel stärkere Wirkung geht diesbezüglich von den Plätzen der weiteren Aufbereitung des Montanproduktes aus, von den Schmelz- und Hüttenwerken sowie den Salzsudbetrieben. An sie schließt dann meist auch die Bergknappensiedlung an. Aus den technischen Voraussetzungen dieser Phase des Produktionsprozesses ergibt sich freilich keineswegs generell ein Ansatzpunkt für die Entstehung von Sammelsiedlungen. Die Anlagen der Aufbereitung können durch ihre spezifischen Standortfaktoren bedingt sowohl konzentriert wie auch in disperser Verteilung auftreten.

---

[25] Vgl. u. S. 269.

[26] Ob die ältesten Eisenhuben in Eisenerz am Erzberg selbst lagen, ist freilich fraglich. Gegen diese von Adolf Zycha (Zur neuesten Literatur über die Wirtschafts- und Rechtsgeschichte des deutschen Bergbaues, VSWG 6, 1908, 97) vorgetragene Meinung wurden von Hans Pirchegger Bedenken geäußert (Geschichtliches, Der Steirische Erzberg und seine Umgebung, Sonderheft der Zeitschrift „Deutsches Vaterland", zusammengestellt von Eduard Stepan, 1924, 32). Eine Besiedlung des Bergs hingegen vertritt neuerdings Tremel, Bergbau, 101.

[27] Wießner, Bergbau 3, 20 f., Pirchegger, Das steirische Eisen 1, 392.

[28] Besonders lange etwa in Krain; dazu Alfons Müllner, Geschichte des Eisens in Innerösterreich 1 (1909), 198.

Im Salzwesen erscheint die Konzentration der Pfannhäuser an einem Ort als allgemeine Regel. Entscheidend dafür ist wohl in erster Linie die Zufuhr der Sole, die sich bei einer räumlichen Aufgliederung des Sudbetriebes technisch äußerst schwierig und wirtschaftlich höchst unrationell gestaltet hätte. Eine Zusammenfassung an einem einzigen verkehrsgünstig gelegenen Platz wurde auch durch die Notwendigkeit nahegelegt, für die Feuerung der Pfannen große Mengen Holz heranzubringen. Vor allem die Lage an Wasserwegen war dafür günstig. Die Verlegung der Ausseer Saline an den Zusammenfluß von Grundlseer und Altausseer Traun ist wohl dadurch bedingt gewesen[29]. Andererseits hat für das Salzsieden der Einsatz von Wasserkraft als Antrieb von Radwerken keine Bedeutung — ein Faktor der bei Erzverhüttungsanlagen dezentralisierend wirken kann. Diesen Standortbedingungen gemäß entspricht den mittelalterlichen Salzbergwerken des österreichischen Raumes jeweils eine Großsiedlung, in der der Sudbetrieb konzentriert ist. Dies gilt für Hall in Tirol, Hallein, Aussee, Hallstatt, mit Einschränkungen auch für Ischl.[30] Eine Ausnahme stellt der Salinenort Ebensee dar, dessen Entstehung freilich erst ins 17. Jahrhundert fällt. Als in Hallstatt der Holzmangel die Aufstellung weiterer Salzpfannen nicht mehr zuließ, die Soleproduktion hier jedoch infolge technischer Neuerungen stark gesteigert werden konnte, ging man daran, nicht wie bisher das Holz

---

[29] Tremel, Bergbau, 100. Auch für Hall in Tirol wird die Holzversorgung als ein entscheidender Standortfaktor vermutet (Rudolf Palme, Geschichte der Saline und des Bergwerkes Hall in Tirol bis zum Jahre 1363, Staatsprüfungsarbeit am Institut für österreichische Geschichtsforschung, 1971, 23 und 58).

[30] Das Salzbergwerk in Ischl wurde erst 1563 eröffnet (Schraml, Salinenwesen, 207 f.). Salzgewinnung ist hier freilich schon um die Mitte des 13. Jahrhunderts sehr wahrscheinlich. 1263 wird in Verbindung mit Ischl ein Salzmeister König Ottokars genannt. Ob die durch Ortsnamen gesicherten mittelalterlichen Salzpfannen bei Ischl aus Salzquellen gespeist wurden oder mit künstlich gewonnener Sole, läßt sich nicht feststellen. Daß Ischl vor der Wiederaufnahme des Salzbergbaus in Hallstatt für die Salzproduktion größere Bedeutung besaß, könnte aus der vor 1263 erfolgten Errichtung der Burg Wildenstein als Mittelpunkt des Salzkammerguts geschlossen werden (vgl. dazu Handbuch der historischen Stätten, Österreich 1, 1970, 20 ff., sowie einzelne Beiträge in: Bad Ischl, Ein Heimatbuch, 1966).

zur Sole, sondern umgekehrt die Sole zum Holz zu bringen[31]. Der seit 1595 betriebene Bau der Soleleitung durch das Trauntal war eine bedeutende technische Leistung. Um das 1607 fertiggestellte Pfannhaus Ebensee entstand eine Industriesiedlung, die 1630 schon 300 Einwohner zählte[32]. Da das durch den örtlichen Bergbau nicht voll ausgelastete Sudhaus von Ischl seit Errichtung der Soleleitung ebenfalls Sole aus Hallstatt nutzte, waren diesem Salzbergbau als einzigem mehrere Salinenorte zugeordnet.

Ganz andere Auswirkungen auf das Siedlungswesen zeigen sich bei der Eisenverhüttung. Eine Tendenz zur Sammelsiedlung wird hier erst erkennbar, als man beim Gebläse der Schmelzöfen von den mit Muskelkraft betriebenen Tretbälgen zum Wasserradantrieb überging[33]. Damit änderten sich die Standortbedingungen grundsätzlich. Der bisher meist in unmittelbarer Nähe der Abbaustelle durchgeführte Schmelzbetrieb wanderte zu den Wasserläufen der Umgebung ab. Ausreichende Wasserführung und ein gewisses Gefälle waren für die Anlage eines Radwerks Voraussetzung. Daraus ergab sich von vornherein eine gewisse räumliche Verteilung. Gegen eine starke Konzentration sprach auch der große Brennstoffbedarf der Blähhäuser. Die hohe Brandgefahr schließlich wirkte bei allen Formen der Eisenverarbeitung prinzipiell isolierend[34]. Andererseits wollte man in Hinblick auf die Schwierigkeiten des Erztransports die Verhüttungsanlagen möglichst in der Nähe des Bergbaus errichten, was hier notwendig zu einer gewissen Siedlungsverdichtung führte. Solche disparate Standortbedingungen haben bewirkt, daß es in keinem der beiden großen Eisenbergbaureviere des österreichischen Raums zu einer Konzentration der Schmelzöfen in bloß einer Sammelsiedlung kam. Um den steirischen Erzberg entstanden mit

---

[31] Schraml, Salzbergbau, 211 ff.; Alfred Hoffmann, Wirtschaftsgeschichte des Landes Oberösterreich 1 (1952), 116.
[32] Handbuch der historischen Stätten, Österreich 1 (1970), 28.
[33] Zu den Veränderungen im Eisenschmelzverfahren am besten Wilhelm F. Schuster, Das alte Metall- und Eisenschmelzen, Technologie und Zusammenhänge (Technikgeschichte in Einzeldarstellungen 12, 1969).
[34] Rolf Sprandel, Das Eisengewerbe im Mittelalter (1968), 348.

dem Einsatz der Wasserkraft im Schmelzprozeß drei Dörfer, ein Straßendorf im Krumpental, ein Haufendorf am Fuß des Vogelbichls und ein Straßendorf am Leobner Bach[35]. Zwei von ihnen, Vordernberg und Innerberg, wurden dann zu den eigentlichen Mittelpunkten des engeren Montangebiets. Auch in der Kärntner Haupteisenwurzen bildeten sich in den Bachtälern um den Erzberg drei Radwerksiedlungen, nämlich Lölling, Mosinz und Hüttenberg[36]. Da hier die Umstellung auf den Stuckofenbetrieb langsamer und weniger vollständig als am steirischen Erzberg erfolgte, wurden die älteren Formen der Streusiedlung weniger stark überformt. Daß die Schmelzwerke Kristallisationspunkte für mehr als eine Sammelsiedlung bildeten, zeigt sich auch bei Eisenbergwerken von geringerer Bedeutung. So haben sich etwa an den Bergbau im Oberkärntner Kremstal die beiden Hüttenwerkssiedlungen Kremsbrücke und Eisentratten angeschlossen, die freilich einer viel späteren Zeit angehören. Sie verdienen als Standplätze der beiden ersten Floßöfen des österreichischen Raumes Beachtung[37]. Bei kleineren Waldeisenvorkommen, wie etwa dem St. Lambrechter Bergbau bei Mariazell waren dezentralisierte Blähhäuser die Regel[38].

Die das Eisenwesen revolutionierende Umstellung des Schmelzbetriebes von Wind- zu Stucköfen, wie sie durch den Einsatz des Wasserrads möglich wurde, erfolgte am steirischen und am Kärntner Erzberg spätestens um die Mitte des 13. Jahrhunderts. Schon die jedenfalls vor 1241 erfolgte Berufung von steirischen Eisenarbeitern nach Ungarn, unter denen Schmelzer ausdrücklich genannt werden, deutet auf wichtige technische Umstellungen[39]. Wenn König Ottokar 1262 bzw. 1270 die

---

[35] Ferdinand Tremel, Eisenerz, Abriß einer Geschichte der Stadt und des Erzberges (Leobener Grüne Hefte 70, 1963), 12 f.
[36] Tremel, Bergbau, 102.
[37] Wießner, Bergbau 3, 144 ff.; Schuster, Das alte Metall- und Eisenschmelzen, 86 f., Handbuch der historischen Stätten, Österreichs 2, 207 und 243.
[38] Gertrud Smola, Das Gußwerk bei Mariazell, Der Bergmann — Der Hüttenmann (Katalog der 4. Landesausstellung Graz 1968), 447.
[39] In der Bestätigungsurkunde über die beim Tatareneinfall verlorengegangenen Privilegien werden 1291 die zugewanderten Gäste zunächst als „magistri et ferrifodinarum ibidem existentium cultores,

jährlichen Deputate der Klöster Gairach und Seitz alternativ auf kleine oder große „massae" von 2½fachem Umfang festsetzte, so müssen damals neben den alten Schmelzöfen bedeutend leistungsfähigere neue in Betrieb gewesen sein, in denen man wohl zu Recht Stucköfen vermutet[40]. 1266 wird im Kärntner Eisenrevier erstmals der Ortsname Hüttenberg genannt. Er leitet sich sicher nicht vom Personennamen Huoto ab, sondern von den Hütten, die zum Schutz der Schmelzofenanlagen sowie der in größerem Maße notwendigen Holzkohlenvorräte errichtet wurden[41]. Die in der 2. Hälfte des 13. Jahrhunderts bei beiden Erzbergen nachweisbaren Reihensiedlungen entlang der Bachufer zeigen, daß sich die Ausnützung der Wasserkraft für den Betrieb der Ofengebläse ziemlich weitgehend durchgesetzt hat[42]. Dadurch ergab sich eine starke Produktionssteigerung. Die bedeutend größeren „Maßln" konnten nicht mehr mit dem Handhammer bearbeitet werden[43]. Ebenso mit Wasserrädern angetriebene Hammerwerke schlossen sich an die Blähhäuser an. In den beiden großen Eisenbergbaurevieren hielt sich diese Verbindung freilich nicht lange. Spätestens im Lauf des 14. Jahrhunderts wanderten die meisten Hammerwerke aus dem nächsten Umkreis der Abbaustätten

---

utpote ferri fabri urburarii, carbonarii et laboratores" charakterisiert, dann als „hospites magistrique et ferri fabri eorumque collaboratores, ferri fusores et cultores et omnes laboratores", Franz Zimmermann — Carl Werner, Urkundenbuch zur Geschichte der Deutschen in Siebenbürgen 1 (1892), 183 f., vgl. dazu Bittner, Eisenwesen, 461 ff., und Pirchegger, Eisenwesen 1, 14, beide mit ungenauer Wiedergabe des Quellentextes. Die Aufzählungen deuten insgesamt auf eine bereits ziemlich weit fortgeschrittene Arbeitsteilung im Produktionsprozeß.

[40] Pirchegger, ebd. 15 ff.

[41] Karl Dinklage in: Kärntens gewerbliche Wirtschaft von der Vorzeit bis zur Gegenwart (1953), 129; Wießner, Bergbau 3, 21.

[42] Wenn Sprandel, Eisengewerbe, 225, im steirisch-kärntnerischen Raum erst für die Mitte des 14. Jahrhunderts einen direkten Beleg für einen wassergetriebenen Blasebalg findet, so wird in Hinblick auf die vielen indirekten Zeugnisse kaum geschlossen werden dürfen, daß diese Neuerung erst damals eingeführt wurde.

[43] Pirchegger, Eisenwesen 1, 15.

ab[44]. Der Hauptgrund für diese Dezentralisierungserscheinung war der im engeren Bergbaugebiet bald spürbare Holzmangel. Die Brennstofffrage ist ja ganz allgemein der entscheidende Faktor für die im Eisenwesen besonders ausgeprägt auftretende weite räumliche Streuung der Verarbeitungsanlagen des Montanprodukts. Eine Verlagerung der Hammerwerke ermöglichte die Nutzung unverbrauchter Waldbestände. An größeren Flüssen konnte auch das Problem des Holztransports leichter gelöst werden als an den kleinen Bächen um den Erzberg selbst. Der Einzugsbereich der erschließbaren Waldungen vergrößerte sich dadurch um ein Vielfaches. Ein zweites wesentliches Moment in diesem Prozeß der Dezentralisierung war die Frage der Proviantversorgung. Die Trennung von Blähhaus und Hammerwerk verringerte den Lebensmittelbedarf im engeren Bergbaugebiet. Besonders radikal erfolgte diese Scheidung im Revier des steirischen Erzbergs. Nur ganz wenige Hammerwerke blieben im Gebiet von Vordernberg und Innerberg zurück[45]. Nicht im selben Ausmaß, jedoch auch sehr weitgehend vollzog man die Trennung im Hüttenberger Distrikt. Bei kleineren Eisenvorkommen war der Zwang zur Dezentralisierung meist nicht gegeben.

Die Auswirkung der Hammerwerke auf die Siedlungsstruktur war eine ähnliche wie die der Schmelzanlagen. Auch sie reihten sich an geeigneten Wasserläufen hintereinander auf, häufig im Bereich einer Steilstufe[46]. Ein enges Nebeneinander von Hämmern konnte zur Entstehung einer Sammelsiedlung führen bzw. in Anschluß an ältere Kerne eine Siedlungsballung bewir-

---

[44] Sprandel, Eisengewerbe, 143. Pirchegger setzt die Trennung von Blähhaus und Hammerwerk noch im 13. Jahrhundert an (Eisenwesen 1, 17).

[45] 1449 verfügt Friedrich III., daß in Vordernberg nicht mehr als vier Hammerwerke sein sollten, dafür aber die Zahl der Blähhäuser vermehrt werde (Albert v. Muchar, Der steiermärkische Eisenberg, Steiermärkische Zeitschrift NF 5, 1838, 35).

[46] Elisabeth Lichtenberger, Der Strukturwandel der sozialwirtschaftlichen Siedlungstypen in Mittelkärnten, Geographischer Jahresbericht aus Österreich 27 (1957/8), 79.

ken[47]. Keuschenansiedlungen um ein einzelnes Hammerwerk sind meist erst neuzeitlichen Ursprungs[48]. Überhaupt spielt der Eisenhammer als Kristallisationspunkt jüngerer Industriesiedlung eine wichtige Rolle[49].

Durch diese Dezentralisierungserscheinungen ergibt sich beim Eisenbergbau eine besonders weit ausgreifende Revierbildung. Es kommt dazu, daß der Übergang von der äußeren Zone der Hammerwerke zu den eisenverarbeitenden Gewerben vielfach fließend ist. Die Hammerschmiede als typisch ländlicher Gewerbebetrieb setzt dann die vom Montanwesen ausgehende Durchdringung der agrarischen Siedlungslandschaft fort. Aber auch das eisenverarbeitende Handwerk der in den Randzonen des Einzugsbereichs gelegenen Eisenhandelsstädte gliedert sich in diese Zusammenhänge ein. Dieses weite Ausgreifen unterscheidet die Eisenproduktion grundsätzlich von den anderen Zweigen des Montanwesens, bei denen ein Stadium, in dem das Bergbauprodukt dem Handel übergeben werden kann, schon viel früher erreicht ist. Für die Frage der Entstehung von Bergbaustädten ist das ein wichtiges Moment.

Im Edel- und Buntmetallbergbau stellen sich die Zusammenhänge zwischen Aufbereitungs- bzw. Verhüttungsverfahren und Siedlungsstruktur sehr vielfältig dar. Wir finden einerseits Verhüttung in unmittelbarer Nähe der Gruben in unbesiedelten hochalpinen Regionen, wie sie die Schlackenhalden am Gasteiner

---

[47] So haben Hammerwerke am Fuß der Karawanken nahe der Loiblpaßstraße den Anstoß zur Entstehung der frühneuzeitlichen Industriesiedlung Ferlach gegeben (Wießner, Bergbau 3, 214 ff.). Ein besonders günstiger und daher schon früh genützter Standort für Hammerwerke war das Kanaltal, durch das die wichtigste Eisenstraße von Kärnten nach dem Süden zog. Als eine bedeutende Hammersiedlung ist hier das später zum Markt erhobene Malborghet entstanden, das sich erst sekundär auf Eisenerzabbau der näheren Umgebung stützte (Wießner, a.a.O., 252 ff.). Im Einzugsbereich von Innerberg verdienen vor allem der in Anschluß an eine alte Admonter Pfarre entstandene Markt St. Gallen sowie Großreifling an der Enns als Hammerwerkssiedlungen Erwähnung.

[48] Lichtenberger, Strukturwandel, 79 f.

[49] Alois Mosser, Die österreichische Industriesiedlung, Siedlungs- und Bevölkerungsgeschichte Österreichs (Schriften des Instituts für Österreichkunde (1973).

Radhausberg, am Pochkar und im Rauriser Gebiet erweisen[50], andererseits aber auch große Schmelzhütten als Ansatzpunkte für frühe Industriesiedlungen, wie etwa in Lend im Zusammenhang desselben Bergbaureviers[51]. Prinzipiell läßt sich sagen, daß diese Phase des Produktionsprozesses, soweit sie überhaupt siedlungsbildend gewirkt hat, keineswegs notwendig zur Entstehung bloß einer einzigen Großsiedlung tendierte. Die Verteilung der Poch- und Waschwerke sowie der Schmelzhütten ist in den großen Bergbaudistrikten dieser Montanzweige die Regel. Im Raum von Schwaz erstreckten sich die Schmelzwerke auf das ganze Inntal zwischen Wattens und Kundl. Ebenso zeigt sich im Bereich von Gastein-Rauris eine weite Streuung[52]. Dadurch mag auch die von den übrigen Tauerntälern abweichende Siedlungsstruktur des Gasteinertals beeinflußt worden sein[53]. Konzentriert war hingegen der Schmelzbetrieb im steirischen Silberort Oberzeiring. Nach den Blähhäusern, die im Zeiringer Graben zwischen den beidseitig abgebauten Berghängen lagen, trug der Zeiringbach den bezeichnenden Namen „Blahbach"[54].

Eine Abhängigkeit vom Wasser war in der Edel- und Buntmetallverhüttung freilich nicht in gleicher Weise gegeben wie beim Eisen. Im Schmelzprozeß mußten keine ähnlich hohen Temperaturen erzielt werden[55]. Der Einsatz der Wasserkraft gewann hier jedoch in der Erzaufbereitung Bedeutung. Die Zerkleinerung des erzhaltigen Gesteins war ursprünglich reine Handarbeit. Bald aber nahm man dabei das Wasser zu Hilfe. In Schwaz etwa wurde das erste Pochwerk mit Wasserantrieb

---

[50] Zimburg, Geschichte Gasteins, 35.

[51] Zur Siedlung der „Hüttenverwandten" in Lend vgl. Karl Friedrich Hermann, Erläuterungen zum Historischen Atlas der österreichischen Alpenländer II/9 (1957), 157.

[52] Zimburg, Geschichte Gasteins, 35.

[53] Nur hier ist die sonst allgemein vorherrschende Streusiedlung in stärkerem Maße von Weilern und kleinen Dörfern durchsetzt (Zimburg, Geschichte Gasteins, 42). Auf eine Entstehung in Anschluß an Aufbereitungsanlagen des Goldbergbaus weist der Ortsname von Böckstein.

[54] Tremel, Bergbau, 103 f.

[55] Schuster, Das alte Metall- und Eisenschmelzen, 10 ff.

im Jahre 1512 errichtet[56]. Auch im Gasteiner Revier liegen die Poch- und Waschwerke, und mit ihnen verbunden die Schmelzhütten späterhin durchgehend im Tal[57]. Ebenso wie im Salz- und Eisenwesen spielten bei der Verhüttung der Edel- und Buntmetalle die Wasserläufe für die Holzzubringung eine wichtige Rolle. Die große Schmelzhütte in Lend entstand im Zusammenhang mit der Anlage eines Holzrechens an der Salzach[58]. Auch die Wahl von Jenbach als Standort der 1526 von Schwaz wegverlegten Schmelzwerke war hauptsächlich durch die besseren Möglichkeiten der Brennstoffbeschaffung bedingt[59].

Hinsichtlich der Schmelztechnik war vor allem die Entwicklung des Saigerverfahrens von Bedeutung. Es hatte die Errichtung komplizierter und größerer Schmelzanlagen mit höherem Arbeitskräftebedarf zur Folge. Die von den großen Kapitalgesellschaften im ausgehenden 15. und in der 1. Hälfte des 16. Jahrhunderts neugeschaffenen Schmelzhütten lagen zumeist abseits des engeren Montangebiets. Der Tiroler Landreim bemerkt über ihre Ausmaße: „als wer yede ein Dorf gar groß".[60] Mitunter boten sie den Ansatz zu starker Siedlungsverdichtung wie etwa vor allem die Fuggerschen Anlagen in Jenbach. Bemerkenswert ist in diesem Zusammenhang auch die von den Fuggern ab 1495 nahe dem Kloster Arnoldstein in Kärnten errichtete Saigerhütte, für die sie vom Bischof von Bamberg sogar die niedere Gerichtsbarkeit sowie das Befestigungsrecht verliehen erhielten[61]. Die Anlage diente in erster Linie der Verhüttung oberungarischer Erze. Für die Ortswahl war die Nähe der Bleibergwerke entscheidend, wie

---

[56] Mutschlechner, Vom alten Bergbau, 115. Vgl. auch Dinklage, Kärntens gewerbliche Wirtschaft, 123.

[57] Zimburg, Geschichte Gasteins, 35, Otto Brunner, Aus der Geschichte des Goldbergbaus in den Hohen Tauern, Zeitschrift des deutschen Alpenvereins 17 (1940), 149.

[58] Brunner, Goldbergbau, 149.

[59] Ludwig Scheuermann, Die Fugger als Montanindustrielle in Tirol und Kärnten (Studien zur Fugger-Geschichte 8, 1929), 19.

[60] Adolf Zycha, Zur neuesten Literatur über die Wirtschafts- und Rechtsgeschichte des deutschen Bergbaus, VSWG 5 (1907), 285 f.

[61] Dinklage, Kärntens gewerbliche Wirtschaft, 125.

überhaupt das für das Saigerverfahren notwendige Blei die Standortbedingungen der neuen Silber- und Kupferschmelzhütten mitbeeinflußte.

Die Brennstoffversorgung beschäftigte in allen drei Hauptzweigen des Montanwesens einen besonders großen Personenkreis. Solange Holzarbeit und Köhlerei als bäuerliches Nebengewerbe betrieben wurden, bewirkten diese Faktoren keine wesentlichen Veränderungen der Siedlungsstruktur. Sammelsiedlungen von Holzarbeitern treten erst mit Vordringen der Lohnarbeit auf. Alte Holzhauersiedlungen waren etwa im Salzkammergut Gosau und Goisern[62]. Bereits spätmittelalterlicher Entstehung ist die Holzknechtniederlassung im Bärental bei Windisch-Bleiberg[63]. Die Köhlerei gab dem Ort Hieflau am Ausgang des Gesäuses sein besonderes Gepräge, seit hier 1572 für den Bedarf des Innerberger Montanbezirks ein Holzrechen angelegt wurde[64].

Nicht mehr zum Bergbaurevier selbst sind jene Plätze zu rechnen, die sich nicht unmittelbar an der Gewinnung und Bearbeitung des Montanproduktes beteiligten, sondern bloß an seiner Verteilung, also die reinen Verkehrs-[65] und Handelssiedlungen. In der Salzproduktion ist freilich die Endphase des Produktionsprozesses, die sogenannte „Fertigung" personell mit Verfrachtung und Handel verbunden[66]. Im Salzkammergut sitzen diese „Salzfertiger" nicht nur in den beiden Salinenorten Hallstatt und Ischl, sondern auch in Lauffen und in Gmunden. Die durch die „Fertiger" gegebene Verknüpfung von Produktion und Handel ist für die Frage der Stadtwerdung von Salinenorten allgemein von Bedeutung.

---

[62] Gosau wird als die „Mutter der Wälder" bezeichnet. Vgl. dazu Schraml, Salzbergbau, 20 f. Goisern hatte auch als Kirchsiedlung Bedeutung.

[63] Lichtenberger, Strukturwandel, 74.

[64] Hans Kloepfer — Hans Riehl, Das Steirische Eisenbuch, Steirisches Eisen 1 (1937) 114.

[65] Im Eisenwesen mit seiner weiten topographischen Streuung von Verhüttungs- und Weiterverarbeitungsanlagen können Umladeplätze zwischen Rad- und Hammerwerken wohl noch den Montansiedlungen zugezählt werden.

[66] Hoffmann, Wirtschaftsgeschichte Oberösterreichs 1, 71 und 213 ff., Schraml, Salinenwesen, 219 ff. und 312 ff.

Neben den spezifischen Standortbedingungen der Montanproduktion haben die Bedürfnisse der Versorgung mit Lebensmitteln und gewerblichen Erzeugnissen die Siedlungsstruktur der Bergbaugebiete maßgeblich beeinflußt. Soweit es möglich war, die Montanarbeiter aus Landwirtschaft und Viehzucht des Reviers selbst zu versorgen, ergab sich daraus eine Tendenz zur Streusiedlung. Je stärker sich die in Bergbau und Verhüttung tätige Bevölkerung verteilte, desto leichter war es, aus der lokalen bäuerlichen Produktion zu ihrem Lebensunterhalt beizutragen. Vor allem im Eisenwesen wurde die Verbindung mit der bäuerlichen Wirtschaft möglichst lange aufrechtzuerhalten versucht. Seit sich der Bergbau aus seiner Stellung als bloßer bäuerlicher Nebenerwerb verselbständigt hatte, konnte freilich keines der größeren Bergbaureviere ohne Lebensmittelzufuhr von außen auskommen. Zwei Möglichkeiten der Marktversorgung kamen dabei in Frage: Einerseits durch außerhalb des Montangebietes gelegene Städte und Märkte, die einem weiteren Umland als Wirtschaftszentrum dienten und meist schon vor der Aufnahme des Bergbaubetriebs bestanden, andererseits durch zum Markt gewordene Hauptsiedlungen des Bergbaugebietes selbst. Im letzteren Fall ging von der Nahmarktfunktion innerhalb des Montanbezirks besonders starke mittelpunktbildende Kraft aus. Als Standort von Gewerben, die für den lokalen Bedarf arbeiteten, waren solche Hauptorte nie reine Bergleutesiedlungen — ein Moment, das für die Frage des Verhältnisses von Berggemeinde und örtlichem Siedlungsverband von Bedeutung ist.

Unter bestimmten Voraussetzungen haben sich solche Marktzentren von Bergbaurevieren zu Städten entwickelt oder wurden von vornherein als Städte angelegt. Nur hier wird man berechtigt von einer „städtebildenden Kraft" des Bergbaus sprechen dürfen. Um Bergwerkstädte in einem weiteren Sinn handelt es sich natürlich auch bei solchen älteren Zentren in der Umgebung von Montanrevieren, die mit dem Aufkommen des Bergbaus neue Funktionen übernahmen und dadurch ein mehr oder minder starkes Gepräge erhielten. Der Handel mit Montanprodukten wurde zu einer wesentlichen Erwerbsquelle ihrer Bürger. Das Handwerk erhielt durch Möglichkeiten der

Weiterverarbeitung neue Impulse. Kapitalkräftige Bergwerksunternehmer wohnten hier, mitunter sogar Bergknappen oder Hüttenarbeiter. Alles das gab eine spezifische Akzentuierung. Die Stadtentstehung selbst ist jedoch nicht durch den Bergbau bedingt. Von den unmittelbar aus dem Montanrevier herausgewachsenen Stadtsiedlungen sind sie daher typologisch zu unterscheiden.

Von den Salinenorten des österreichischen Raums sind Hallein und Hall in Tirol zu Städten geworden — beide in unmittelbarem Anschluß an die mit der Aufnahme des Bergbaus einsetzende Siedlungsentstehung. Aussee, Hallstatt und Ischl blieben Märkte. Hall in Oberösterreich, meist als „inferior Halle" oder „Herzogenhall" bezeichnet, wo bis ins 14. Jahrhundert aus Quellsole Salz gewonnen wurde, heißt zwar in den Quellen „forum", besaß aber keine bürgerlichen Handelsrechte[67]. Die zweite und bedeutendere aus Salzquellen gespeiste Saline, Hall im Admonttal, begegnet nicht einmal als Markt[68].

Entscheidend für die Stadtwerdung von Salinenorten erscheint die Frage, ob es den Bewohnern gelingt, den Handel mit dem Montanprodukt selbst in die Hand zu bekommen. Es wurde schon bei der Behandlung der technischen Voraussetzungen darauf verwiesen, daß die Salzproduktion zur Aus-

---

[67] Alfred Hoffmann, Die oberösterreichischen Städte und Märkte, Jahrbuch des oberösterreichischen Musealvereines 84 (1932), 151; derselbe, Der oberösterreichische Städtebund, ebd. 93 (1948), 127.

[68] Klebel, Städte und Märkte, 88. Wieweit die Entstehung des nahen Klostermarktes Admont durch die Saline mitbestimmt war, läßt sich kaum feststellen. Marktnennungen liegen erst aus dem 15. Jahrhundert vor. Interessant erscheint in diesem Zusammenhang, daß eine zweite, kleinere Saline des Klosters Admont schon sehr früh zur Ausbildung eines Marktortes geführt haben dürfte. Nahe der Salzquelle von Weißenbach liegt der Ort Altenmarkt im Ennstal, der Funktionsvorgänger des Admonter Marktes St. Gallen. (Handbuch der historischen Stätten, Österreich 2, 135 f.). Auffallend ist, daß hier in der 1. Hälfte des 12. Jahrhunderts ein bedeutendes Reichsministerialengeschlecht auftritt (UBStmk 1, 239 und 302 f.) — eine bemerkenswerte Parallele zu der gleichzeitigen Entwicklung im Raum der oberösterreichischen Saline Hall (Alois Zauner, Königsherzogsgut in Oberösterreich, Mitteilungen des Oberösterreichischen Landesarchivs 8, 1964, 101 ff.). Es könnte hier ein Versuch vorliegen, Regalansprüche auf die Salzgewinnung durchzusetzen.

bildung einer einzigen Großsiedlung in Anschluß an die Sudpfannen tendiert. Grundsätzlich kann hier das fertige Produkt bereits unmittelbar vom Fernhandel übernommen werden. Es ist so möglich und auch naheliegend, daß sich im Salinenort selbst ein handeltreibendes Bürgertum ausbildet. Andererseits besteht gerade beim Salz ein enger Zusammenhang zwischen Fertigung und Verfrachtung. Die Endphase des Produktionsprozesses ist von den Formen des Transports in besonderer Weise abhängig. Über die jeweils möglichen Transportmittel gewinnt die Verkehrslage für die Frage der Stadtwerdung des Salinenorts entscheidende Bedeutung. Bei den alten aus Salzquellen gespeisten Salinen war eine direkte Übergabe des Produkts an den Fernhandel die Regel. Die bedeutenderen unter ihnen haben daher meist eine Stadtentstehung an Ort und Stelle bewirkt. In unmittelbarer Nachbarschaft des hier untersuchten Raums gilt das etwa für Reichenhall. Bei Bergbaubetrieb gestalten sich die Verhältnisse differenzierter. Hall und Hallein — beide in günstiger Verkehrslage an großen schiffbaren Flüssen — entwickelten sich zur Stadt, obwohl sich mit Innsbruck und Salzburg zwei ältere Städte in nächster Umgebung befanden. Das flußaufwärts gelegene Innsbruck konnte freilich hinsichtlich des Wasserwegs für Hall keine Konkurrenz bedeuten, vor allem seit der für den Brennstoffbedarf der Saline errichtete Holzrechen den Inn für die Großschiffahrt unpassierbar machte, sodaß Hall Innsbruck an Handelsbedeutung insgesamt sogar überflügelte[69]. Der Salzhandel Halleins wurde bezeichnenderweise nicht durch Salzburg, sondern durch den Umladeplatz Laufen beeinträchtigt, dessen Schiffsherren neben den Halleinern als Salzfertiger tätig waren. Der Salinenort gewann jedoch selbständige merkantile Bedeutung[70]. Anders war die Situation im Salzkammergut. Hallstatt lag verkehrsmäßig äußerst ungünstig. Der zwischen Berghang und See eingezwängte Ort war auch kaum erweiterungsfähig. Seit 1311 besaßen zwar die 12 Inhaber von Erbbürgerrechten die volle

---

[69] Handbuch der historischen Stätten, Österreich 2, 451; zum Bau des Innrechens Palme, Hall in Tirol, 80 ff.

[70] Handbuch der historischen Stätten, Österreich 2, 342 ff.

Handelsberechtigung[71], in der Salzfertigung mußten sie jedoch mit den Bürgern von Gmunden, Lauffen und schließlich auch Ischl teilen[72]. Die Vielzahl der beteiligten Orte ist primär in der komplizierten Verkehrssituation begründet. Die Stadtentwicklung schloß von vornherein nicht an den Salinenort, sondern an den eigentlichen Ausgangspunkt des Fernhandels an, nämlich Gmunden[73]. Der Umladeplatz vom See- zum Flußverkehr konzentrierte die Salzfertigung und wurde zum zentralen Marktplatz für das ganze Salzkammergut. Der Landesfürst ließ hier die Salzmaut einheben. Auch der Salzamtmann als oberster Leiter des ganzen Salzwesens hatte hier seinen Sitz, obwohl die Stadt rechtlich nicht zum Salzkammergut gehörte. Gerade diese Exemtion aus dem Kammergut war Voraussetzung für den Stadtrang. Hallstatt, Lauffen und Ischl[74] besaßen zwar bürgerliche Handels- und Freiheitsrechte, die Unterstellung unter die Urbarsverwaltung beeinträchtigte jedoch ihre Autonomie, sodaß sie über den Marktrang nicht hinauskamen. In Aussee war die Situation gerade umgekehrt. Die Marktbürger erreichten wohl die Unmittelbarkeit zum Lande, wie ihre Vertretung in den Landständen zeigt, sie konnten sich aber im Salzhandel nicht durchsetzen[75]. Daß diesbezüglich letztlich die Niederlagsstadt Rottenmann erfolgreich blieb, ist nicht bloß in der Verkehrssituation begründet. Die abseitige Lage sowie das Fehlen eines großen schiffbaren Flusses bedeuteten jedoch für den Salinenort ein schweres Hindernis, selbst Ausgangspunkt des Fernhandels zu werden. Mit dem raschen Aufschwung der Saline Aussee verlor das ältere Hall im Admonttal seine wirtschaftliche Bedeutung.

Der Eisenbergbau hat in den österreichischen Ländern nirgends zur Entstehung einer Stadt geführt. Daß diesem Zweig des Montanwesens eine unmittelbar städtebildende Kraft fehlt, wurde auch in Gegenden beobachtet, in denen sonst der Berg-

---

[71] Urkundenbuch des Landes ob der Enns 5, 39.
[72] Schraml, Salinenwesen 1, 312 ff.
[73] Ferdinand Krackowizer, Geschichte der Stadt Gmunden in Oberösterreich 1 (1898), 143 ff.
[74] Hoffmann, Die oberösterreichischen Städte und Märkte, 152, 156 und 163.
[75] Srbik, Studien, 114 ff.

bau den Prozeß der Stadtwerdung viel stärker beeinflußt hat[76]. Der Grund dafür ist wohl vor allem in der räumlichen Aufgliederung des Produktionsprozesses zu suchen, dann aber auch in dem Umstand, daß im Eisenwesen das weiterverarbeitende Gewerbe als Vorstufe des Handels eine entscheidende Rolle spielt, was weder beim Salz, noch bei den Edelmetallen der Fall ist. Der Fernhandel kann so nicht unmittelbar im Bergbaugebiet selbst ansetzen. Die Hauptsiedlungen rund um die Erzlagerstätten kommen über die Stufe des Nahmarktes zur Versorgung der Bergleute nicht hinaus. Und selbst solche Proviantmärkte entstehen bloß bei den großen Eisenbergwerken, beim Kärntner Erzberg Hüttenberg, beim steirischen Eisenerz und Vordernberg. Die 1449 durchgeführte Zweiteilung des ursprünglich am gesamten Montandistrikt haftenden Marktrechts ergab sich aus der unterschiedlichen Verkehrsorientierung der beiden durch die Wasserscheide getrennten Teilgebiete. Durch die für Eisenbergbaureviere charakteristische Mehrzahl von Sammelsiedlungen waren entsprechende Ansatzpunkte jedoch schon lange vorgegeben. Bei kleineren Montangebieten fehlt ein selbständiger Versorgungsmarkt. So waren die Bergleute im Oberkärntner Kremstal auf den Einkauf in der Niederlagstadt Gmünd[77], die von Waldenstein in Unterkärnten auf die Stadt Wolfsberg angewiesen. Die Markterhebung von Paternion 1530 hängt mit dem Aufschwung zusammen, den dieser Ort durch den Bergbau insgesamt erfuhr. Neben Eisen wurde hier Gold, Blei und Quecksilber gewonnen[78]. Auch die Markterhebung von Malborghet im Kanaltal ist nicht unmittelbar aus dem lokalen Eisenbergbau zu erklären[79].

Der an bereits vorgegebene Zentren anknüpfende Eisenhandel hat die betreffenden städtischen Siedlungen besonders stark geformt. Die Verbindung mit dem Exportgewerbe bewirkte hohe Einwohnerzahlen, wie wir sie vor allem in Steyr finden. Welche Niederlagsorte den Eisenhandel in die Hand bekommen

---

[76] Schwarz, Siedlungsgeographie, 258.
[77] Wießner, Bergbau 3, 146.
[78] Handbuch der historischen Stätten, Österreich 2, 265 f., Wießner, Bergbau 1, 190 f., 2, 158 ff., 3, 169 ff.
[79] Wießner 3, S. 252 ff.

sollten, war im Einzugsbereich des steirischen Erzbergs aufgrund der Herrschaftsverhältnisse eindeutig. Steyr und Leoben konnten in ihrer Stellung kaum gefährdet werden[80]. Komplizierter war die Situation in Hinblick auf die Zersplitterung der Hoheitsrechte bei den Kärntner Eisenvorkommen. Salzburg beanspruchte das alleinige Niederlagsrecht für das auf seinem Territorium gewonnene Hüttenberger Eisen für seinen Markt Althofen, dem es von der herzoglichen Stadt St. Veit bestritten wurde[81]. Althofen blieb übrigens trotz Niederlage, Ummauerung und eigener Gerichtsbarkeit stets Markt, vielleicht wegen der Nähe der salzburgischen Stadt Friesach. Dem bambergischen Wolfsberg stand als Niederlagsort für das Waldensteiner Eisen die landesfürstliche Niederlage Völkermarkt gegenüber. Die Lage von Wolfsberg könnte darauf hindeuten, daß bei der Platzwahl für die als Mittelpunkt der Lavanttaler Besitzungen gegründete Stadt der nahe Eisenabbau eine Rolle gespielt hat. Ein drittes Paar um den Eisenhandel konkurrierender Handelsplätze findet sich in Oberkärnten. Die Grafen von Ortenburg bzw. von Cilli konnten sich jedoch mit den Ansprüchen für ihren Markt Spittal gegenüber dem salzburgischen Niederlagsort Gmünd nicht durchsetzen[82].

Der Edel- und Buntmetallbergbau, dem anderwärts so viele Städte ihren Ursprung verdanken, hat im österreichischen Raum nur ganz wenige Städte entstehen lassen. In Tirol und Salzburg findet sich trotz des großen Edelmetallreichtums keine einzige dieses Ursprungs. Kitzbühel, Rattenberg oder Sterzing sind zwar vom Bergbau entscheidend geprägt, aber nicht erst durch ihn zur Stadt geworden. Obwohl Schwaz mit einer maximalen Einwohnerzahl von gegen 20.000 im frühen 16. Jahrhundert die weitaus größte Siedlung Tirols und nach Wien die zweitgrößte der österreichischen Länder war[83], erhielt es kein Stadt-

---

[80] Zu der Konkurrenz zwischen Landesfürst und Bischof von Freising um die Eisenniederlage im Ybbstal: Michael Mitterauer, Zollfreiheit und Marktbereich (Forschungen zur Landeskunde von Niederösterreich 19, 1969), 262 ff.

[81] Wießner, Bergbau 3, 24 ff.

[82] Handbuch der historischen Stätten, Österreich 2, 290, Wießner, Bergbau 3, 145 f.

[83] Klein, Bevölkerung, 86.

recht. Die Wochenmarktverleihung von 1329 liegt noch lange vor dem großen Aufschwung des Silberbergbaus, könnte aber darauf hindeuten, daß die bereits im 13. Jahrhundert bekannten Bodenschätze hier schon früh zu einer Bevölkerungskonzentration geführt haben[84]. Es ist dies übrigens die einzige Markterhebung durch Privileg seitens eines Tiroler Landesherren. Da Schwaz bis 1467 nicht in einem landesfürstlichen Landgericht lag, sondern in dem eines landsässigen Adeligen, standen auch durch den Rang des Ortsherren einer Stadtwerdung lange Zeit Hindernisse entgegen[85].

In Steiermark und Kärnten hat sich durch den Edelmetallbergbau je eine Siedlung zur Stadt entwickelt, nämlich Schladming und St. Leonhard im Lavanttal. Ihrer wirtschaftlichen Funktion nach unterschieden sich freilich beide nicht von Bergbaumärkten wie etwa Zeiring. Sie waren primär Versorgungsmärkte für die Montanbevölkerung. Im Fernhandel spielten sie keine Rolle. Den Stadtrang verdankten sie ihrer Ummauerung bzw. der fürstlichen Stellung des Ortsherren. Auch der Bischof von Bamberg beanspruchte ja im Lavanttal landesherrliche Rechte, was er gerade durch Städtegründungen zum Ausdruck brachte[86].

Ähnliches gilt auch für die Stadt Bleiburg in Unterkärnten, deren Name bereits auf den Siedlungsursprung hinweist. Hier wurden die Bleierze des Petzen-Mieß-Gebietes verschmolzen. Der Markt diente in erster Linie der Lebensmittelversorgung

---

[84] Schon 1273 findet sich für die Gegend der Berghöfe oberhalb von Schwaz die Bezeichnung „Arzberg" (Otto Stolz, Die Schwaighöfe in Tirol, 1930, 114).

[85] Zur Frage des Zusammenhangs zwischen Stadtbezeichnung und Stellung des Ortsherren Klebel, Städte und Märkte, 43 ff.; Herbert Knittler, Städte und Märkte (Herrschaftsstruktur und Ständebildung 2, 1973), 154 f.

[86] Tremel, Bergbau, 104 ff. Wenn Tremel meint, daß St. Leonhard als Sitz der bischöflichen Verwaltung und eines Landgerichts zur Stadt geworden wäre, so ist diese Erklärung nicht voll befriedigend. Auch der Hinweis, daß St. Leonhard als einziger Bergwerksort sich an eine Burg anlehnte — was übrigens für das von Tremel nicht behandelte Bleiburg ebenso zutrifft —, reicht nicht aus (105 und 107). Burg und Landgerichtssitz war bei vielen Märkten gegeben, ohne daß sie dadurch zur Stadt wurden. Entscheidend ist vielmehr

der Bergknappen. Im Fernhandel spielte er keine Rolle. Schon die relativ ungünstige Verkehrslage verhinderte dies. Nach seinem Übergang in den Besitz des Landesfürsten erhielt der ummauerte Markt 1370 ein Stadtrecht verliehen[87].

Fragt man nach den Ursachen, warum sich im Edel- und Buntmetallbergbau des österreichischen Raums die eigentlichen Montansiedlungen nirgends über Nahmarktfunktionen hinaus entwickelt haben, so werden wiederum die besonderen Möglichkeiten für die Entstehung einer ortsansässigen Fernhändlerschicht zu bedenken sein, die die Grundlage des Stadtbürgertums hätte bilden können. Jene Faktoren, die im Eisenwesen zu ähnlichen Erscheinungen geführt haben dürften, nämlich die räumliche Aufgliederung des Produktionsverfahrens sowie die Rolle des weiterverarbeitenden Exportgewerbes, lassen sich hier nicht zur Erklärung heranziehen. Edel- und Buntmetalle können nach dem Abschluß des Schmelzverfahrens direkt durch den Handel zur Verteilung gelangen. Bei den Edelmetallen ist es zunächst von Bedeutung, daß ein gewisser Teil der Produktion gar nicht in den Handel kam, sondern vom Regalherren für seine Münze beansprucht wurde[88]. Noch wichtiger erscheint aber die von anderen Hauptzweigen des Montanwesens abweichende Organisation des Bergbaus. Während bei Salz und Eisen die Produktion im großen und ganzen von einem ortsansässigen Unternehmertum getragen wurde, bestand bei den Edel- und Buntmetallen die Möglichkeit einer Beteiligung ortsfremder Gewerken. Es hängt dies mit der hier früh

---

der Faktor der Ummauerung (dazu ausführlich Knittler, Städte und Märkte, 163). Im Zusammenhang mit Befestigungsfragen verdient erwähnt zu werden, daß Montangebiete im allgemeinen arm an Burgen sind. Die Errichtung von Adelsburgen war hier eben in Hinblick auf die fürstlichen Regalrechte ausgeschlossen. Bemerkenswert erscheint es ferner, daß sich bei Bergbausiedlungen mitunter bedeutende Wehrkirchenanlagen finden, so z. B. in Eisenerz, Vordernberg, Obervellach, Reichenfels, St. Oswald ob Hornberg und St. Leonhard im Lavanttal (Handbuch der historischen Stätten, Österreich 2, 40, 164; Karl Kafka, Wehrkirchen Kärntens 1, 1971, 23, und 2, 1972, 14, 29, 57).

[87] Dinklage, Kärntens gewerbliche Wirtschaft, 124; Handbuch der historischen Stätten, Österreich 2, 202.

[88] Tremel, Bergbau, 108.

vollzogenen Trennung von Kapital und Arbeit zusammen, auf die noch zurückzukommen sein wird. Natürlich engagierten sich zunächst primär Bürger der nahegelegenen Städte, die mitunter auch im Bergbaugebiet selbst ansässig wurden, Friesacher am Zossen, Judenburger in Oberzeiring, Haller in Schwaz usw. Das Eindringen der oberdeutschen Kaufleute ist im wesentlichen erst eine Erscheinung des 16. Jahrhunderts. Die Beteiligung auswärtiger Bürger hatte jedoch schon in den Frühphasen des Edel- und Buntmetallbergbaus zur Folge, daß der Handel mit den Montanprodukten vor allem den schon bestehenden städtischen Siedlungen zugute kam und sich nicht in den Bergbausiedlungen selbst konzentrierte[89]. In Kolonisationsgebieten, in denen Montan- und Städtewesen in ihrer Entwicklung gleichzeitig einsetzten, waren die Voraussetzungen für die Entstehung von Städten durch den Edelmetallbergbau natürlich ganz andere.

Das Beispiel von Bergbaumärkten, die durch bloße Ummauerung zu Städten wurden — etwa Schladming und St. Leonhard — zeigt, wie unwesentlich letztlich der Stadtrang socher Siedlungen für die Struktur des Montangebiets ist, wenn mit ihm nicht auch — wie bei den Salinenstädten — städtische Funktionen verbunden sind. Unter dem Aspekt spezifischer Sozialformen erscheinen Prozesse der Markt- und Stadtwerdung in Hinblick auf das Problem der Gemeindebildung im allgemeinen von Interesse. In diesem Zusammenhang ist zunächst bemerkenswert, daß Marktentstehung in einem Montanrevier durchaus nicht zu einer Isolierung der Marktsiedlung als Sondergemeinde führen muß. Der Distrikt des Markt-

---

[89] Tremel, Bergbau, 108, erklärt diese Erscheinung mit der im Vergleich zum Eisenwesen geringen Kontinuität der Produktion wie des Handels. Das sei der Grund gewesen, daß Bürger benachbarter Städte einzelne Gruben oder auch einen ganzen Bergbau an sich gerissen hätten. Dazu ist zu sagen, daß auch durch lange Zeit kontinuierlich betriebene Edel- und Buntmetallbergwerke in den österreichischen Ländern nicht zu einer Handelskonzentration in den Bergbausiedlungen selbst geführt haben, wie etwa das Beispiel Bleiberg zeigt. Ein Kausalzusammenhang zwischen mangelnder Kontinuität und dem Eindringen von Bürgern benachbarter Städte ist nicht herzustellen.

richters von Eisenerz war keineswegs bloß der Ort selbst. Er erstreckte sich vielmehr bis 1449 auf den gesamten Bergbaubezirk mit mehreren Sammelsiedlungen und weiten Streusiedlungsgebieten[90]. Durch die von Friedrich III. verfügte Teilung und die Marktrechtsverleihung an Vordernberg entstanden zwei Marktgemeinden dieser Struktur. Ähnlich waren die Verhältnisse in dem ausgedehnten Marktburgfried von Hüttenberg[91]. Dem Markt Hofgastein im Goldbergbaugebiet der Tauern fehlte wie den meisten Marktorten in den Landgerichtsmittelpunkten des Salzburger Hochstiftsterritoriums ein eigener Burgfried[92]. Er war voll in die Landgerichtsgemeinde integriert. Im benachbarten Rauristal wurde dem Hauptort Gaisbach (heute Rauris) die Markteigenschaft sogar ausdrücklich bestritten, weil das ganze Landgericht ein „freies Landgericht" sei, in dem jeder Angesessene Gastwirtschaft, Kaufmannschaft und Krämerei betreiben dürfe[93]. Eine interessante Verbindung des Marktmittelpunktes mit dem umliegenden Landgericht zu einer Gerichtsgemeinde zeigt sich auch bei Hall in Oberösterreich[94]. Es handelt sich in allen diesen Fällen eigentlich um ausgedehnte Landgemeinden, in denen einer Hauptsiedlung Marktfunktion zukam.

Hinsichtlich des Ursprungs der das Montangebiet umfassenden Gerichtsgemeinden werden Unterschiede zwischen den westlichen und den östlichen Ländern des österreichischen Raumes zu machen sein[95]. In Tirol und Salzburg, ähnlich aber auch in Oberkärnten, war die Landgerichtsbarkeit aufgrund der Territorienbildung von vornherein im wesentlichen in der Hand

---

[90] Tremel, Bergbau, 101; Hans Pirchegger, Historischer Atlas der österreichischen Alpenländer I (1906), Bll. 10, 11, 18 und 19.

[91] Dinklage, Kärntens gewerbliche Wirtschaft, 129.

[92] Historischer Atlas der österreichischen Alpenländer I (1906), Bl. 17.

[93] Handbuch der historischen Stätten, Österreich 2, 367.

[94] Julius Strnadt, Das Gebiet zwischen der Traun und der Enns, AÖG 94/1 (1906), 586.

[95] Zu diesen Strukturunterschieden allgemein Michael Mitterauer, Ständegliederung und Ländertypen, Herrschaftsstruktur und Ständebildung 3 (1973), 200.

des Landesherren. Der Landesfürst mußte hier — sieht man von dem im Gericht der Herren von Freundsberg gelegenen Schwaz ab — nicht in adelige Gerichtsrechte eingreifen, um den Bergbau unter seine Kontrolle zu bringen. Zu einer auf den engeren Montanbereich beschränkten Gerichtsbildung ist es hier daher nicht gekommen.

Anders lagen die Verhältnisse in den östlichen Ländern, in denen die Hochgerichtsbarkeit des Adels dominierte. Um das Bergregal durchzusetzen, war es hier notwendig, daß sich der Landesfürst die Jurisdiktion in Montangebieten in besonderer Weise vorbehielt[96]. Eigene Landgerichtsbezirke bildeten in der Steiermark Eisenerz und Aussee, im Land ob der Enns das Gebiet um Hall sowie das ganze Salzkammergut. Daß das Bemühen um unmittelbare Unterstellung zu Auseinandersetzungen mit dem Adel führen konnte, zeigt der Streit Herzog Albrechts I. mit den Herren von Goldegg um den Besitz von

---

[96] Eine entscheidende Rolle für die praktische Durchsetzung des Bergregals kam den landesfürstlichen Vogteirechten zu (Zur Rolle der Vogtei im Eisenbergbau allgemein Sprandel, Eisengewerbe, 58 und 66 ff.). In Anschluß an bevogtetes Kirchengut konnte Siedlungsausbau betrieben werden. Die Bodenschätze lagen vielfach in erst neuzuerschließenden Gebieten. Vor allem aber war es dem Landesfürst als Hauptvogt möglich, auf Kosten seiner ministerialischen Untervögte Rechte an sich zu ziehen. Auch bei Stadtgründungen ging man ja auf diese Weise vor, wie der Fall von Voitsberg in der Steiermark zeigt. Die Salzstadt Gmunden wurde vom Herzog auf Besitz des Klosters Traunkirchen angelegt, dessen Vogtei damals die Landherrenfamilie der Orter innehatte. Das ganze Salzkammergut scheint aufgrund von Vogteirechten über Traunkirchen erschlossen worden zu sein (Peter Feldbauer, Der Herrenstand in Oberösterreich, 1972, 105 ff.). Im Erzberggebiet war Kloster Göß reich begütert, das vom landesfürstlichen Ministerialengeschlecht der Stubenberger bevogtet wurde (Handbuch der historischen Stätten, Österreich 2, 56). Oberzeiring scheint von Admonter Besitz in Unterzeiring aus erschlossen worden zu sein (ebd. 117). Ob hier ministerialische Untervögte der unmittelbaren Unterstellung unter den Herzog vorangingen, läßt sich nicht feststellen. Die Geschlossenheit der Bergbausiedlung dürfte auch mit dem geringen Umfang des dem Landesfürsten zur Verfügung stehenden Ausbaugebiets zusammenhängen. Der Gerichtsbarkeit des ministerialischen Untervogts unterstellt blieb die kleine Saline des Klosters St. Lambrecht im Halltal bei Mariazell. (Vgl. dazu Srbik, Studien, 31.)

Schladming[97]. Analog zu landesfürstlichen Städten erhielten in einzelnen Bergbaugemeinden die Marktrichter auch die Hochgerichtsbarkeit übertragen, so etwa in Eisenerz.

Ein Spiegel der kommunalen Selbständigkeit von Bergbaugemeinden ist ihre Vertretung in den Landständen. In der Steiermark hatten Zeiring, Eisenerz und Aussee ein unmittelbares Verhältnis zum Land, sodaß ihre Vertreter zu den Ständeversammlungen geladen wurden[98]. In Tirol und zeitweise auch in Salzburg besaßen die landesfürstlichen Gerichte insgesamt die Landstandschaft, sodaß durch sie die in ihnen ansässigen Bergverwandten mitrepräsentiert wurden[99]. Gerade die Bergbaugerichte zeigten sich vielfach in Landesangelegenheiten besonders aktiv[100].

Allgemein gilt für die besprochenen Gerichte bzw. die ihnen entsprechenden Gemeinden, daß sie sowohl die Bergleute als auch die übrige Bevölkerung des Distrikts umfaßten, selbst dann, wenn solche Gerichte eigens wegen des Bergbaus geschaffen wurden. Vom Berggericht bzw. der Berggemeinde als besonderer Organisationsform für die im Bergbau Tätigen sind sie prinzipiell zu unterscheiden. Dasselbe ist für die Pfarrgemeinden der Montangebiete festzuhalten. Auch sie stellen eine Zusammenfassung auf territorialer Grundlage dar, ohne Rücksicht auf einen spezifischen Tätigkeitsbereich. Zur Entstehung reiner Personalpfarren ist es im Bergbau nicht gekommen[101]. Sicherlich ist aber auch die Errichtung von Pfarren in Montanrevieren als Indiz dafür anzusehen, daß den besonderen Bedürfnissen der sich hier konzentrierenden Be-

---

[97] Obwohl die Goldegger der Salzburger Ministerialität angehörten, waren sie hier Lehensleute des steirischen Herzogs. Vgl. dazu Hans Pirchegger, Schladming und seine Umgebung, Blätter für Heimatkunde 17 (1939), 93 ff.; Tremel, Bergbau, 106.

[98] Knittler, Städte und Märkte, 77.

[99] Ernst Bruckmüller, Herrschaftsstruktur und Ständebildung 3 (1973), 11 ff.

[100] So waren etwa die Gasteiner an der Formulierung des Forderungsprogramms der Gerichtsgemeinden von 1525 führend beteiligt. (Vgl. Zimburg, Gastein, 92 ff.)

[101] Georg Schreiber, Der Bergbau in Geschichte, Ethos und Sakralkultur (Wissenschaftliche Abhandlungen der Arbeitsgemeinschaft für Forschung des Landes Nordrhein-Westfalen 21, 1962), 58 ff.

völkerung durch die Schaffung eines eigenen Kultverbandes Rechnung getragen werden mußte. Gerichtliche und kirchliche Gemeindebildung gehen vielfach Hand in Hand. Als umfassender Rahmen für die besonderen Sozialformen der Bergleute ist die Pfarrgemeinde sicherlich dem Gericht durchaus gleichrangig anzusehen.

Sehr früh entstanden Pfarrkirchen in Verbindung mit Salinenorten, was mit der behandelten Tendenz zur Sammelsiedlung gut übereinstimmt. Schon für die uralte St.-Amands-Pfarrkirche von Admont wird ein Zusammenhang mit der seit 931 belegten Salzgewinnung vermutet. Der nahe Salinenort Hall selbst erhielt bereits 1095 eine Vikariatskirche[102]. Nach dem oberösterreichischen Hall war ursprünglich die Pfarre Pfarrkirchen benannt. Die Kirche wurde von Kremsmünster errichtet, das bei seiner Gründung die „salina ad Sulzipah" als Ausstattungsgut erhalten hatte[103]. In Hallein entstand die St. Antonius dem Einsiedler geweihte Pfarrkirche bereits im Zuge der Stadtanlage um 1200. Für die Bergleutesiedlung wurde das Vikariat Dürrnberg geschaffen[104]. Hallstatt verfügte seit der Entstehung des Marktes über ein Pfarrvikariat, das sich freilich erst im 16. Jahrhundert verselbständigte[105]. Der Salzbergbau von Aussee führte sowohl in der ursprünglichen Bergleutesiedlung Altaussee als auch in dem durch Siedlungsverlegung entstandenen Markt zur Errichtung einer Pfarre. Schon um 1300 ist die Marktkirche als Pfarrkirche bezeugt[106]. Hall in Tirol blieb zwar lange de jure der Pfarre Absam unterstellt, aber schon 1281 — also gerade zur Zeit des großen Ausbaus der Saline und noch vor der Stadtrechtsverleihung — wurde hier die Nikolauskirche geweiht, bei der ein Vikar des Pfarrers und im Lauf des 14. Jahrhunderts schließlich der

---

[102] Hans Pirchegger, Erl. z. hist. Atlas d. öst. Alpenländer II/1, 48.
[103] Hoffmann, Städte und Märkte, 151.
[104] Hermann, Erläuterungen II/9, 87. Das Patrozinium St. Antonius Eremita spielt auch sonst im Bergbau eine Rolle (Schreiber, Der Bergbau in Geschichte, Ethos und Sakralkultur, 57, 269, 436, 538).
[105] Hoffmann, Städte und Märkte, 152.
[106] Pirchegger, Erläuterungen II/1, 41.

Pfarrer selbst seinen Sitz nahm[107]. In Eisenbergbausiedlungen setzt die Pfarrentwicklung viel später ein — durchaus in Entsprechung zu der hier anders verlaufenden Entwicklung der Siedlungsverhältnisse. Einen selbständigen Pfarrsprengel würde man am ehesten für die Gerichtsgemeinde von Eisenerz erwarten. Der Bau der St. Oswaldskirche dürfte hier auch mit der Marktwerdung im ausgehenden 13. Jahrhundert zusammenhängen, sie blieb aber bis ins 15. Vikariat. Dasselbe gilt für die erst 1454 verselbständigte Vordernberger Kirche. Die zeitliche Parallele zur Teilung der Gesamtgemeinde und zur Marktrechtsverleihung ist offenkundig. Die Verweser beider Seelsorgesprengel führten schon vor der rechtlichen Abspaltung selbstbewußt den Titel Pfarrer[108]. Die Mutterpfarre des gesamten Bergbaureviers war Trofaiach. Nach ihr wurde im 13. Jahrhundert das hier gewonnene Eisen als „Trofaiacher Eisen" bezeichnet — ein schöner Hinweis auf die große Bedeutung der Pfarre für die Zuordnung des umliegenden Gebiets und seiner Bewohner. Auch in Hüttenberg hat die Marktwerdung nicht zur pfarrlichen Selbständigkeit geführt. Erst 1425 wird hier eine Kirche erwähnt, von der es heißt, daß sie „allein mit der perchleith guet, hantreichung und gelt erbaut" worden sei. 1505 wurde von der Gemeinde ein Kaplan gestiftet[109]. Die verschiedenen Waldeisenvorkommen schließlich haben durch ihre Bergbausiedlungen die kirchliche Gemeindebildung kaum beeinflußt.

In Gebieten des Edel- und Buntmetallbergbaus begünstigte die in diesem Zweig des Montanwesens besonders starke Bevölkerungskonzentration mitunter eine frühe pfarrliche Sonderung. Bei der Stiftung von eigenen Kaplaneien ist die im Vergleich größere Finanzkraft der Gewerken zu bedenken. Schladming erhielt schon bald nach Einsetzen des Bergbaus für den Marktort und die beiden Bergwerkstäler eine eigene Pfar-

---

[107] Georg Kienberger, Beiträge zur Geschichte der Stadt Hall, Haller Buch (Schlern-Schriften 106, 1953), 116 ff.
[108] Ferdinand Tremel, Die Entwicklung des Eisenwesens im Raume von Leoben, Blätter für Heimatkunde 37 (1963), 3, schließt daraus, daß Trofaiach das älteste Handelszentrum des Gebietes gewesen sei.
[109] Fresacher, Erläuterungen zum Historischen Atlas der österreichischen Alpenländer II/8/2, 146.

re[110]. Die alte Knappenkirche St. Elisabeth in Oberzeiring besaß bereits 1294 das Begräbnisrecht. Die Marktkirche wurde erst um die Mitte des 14. Jahrhunderts errichtet[111]. Als eine sehr früh für ein Bergbaugebiet geschaffene Pfarre verdient St.Georg am Gaisberg bei Zeltschach Erwähnung. Mit dem Rückgang des Bergbaus wurde sie zu einer Kleinstpfarre reduziert, die sich freilich ihre Selbständigkeit erhielt[112]. Im Bergbaurevier von Windisch-Bleiberg erhielten 1364 die „im Gebirge wohnenden Leute" für die beiden Kapellen St. Erhard in Bleiberg und St. Ulrich in Zell das Begräbnisrecht[113].

Sehr deutlich tritt im Edel- und Buntmetallbergbau auch der engere Kreis der Bergleute als ein besonderer Kultverband innerhalb der Pfarrgemeinde hervor. Die zahlreichen Kapellen-, Altar- und Meßstiftungen veranschaulichen das[114]. In St. Oswald ob Hornburg stiftete 1396 die Silberbergwerksknappenschaft, die damals „bei großem Vermögen" war, eine Kirche mit Wochenmesse innerhalb der Pfarre Klein St. Paul[115]. In Bleiberg bei Villach ließen „consocii et communitas minerarum in Pleiberch sub plebe S. Georgii" eine St.-Heinrich- und Kunigunde-Kapelle errichten[116]. Das Herauswachsen eines eigenen religiösen Verbandes der Bergverwandten aus der Kirchengemeinde läßt sich schön in Rauris verfolgen. Während 1500 die Zeche bei der Filialkirche St. Martin in Gaisbach die „domini montani ac minerarii necnon comunitas dicti loci" umfaßt, begegnet 1518 erstmals eine eigene St.-Anna-Bruderschaft[117]. Der besonders im Edelmetallbergbau verehrten Patronin St. Anna wurde damals im Friedhof von Gaisbach/

---

[110] Pirchegger, Erläuterungen II/1, 42.
[111] Ferdinand Tremel, Zeiring, Blätter für Heimatkunde 37 (1963), 43; derselbe, Bergbau und Kultur, 16 ff.; Johann Schmut, Oberzeiring, Berg- und Hüttenmännisches Jahrbuch 52 (1904), 268 f.
[112] Fresacher, Erläuterungen II/8/2, 178.
[113] Wießner, Bergbau 2, 209 f.
[114] Dazu allgemein Schreiber, Bergbau in Geschichte, Ethos und Sakralkultur, 58 ff.
[115] Fresacher, Erläuterungen II/8/2, 158.
[116] Fresacher, Erläuterungen II/8/1, 123.
[117] Willibald Hauthaler, Die Pergamenturkunden des Pfarrarchivs zu Rauris, Mitteilungen der Gesellschaft für Salzburger Landeskunde 32 (1892), 33 und 38.

Rauris eine eigene Kapelle geweiht[118]. Ganz eigenartige Formen hat das Selbstbewußtsein der Bergleute als selbständige Gruppierung innerhalb der Pfarrgemeinde in Rattenberg und Schwaz angenommen. In beiden Pfarrkirchen wies man den Knappen jeweils eine Hälfte des Kirchenraums zu. In der vierschiffigen Schwazer Kirche, die von ihrer Anlage her ein Unikum darstellt, stand so den Bergleuten eines der beiden Hauptschiffe sowie ein Nebenschiff zu. Die Polarität zwischen bürgerlicher und montaner Bevölkerungsgruppe kommt in dieser kunstgeschichtlich einmaligen Lösung deutlich zum Ausdruck. Eine ähnliche Auswirkung der Sozialstruktur des Pfarrsprengels auf die Raumgliederung der Kirche ist sonst nirgends festzustellen[119].

Ausdruck der kirchlichen Sonderstellung der Bergleute ist es auch, daß ihnen vielfach für ihre Kapellen- und Frühmeßstiftung das Patronatsrecht oder eine Mitsprache bei der Besetzung zugestanden wurde. Außer bei den schon erwähnten Kapellenstiftungen in Bleiberg und Hornburg findet sich eine Einflußnahme auf die Präsentation des Kaplans in verschiedenen anderen Bergbaugebieten Kärntens, so in Althofen, Hüttenberg, Obervellach und Wolfsberg[120]. Genossenschaftliche Präsentationsrechte sind stets Ausdruck einer besonderen Autonomie. Sie finden sich meist dort, wo auch in gerichtlichen Belangen ausgeprägte Selbstverwaltungsrechte gegeben sind[121].

In den Formen der kirchlichen Verbandsbildung wird das Sonderbewußtsein und Zusammengehörigkeitsgefühl der Bergleute innerhalb der sie umschließenden Regionalgruppen be-

---

[118] Hermann, Erläuterungen II/9, 158.
[119] Schreiber, Bergbau in Geschichte, Ethos und Sakralkultur, 21 und 58; Johanna Gritsch, Die Pfarrkirche in Schwaz, Schwazer Buch (Schlern-Schriften 85, 1951), 173 ff. Beachtenswert erscheint in diesem Zusammenhang, daß die Pfarrkirche von Aussee Anfang des 15. Jahrhunderts zu einer zweischiffigen Anlage erweitert, die von Hallstatt zu Beginn des 16. in dieser Form neu angelegt wurde (Dehio-Handbuch, die Kunstdenkmäler Österreichs, Steiermark, ^{4}1956, 23, und Oberösterreich, ^{4}1958, 105). Ob hier jeweils ein eigenes Kirchenschiff für die Bergverwandten vorgesehen war, läßt sich freilich nicht feststellen.
[120] Dietrich Kurze, Pfarrerwahlen im Mittelalter (1966), 299.
[121] Kurze, Pfarrwahlen, 314 ff.

sonders deutlich. Die im Montanwesen Tätigen hatten einen eigenen Status und verstanden sich untereinander als eine spezifische soziale Einheit. Von ihrer Beziehung zum Berg wurden sie „Bergverwandte" oder „Bergwerksverwandte", also „im Bergbau Verwandte", genannt. Auch Bezeichnungen, wie „Gesellschaft", „Samnung" oder „Gemeinde" finden sich häufig[121a]. Zu diesen Bergverwandten, der Berggemeinde im engeren Sinn, gehörten sehr unterschiedliche Personengruppen. Das Schwazer Bergbuch zählt als zugehörig auf: Gewerken, Schmelzer, Berg- und Hüttenwerksverweser und -arbeiter, Erzkäufer, Diener, Schreiber, Einfahrer Hutleute, Grubenmeister, Erzknappen, Köhler, Holzknechte, Säumer, Zimmerleute, Fuhrleute, Schmiede, Arbeiter bei den Schmelzhütten usw.[122]. In diesem großen Montanrevier waren natürlich die mit dem Bergbau durch ihre Tätigkeit in irgendeiner Weise Verbundenen besonders differenziert. Im Prinzip findet sich diese Aufgliederung der Berggemeinde überall, natürlich mit entsprechenden Unterschieden in Funktionen und Bezeichnungen, je nachdem, um welchen Montanzweig es sich handelt.

An der Spitze der Berggemeinde steht der Bergrichter. Die Unterstellung unter seine Gerichtsbarkeit ist das wesentliche Kriterium der Zugehörigkeit zur Berggemeinde. Dem Bergrichter beigegeben sind die Berggeschworenen. Die Form ihrer Bestellung ist sehr unterschiedlich: Bestellung durch den Bergherrn oder durch Kooption oder unter Mitsprache der gesamten Berggemeinde. Meist kamen die Geschworenen aus dem Kreis der Gewerken, die ja aufgrund ihrer wirtschaftlichen Stellung in einer Weise abkömmlich waren, wie das dieses Amt erforderte[123]. Vereinzelt finden sich aber auch Belege für Knappen als Geschworene[124]. Insgesamt wird man aber wohl eine Berufung auf „die ganze gemeinde arme und riche", wie sie in dem als Weistum formulierten Schwazer

---

[121a] Schreiber, Der Bergbau in Geschichte, Ethos und Sakralkultur, 496 ff.
[122] Schwazer Bergbuch, 56.
[123] Klaus Schwarz, Untersuchungen zur Geschichte der deutschen Bergleute im späteren Mittelalter (Freiburger Forschungshefte D 20, 1958), 37 f.
[124] Worms, Schwazer Bergbau, 125, § 32.

Bergbrief begegnet[125], nicht im Sinne einer vollen genossenschaftlichen Gleichberechtigung der einzelnen Angehörigen der Berggemeinde interpretieren dürfen.

Die Stellung von Richter und Rat in der Berggemeinde bildet eine Parallele zu anderen kommunalen Organisationsformen, keineswegs nur zur städtischen Ratsverfassung[126]. Es ist vielmehr darüber hinaus an das allgemeine Modell der Kolonistenfreiheit zu denken. Von den Bergleuten werden besondere Leistungen erbracht, denen als Gegenleistung des Bergherren die Gewährung besonderer Freiheitsrechte gegenübersteht. Die Montangesellschaft hat aber auch ihre ganz spezifischen Probleme in Rechtsprechung und Verwaltung, die sich aus der Komplexität der Produktionsverhältnisse ergeben. Sie können nur von Sachkundigen in adäquater Weise behandelt werden. So erscheint es sinnvoll und notwendig, die betreffenden Organe aus dem Kreis der Bergverwandten selbst zu bestellen.

Als geschlossenen Bezirk umfaßt die den Bergleuten zustehende Freiung nur die Abbauplätze, also den „Berg" im engeren Sinne bzw. andere Produktionsstätten wie etwa in Salinenorten das Sudhaus. Der gefreite Distrikt ist im allgemeinen unbesiedelt. Die Bergverwandten wohnen außerhalb. Von ihren Wohnsitzen her bilden sie keinen räumlich geschlossenen Siedelverband. Die Berggemeinde gehört damit zu den wenigen kommunalen Sozialformen im ländlichen Raum, die sich früh von einem klar abgegrenzten räumlichen Substrat lösen.

In diesem Zusammenhang ist freilich auf die Frage der Ortsansässigkeit der Bergverwandten in einer bestimmten Montansiedlung oder einem bestimmten Montandistrikt in unmittelbarer Nachbarschaft zum gefreiten Bergbezirk näher einzu-

---

[125] Schwind/Dopsch, 311.

[126] Schwarz, Siedlungsgeographie, 257, möchte die Analogien zwischen Bergfreiheit und Stadtfreiheit zur Erklärung für die Stadtentwicklung vieler Bergbausiedlungen heranziehen. Dabei ist freilich zu bedenken, daß die Berggemeinde innerhalb des lokalen Siedelverbandes bloß einen engeren Kreis bildete, dessen Rechte nicht auf die übrige Bevölkerung übergingen. Daß die Bergbaustädte ihre Entstehung in erster Linie der Verbindung von Montanproduktion und Handel verdankten, wurde oben bereits ausführlich dargestellt.

gehen. In der Salzproduktion erscheinen einzelne Tätigkeiten durch ihre Vergabe als Erblehen an Grund und Boden gebunden. Unter den österreichischen Salinenorten ist eine derartige Bindung in Hallstatt am stärksten ausgeprägt. Sie betrifft hier sowohl die Bergbau- und Sudberechtigung als auch die Fertigung[127]. Alle diese Erblehen setzten grundsätzlich Ansässigkeit mit eigenem Haus in Hallstatt selbst bzw. in anderen privilegierten Orten des Salzkammerguts voraus[128]. Bezüglich einzelner Phasen des Produktionsprozesses, vor allem der Pfannhausarbeit, findet sich das System der Radizierung auf Grundbesitz auch in Aussee, Hallein und Hall in Tirol[129]. Wenn auch die Inhaber der Arbeitslehen schon bald die damit verbundenen Tätigkeiten nicht mehr selbst verrichteten, so war doch dem Eindringen ortsfremder Unternehmer ein Riegel vorgeschoben. Daß die eigentliche Arbeiterschaft in der Umgebung ihres Arbeitsplatzes wohnte versteht sich von selbst.

Am steirischen Erzberg waren die Abbauberechtigungen mit den als Erblehen vergebenen Huben der Radmeister in Innerberg und Vordernberg verbunden[130]. Die Radwerke sollten „mit eigenem Rücken besessen" werden. Zwar scheint diese Hauptforderung des Landesfürsten nicht immer streng beobachtet worden zu sein[131]. Die Verschuldung der Radmeister bei den sie verlegenden Kaufleuten führte mitunter dazu, daß Radwerke in den Besitz von Bürgern der Niederlagsstädte kamen. Im großen und ganzen gelang es jedoch, auswärtige Unternehmer fernzuhalten. Die außerhalb des landesfürstlichen Kammergutes ansässigen Hammermeister waren dem Bergwesen eng verbunden, understanden aber nicht dem Bergrichter und wurden dementsprechend auch nicht zu den Bergverwandten

---

[127] Adolf Zycha, Zur neuesten Literatur über die Wirtschafts- und Rechtsgeschichte der deutschen Salinen, VSWG 14 (1918), 116 ff.

[128] Bei den Fertigern kamen Lauffen, Ischl und Gmunden hinzu.

[129] Adolf Zycha, Über die Anfänge der kapitalistischen Ständebildung in Deutschland, VSWG 31 (1938), 231 und 241; Srbik, Studien, 74 und 83 f.; Stolz, Die Anfänge des Bergbaues, 232.

[130] Der Erzberg wird dementsprechend in einer Eisenordnung von 1599 als „Erbbergwerk" charakterisiert (Bittner, Eisenwesen, 466).

[131] Pirchegger, Geschichtliches, 44 f.

gezählt[132]. In Hüttenberg verlieh nach der Bergordnung Erzbischof Heinrichs von 1342 der Bergrichter Fundgruben grundsätzlich in Verbindung mit Hofstätten[133]. Von den Inhabern der Blähhäuser wurde zwar nicht wie am steirischen Erzberg ausdrücklich gefordert, ihre Werke unmittelbar selbst zu betreiben[134], die vom Bergmeister einmal jährlich zur Verlesung der Bergordnung versammelten Gewerken, Knappen sowie Rad- und Hammermeister waren jedoch insgesamt im wesentlichen Ortsansässige[135]. Die enge Bindung der Zugehörigkeit zur Berggemeinde an den Besitz von bestimmten Huben zeigt besonders schön die Ordnung Graf Friedrichs von Ortenburg für das Eisenbergwerk zu Jesenice in Krain von 1381[136].

Nur im Edel- und Buntmetallbergbau sind die Verhältnisse stark abweichend. Schon im 12. Jahrhundert arbeitete ein Großteil der Gewerken nicht mehr selbst am Berg[137]. Eine Verbindung der Berglehen mit bestimmten Huben gab es nicht. Die Bergbauberechtigung wurde ohne Rücksicht auf Haus- oder Grundbesitz im Montangebiet vergeben. So bestand auch kein Zwang, hier ansässig zu sein. Ein bestimmter Wohnsitz wurde von den Gewerken bloß in den bergrechtlichen Regelungen des Bischofs von Trient aus dem frühen 13. Jahrhundert verlangt. Nach ihnen galt, daß alle Gewerken,, „qui habent rotas et qui ad rotas arzenterie laborant, debeant habitare in civitate et amodo cives Tridentini esse"[138]. Als Tridentiner Bürger aber saßen sie außerhalb des von einem eigenen Gastalden verwalteten Berggerichtssprengels[139]. Auch die Inhaber der admontischen Berglehen im Silberbergbaugebiet am Zossen, von denen wir etwa zur selben Zeit hören, waren Bürger

---

[132] Zur Abgrenzung der Bergverwandten nach einer Ordnung von 1541 vgl. Pirchegger, Geschichtliches, 60.
[133] Dinklage, Kärntens gewerbliche Wirtschaft, 128.
[134] Zycha, Zur neuesten Literatur, VSWG 6, 87.
[135] Wießner, Bergbau 3, 34.
[136] Müllner, Geschichte des Eisens in Innerösterreich, 374 ff.
[137] Adolf Zycha, Das Recht des ältesten deutschen Bergbaues bis ins 13. Jahrhundert (1899), 104 ff.
[138] FRA II/5, 444, vgl. dazu Zycha, Zur neuesten Literatur, VSWG 6, 270.
[139] Hans v. Voltelini, Das welsche Südtirol. Erläuterungen zum Historischen Atlas der österreichischen Alpenländer I/3 (1919), 135.

der nahen Stadt Friesach[140]. Ein engerer Zusammenhang zwischen Berggemeinde und Ortsgemeinde ist in Zeiring und in Schladming erkennbar. 1284 werden in Zeiring die „cultores ipsius cathmie et magistri montis et omnes ibidem partes vel partem possidentes" mit der „communitas civum" schlechthin gleichgesetzt[141]. Berggericht und Marktgericht bildeten hier auch eine Einheit. Daß sich Berg- und Bürgergemeinde allmählich auseinanderentwickelten, deutet eine Bestimmung der Bergordnung von 1339 an. Der Marktrichter sollte danach über Erzleute bei deren Wohnungen bzw. bei neueröffneten Bergwerken auch außerhalb des Marktburgfrieds Gerichtsbarkeit ausüben[142]. In Schladming wurde 1408 das Weistum über das dort geltende Bergrecht vom Bergrichter gemeinsam mit den Bürgern und Knappen sowie der ganzen Gemeinde erstellt[143]. Derart enge Verbindungen zwischen Berggemeinde und Ortsgemeinde sind freilich im mittelalterlichen Edelmetallbergbau im österreichischen Raum die Ausnahme. In der Regel war ein Großteil der Gewerken nicht ortsansässig. Die Verleihbücher von Berggerichten aus dem 15. und 16. Jahrhundert zeigen eine weite räumliche Streuung der Lehensträger[144]. Auch der sozialen Herkunft nach ist der Kreis der Bergbauunternehmer bunt gemischt. Adelige, Beamte, Geistliche, Kaufleute, Handwerker, Bauern und auch Bergknappen treten nebeneinander als Gewerken auf[145]. Bei vielen von ihnen ist schon aufgrund ihres Standes oder ihrer beruflichen Verpflichtung an eigene Arbeit im Bergbau nicht zu denken. Ihre Beziehung zum Berg ist eine rein unternehmerische. Zur Berggemeinde

---

[140] Vgl. u. S. 293 f. und die dort zitierte Literatur.

[141] Zycha, Zur neuesten Literatur, VSWG 6, 106.

[142] Schmut, Oberzeiring, 276, § 28. Vgl. dazu auch Tremel, Bergbau, 110.

[143] Schwind/Dopsch, 311.

[144] Hans Hochenegg, Die im Verleihbuch genannten Bergwerksherren, Das Verleihbuch des Bergrichters von Trient 1489—1507 (Schlern-Schriften 194, 1959), 80 ff.; Georg Mutschlechner, Das Berggericht Sterzing, Sterzinger Heimatbuch (Schlern-Schriften 232, 1965), 116.

[145] Zycha, Zur neuesten Literatur, VSWG 5, 280; Hochenegg, Bergwerksherren; Wießner, Bergbau 1, 163, 206.

zählen sie freilich genauso wie die ortsansässigen Gewerken und die Knappenschaft.

Vor allem im Edelmetallbergbau erscheint so die Berggemeinde als ein recht eigenartiges Sozialgebilde. Die Lösung vom räumlichen Substrat ist hier am weitesten fortgeschritten. In einer Zeit, in der der lokale bzw. regionale Zusammenhang für die Gemeindebildung insgesamt noch eine so große Rolle spielt, verdient ein solcher Prozeß der Lockerung bzw. Aufgabe unmittelbarer örtlicher Bindungen besondere Beachtung. Zur Stadt-, Markt- oder Dorfgemeinde gehört man in erster Linie als Besitzer eines Hauses innerhalb der Ortsgemarkung. Für die Zugehörigkeit zur Berggemeinde spielt der Hausbesitz keine Rolle mehr. Das Verbindende ist der Anteil am Bergbau, sei es durch persönliche Arbeit, sei es durch unternehmerische Beteiligung. In dieser spezifischen Produktionsweise hat ja das Haus als soziale Einheit gemeinsam Produzierender seine Bedeutung besonders früh verloren.

Eigenartig ist an der Berggemeinde auch ihre ständisch stark abgestufte Zusammensetzung, die wiederum im Edelmetallbergbau weitaus am stärksten in Erscheinung tritt. Zwischen dem um Lohn arbeitenden Bergknappen und dem kapitalkräftigen Großgewerken besteht ein weiter sozialer Abstand. Aber nicht nur die früh vollzogene Trennung von Kapital und Arbeit bewirkt diese Differenzierung. Auch die Unternehmergruppe erscheint in sich sehr inhomogen. Das Berglehen ist eine ständisch völlig neutrale Leiheform. Eine Grube oder einen Grubenanteil kann jeder besitzen, der über das nötige Kapital verfügt, um sie in Betrieb zu halten. Entscheidend wird damit die finanzielle Leistungsfähigkeit. Kaum anderswo hat sich die ständisch nivellierende bzw. sozial mobilisierende Kraft der Geldwirtschaft so früh ausgewirkt wie im Edelmetallbergbau.

Ein vergleichbares Gegenstück zu den Gemeindeformen des Montanwesens findet sich am ehesten in der „Berggemeinde" der Weinwirtschaft. Denn auch die Gemeinschaft aller einen Weinberg Bebauenden bzw. Nutzenden wird als „Berggemeinde" bezeichnet[146]. Die Bedingungen der Produktion sind einander

---

[146] Zur Berggemeinde der Weinbauwirtschaft allgemein Ernst Klebel, Zur Rechts- und Verfassungsgeschichte des alten Niederösterreich, Jahrb. f. Landeskunde v. NÖ. NF 28 (1939/43), 83 ff.; Anton

weitgehend ähnlich: Hier wie dort handelt es sich um eine anautarke, stark spezialisierte Wirtschaftskultur in ländlicher Umgebung mit hohem Arbeitskräftebedarf. Dieser Gemeinsamkeit in den Voraussetzungen entspricht eine Vielzahl struktureller Übereinstimmungen[147]. Auch in der Weinwirtschaft wird der „Berg" aus den sozialen und rechtlichen Ordnungen seiner Umgebung herausgenommen. Ein eigenes Berggericht entsteht als Sonderinstanz für alle Weinbergangelegenheiten. Die ihm Unterstellten haben am „Berg" bloß Besitz oder arbeiten hier, sie sind aber nicht in der Bergfreiung ansässig. Die Berggemeinde ist also auch hier nicht notwendig ein geschlossener Siedelverband. Die Weinberggründe stehen in keiner festen Bindung zu einem bestimmten Haus. Das Interesse am Wein als Fernhandelsgut führt zum Eindringen kapitalkräftiger städtischer Unternehmer, die nicht ortsansässig sind und den Weingarten nicht selbst bearbeiten. Aber keineswegs nur Kaufleute erwerben Besitz am Weinberg, sondern vielfach auch Adelige, Geistliche, Handwerker. Das Bergrecht der Weingartenwirtschaft ist ebenso eine ständisch neutrale Leiheform, die zu einer vielfältigen sozialen Mischung in der Zusammensetzung der Berggemeinde führt. Das Eindringen ortsfremder Unternehmerschaft bewirkt wiederum die Entstehung einer Lohnarbeiterschicht, deren soziale Situation — etwa hinsicht-

---

Mell, Das steirische Weinbergrecht und dessen Kodifikation im Jahre 1543, Sitzungsberichte der Wiener Akademie der Wissenschaften 207/4 (1928), 11 ff. Helmuth Feigl, Die niederösterreichische Grundherrschaft (Forschungen zur Landeskunde von Niederösterreich 16, 1964), 155 ff.

[147] Allgemeine Hinweise auf solche Übereinstimmungen bei Zycha, Das Recht des ältesten deutschen Bergbaus, 87, und Schreiber, Der Bergbau in Geschichte, Ethos und Sakralkultur, 25 und 490 f. Der Fragenkomplex wäre insgesamt einer näheren Untersuchung wert. Für die hier erörterten Zusammenhänge erscheinen Auswirkungen auf die Siedlungsstruktur bemerkenswert. Auch der Weinbau führt häufig zur Entstehung von Nahmärkten, die primär Versorgungsfunktion haben. Ein unmittelbares Nebeneinander mehrerer solcher Weinmärkte kommt in manchen Gegenden vor. Grundsätzliche Unterschiede in der Gerichtsstruktur zwischen den östlichen und westlichen Territorien des österreichischen Raumes spielen jedoch auch für die Marktentstehung durch Weinbauwirtschaft eine Rolle (dazu Klebel, Städte und Märkte, 88 f.).

lich der Wohn- und Familienverhältnisse — in manchem der der Bergarbeiter entspricht[148].

Ein Vergleich mit den Verhältnissen im Weinbau mag manches zum Verständnis der Entwicklung im Bergbau beitragen. Der Prozeß der Entstehung der Berggemeinde ist im Weinbau klarer faßbar. In niederösterreichischen Weistümern läßt sich der ursprüngliche Zusammenhang von Dorf- und Bergtaiding gut erkennen. Manchmal sind die bergrechtlichen Bestimmungen noch ganz ins Dorfrecht eingegliedert, manchmal werden sie als Gegenstand einer eigenen Taidingversammlung gesondert behandelt, manchmal erscheint Dorf- und Bergtaiding völlig voneinander getrennt. Jedenfalls wird deutlich, daß hier das Berggericht aus dem Dorfgericht, die Berggemeinde aus der Dorfgemeinde hervorgeht. Zunächst bildet jene innerhalb dieser bloß einen Sonderverband derer, die Besitz am Berg haben, dann aber läßt sie auch auswärts Ansässige zu, die beim Taiding persönlich oder durch Bevollmächtigte vertreten sein müssen. Auch für das Berggericht des Montanwesens wird man wohl letztlich ein Herauswachsen aus den allgemeinen lokalen und regionalen Gerichtsordnungen anzunehmen haben, freilich nicht aus dem Dorfgericht, das sich im alpinen Raum kaum findet, sondern aus Burgfried und Landgericht[149]. Die weitausgreifenden Sprengel der Berggerichte, wie sie im 16. und 17. Jahrhundert begegnen, dürfen hier nicht zu falschen Schlüssen bezüglich der mittelalterlichen Verhältnisse verleiten. Sie sind in Zusammenhang mit den Anfängen flächenstaatlicher Behördenorganisation zu sehen, für die die Interpretation des Bergregals — etwa unter Maximilian und Ferdinand I. —

---

[148] Weinhauer begegnen vielfach als Inleute. Das häufige Auftreten von Witwenhaushalten zeigt, daß in diesem Milieu Formen der unvollständigen Familie eine besondere Rolle spielten. Auch hinsichtlich der Verbreitung von Frauen- und Kinderarbeit ergibt sich eine Entsprechung (vgl. dazu u. S. 313 f.).

[149] Auf die Zusammenhänge zwischen Berggericht und Marktgericht in Zeiring und Eisenerz wurde schon hingewiesen. In St. Leonhard im Lavanttal bestehen solche zum Stadtgericht (Zycha, Zur neuesten Literatur, VSWG 6, 106). In Tirol wurden die Bergbaurechte im Spätmittelalter nach Landgerichten vergeben. (Stolz, Die Anfänge des Bergbaues, 242 f., vgl. auch Mutschlechner, Das Berggericht Sterzing, 133.)

besonders gute Ansätze bot, weil sie Eingriffe in die Jurisdiktionsrechte des Adels und der Prälaten des Landes ermöglichte. Die Tendenz zur Behörde war ja in der Bergbaugerichtsbarkeit insofern gegeben, als hier der obrigkeitliche Einfluß des Regalherren insgesamt schon frühzeitig gegenüber den Rechten der Genossenschaften die Oberhand gewann[150]. Als ursprünglicher Zuständigkeitsbereich der Bergrichter des Landesfürsten kommen wohl nur jene Gebiete in Frage, in denen dieser unmittelbar über die Gerichtsherrschaft verfügte. Ein Zusammenhang mit Vogteirechten dürfte bei den Anfängen des Berggerichts besonders zu bedenken sein[151].

Die Inkongruenz von Berggemeinde und Ortsgemeinde erscheint im Edel- und Buntmetallbergbau am weitesten fortgeschritten. Im Eisenwesen ist, wie gezeigt, in hohem Maße Ortsansässigkeit der Bergverwandten gegeben. Adolf Zycha und ihm folgend Jakob Strieder haben die Verhältnisse am steirischen Erzberg mit zünftischen Organisationsformen verglichen und dabei vor allem auf die Vorschrift des Betriebs „mit eigenem Rücken", das Erfordernis des Bürgerrechts für Radwerksbesitzer sowie den Grundgedanken „gleicher Leistungen unter gleichen Bedingungen mit gleichem Gewinn" verwiesen[152]. Wieweit in der Organisation des Einzelbetriebs ein Vergleich mit dem Handwerk am Platz ist, wird uns noch eigens zu beschäftigen haben. Hinsichtlich des Gesamtverbands der Bergverwandten ist eine solche Parallele nicht recht zutreffend. Die Berggemeinde umfaßte im Eisenwesen neben den allein als Meistern bezeichneten Inhabern der Radwerke derart unterschiedliche Gruppen, daß sich ihre Struktur kaum mit der eines Handwerksverbandes vergleichen läßt. Zu einer eigenen

---

[150] Bereits im Spätmittelalter kommen von der Berggemeinde erstellte Weistümer im Vergleich zu Ordnungen des Bergherren relativ selten vor.

[151] Vgl. dazu oben S. 261 und die dort zitierte Literatur. Nach einer Urkunde von ca. 1193 stand die Bestellung eines Bergmeisters für die Gruben des Klosters St. Paul nicht diesem selbst, sondern seinem Vogt, dem Grafen von Lebenau, zu (FRA II/39, 97 f.).

[152] Zycha, Zur neuesten Literatur, VSWG 6, 88. Jakob Strieder, Studien zur Geschichte kapitalistischer Organisationsformen (1914), 16 f.

Organisation der Radmeister aber ist es im Mittelalter und der frühen Neuzeit nicht gekommen[153]. Eigentlich zünftische Organisationsformen fehlen überhaupt im engeren Montanbereich[154]. Wir finden sie im Eisenwesen erst bei den außerhalb des Bergdistrikts ansässigen Hammermeistern. Bruderschaften der Hammermeister begegnen im Einzugsbereich des steirischen Erzbergs 1413 in Leoben, 1492 in St. Gallen und 1496 in Murau.[155] In den Gründungsbriefen, die von den beiden letzteren erhalten sind, nehmen die eigentlichen Handwerksartikel breiten Raum ein. Es handelte sich bei ihnen also nicht um rein religiöse oder sozial-karitative Zusammenschlüsse. Gegenüber städtischen Gewerbeordnungen ergeben sich aufgrund der spezifischen Betriebsorganisation gewisse Abweichungen. Die Organisation dieser Verbände war — den Standorten der Hammerwerke entsprechend — vorwiegend interlokal. Das Kriterium des Zusammenschlusses bildete nicht ein bestimmtes Verhältnis zum Berg — etwa Eisenbezug aus Innerberg oder Vordernberg[156] — sondern vielmehr die Zuständigkeit eines bestimmten Gerichtsherren, in St. Gallen des Abts von Admont, in Murau der Herren von Liechtenstein. Erst in der weiteren Bearbeitung des Montanprodukts treten also Ordnungsprinzipien des Handwerks stärker in Erscheinung. Für die unmittelbar in Bergbau und Verhüttung Tätigen waren solche Organisationsformen aufgrund der Besonderheit der Produktionsverhältnisse ungeeignet.

Bruderschaften, die mit der Betriebs- und Arbeitsorganisation nicht unmittelbar zu tun haben, finden sich hingegen im Montanwesen stark verbreitet. Sie bleiben im wesentlichen auf

---

[153] Zycha, Zur neueren Literatur, VSWG 6, 87. Erst 1625 haben sich — gleichzeitig mit der Gründung der Innerberger Hauptgewerkschaft — die Vordernberger Radmeister zu einer Kommunität zusammengeschlossen (Pirchegger, Eisenwesen 2, 106).
[154] Gerhard Pferschy, Strukturen einer Sozialgeschichte des steirischen Bergwesens bis zur Erlassung des allgemeinen österreichischen Berggesetzes 1854. Bericht über den 10. österreichischen Historikertag (Veröffentlichungen des Verbandes österreichischer Geschichtsvereine 18, 1970), 160.
[155] Schriftdenkmäler des steirischen Gewerbes 1 (1950), bearb. v. Fritz Popelka, 77, 178 ff. und 189 ff.
[156] Vgl. Zycha, Zur neuesten Literatur, VSWG 6, 88.

die Funktion als religiöse Vereinigung und Gemeinschaft zu gegenseitiger Hilfeleistung beschränkt. In ihrem Verhältnis zur Berggemeinde können sich sehr unterschiedliche Konstellationen ergeben. Im Goldbergbaugebiet im Rauristal scheint um 1500 die „utriusque sexus hominum fraternitas" an der St. Martinskirche in Gaisbach mit der „communitas loci" ident gewesen zu sein[157]. Es handelte sich hier offenbar um den allgemeinen Typus der Pfarrleutezeche, in der die Bergleute anfänglich miteingeschlossen waren. Erst zu Anfang des 16. Jahrhunderts bildete sich eine engere Bruderschaft aus, die — ihrer Patronin nach zu schließen — speziell für die Bergverwandten bestimmt war[158]. Die St.-Jörgen-Bruderschaft in Sterzing umfaßte 1478 Bergherren wie Erzknappen[159]. Ob ihr auch die Schmelzer angehörten, die innerhalb der Berggemeinde manchmal zu einer gesonderten Organisation tendierten[160], wissen wir nicht. In Rattenberg haben sich der 1468 gegründeten Dreifaltigkeits- und Marienbruderschaft später auch die Schmiede angeschlossen, die ja aufgrund ihrer Verwendung im Bergwerk ein dem Bergbau verwandtes Gewerbe waren[161]. Die Bruderschaft in Schwaz umfaßte bloß die Bergknappen, nicht aber die Gewerken[162]. Auf Teilgruppen der Berggemeinde beschränkt erscheinen auch die meisten Bruderschaften im Eisen- und Salzwesen. Eine den Knappen und Köhlern gemeinsame Bruderschaft wurde 1526 in Eisenerz aufgehoben[163]. Wie aus einer Beschwerdeschrift von 1565 geschlossen werden kann, dürften ihr auch die Blähhausleute sowie die Kohl- und Erzführer angehört haben[164]. Ob sie mit der seit 1388 genannten „Alten Bruderschaft" oder der 1427 erstmals erwähnten Gotts-

---

[157] Hauthaler, Pergamenturkunden, 33 und 35.
[158] Zur Aussonderung einer eigenen St.-Anna-Bruderschaft, die in die Zeit Erzbischof Leonhards von Keutschach fällt, der auch sonst die Schaffung von Bruderladen förderte (Zimburg, Gastein, 61; Schreiber, Bergbau in Geschichte, Ethos und Sakralkultur, 61), vgl. o. S. 265.
[159] Mutschlechner, Das Berggericht Sterzing 117.
[160] Schreiber, Bergbau in Geschichte, Ethos und Sakralkultur 518.
[161] Schreiber, ebd., 74.
[162] Schreiber, ebd., 157.
[163] Bittner, Eisenwesen, 24.
[164] Der Bergmann, 492.

leichnamszeche ident war, läßt sich nicht feststellen[165]. Neben der Vordernberger Bruderschaft gab es eine eigene Konfraternität der Köhler in Trofaiach[166]. Die 1493 von König Maximilian in ihren Rechten und Freiheiten bestätigte Marien-Bruderschaft in Hüttenberg dürfte nur die Bergknappen umfaßt haben[167]. In die hier 1612 von den Hüttenarbeitern gegründete Bruderlade zahlten auch die Radmeister einen Beitrag ein[168]. In Aussee gab es im ausgehenden 15. Jahrhundert eine Pfannhausbruderschaft, eine Holzleutezeche sowie eine Gottsleichnamsbruderschaft, deren soziale Zusammensetzung wir nicht kennen[169].

Mit zunehmender innerer Differenzierung der Berggemeinde wurden die Bruderschaften mehr und mehr zu einer Organisationsform verschiedener Gruppen von Arbeitnehmern, vor allem der eigentlichen Bergknappen. In ihren Anfängen scheinen sie aber doch eher die Gesamtheit der Bergverwandten erfaßt zu haben. Die sozial-karitative Funktion tritt ja erst sekundär in den Vordergrund, ebenso auch die Bedeutung als Zusammenschluß zur Wahrung der gemeinsamen Interessen der Knappschaft und der übrigen Lohnarbeiter. Ursprünglich sind die Bruderschaften rein religiöse Vereinigungen[170]. Vor allem das gemeinsame Totengedenken steht im Mittelpunkt ihrer Aufgabenstellung. Als eine sehr frühe Vorstufe jener in den spätmittelalterlichen Bruderschaften üblichen Aufzeichnungen von Namen verstorbener Brüder und Schwestern darf man wohl eine Eintragung im Seckauer Verbrüderungsbuch ansprechen, die die Überschrift „Fratres nostri de metallo ferri in

---

[165] Pirchegger, Geschichtliches, 125.
[166] Der Bergmann, 492.
[167] Dinklage, Kärntens gewerbliche Wirtschaft, 130.
[168] Wießner, Bergbau 3, 59.
[169] Srbik, Studien, 110.
[170] Hermann Löscher, Die Anfänge der erzbergischen Knappschaft, Zeitschrift der Savigny-Stiftung für Rechtsgeschichte, Kan. Abt. 40 (1954), 223 f.; Schreiber, Der Bergbau in Geschichte, Ethos und Sakralkultur, 72 ff., 156 ff.; Zycha, Anfänge, 229; Gerhard Pferschy, Aus der Sozialgeschichte des steirischen Bergwesens, Der Bergmann, 291. Auch Schwarz, Bergleute, 85, gesteht zu, daß bei den Anfängen dieser Genossenschaftsform „ein starker religiöser Zug nicht fehlte".

Liuben" trägt[171]. 336 Personen sind hier verzeichnet, etwa je zur Hälfte Männer und Frauen. Einige spätere Nachträge erfolgten mit besonderen Zusätzen. Diese interessante Quellenstelle hat bisher im wesentlichen bloß in Hinblick auf die Frage der ethnischen Zugehörigkeit der Eisenleute des Erzberggebietes im 12. Jahrhundert Beachtung gefunden[172]. Der weit wichtigere Aspekt, daß wir hier eine besonders frühe Gebetsverbrüderung von Bergleuten und damit eine Vorform der Bergbau-Bruderschaft vor uns haben, wurde in der Literatur nicht berücksichtigt. Die Verbrüderung umfaßte offenbar die gesamte eisenschaffende Bevölkerung ohne irgendeinen sozialen Unterschied[173], vielleicht sogar überhaupt die Bewohner des Montangebiets. Eine stärkere Differenzierung der „Eisenbauern" von den übrigen Siedlern ist ja für diese Zeit noch kaum anzunehmen. Interessant erscheint auch, daß sich die Gebetsverbrüderung hier an ein Chorherrenstift anschließt. Dazu gibt es in späteren Bergbaubruderschaften kein Gegenstück[174]. Ihr Anknüpfungspunkt ist stets die Pfarre. Das bedeutet freilich kein Hindernis, die Seckauer Gebetsverbrüderung der Leute aus dem Leobner Eisenerzgebiet als eine analoge Sozialform anzusehen.

---

[171] MGH, Necrologia 2 (1904), 401 ff.

[172] Maja Loehr, Die Radmeister am steirischen Erzberg bis 1625 (1941), 7 f.; Pirchegger, Eisenwesen 1, 11; derselbe, Geschichtliches, 30 f., in Anschluß daran auch Sprandel, Eisengewerbe, 141. Die unmittelbare Ableitung einer bestimmten Volkstumszugehörigkeit aus der Namengebung ist übrigens methodisch höchst problematisch. Vgl. dazu Michael Mitterauer, Slawischer und bayrischer Adel am Ausgang der Karolingerzeit, Carinthia I, 150 (1960), 695 f.

[173] In einem jüngeren Nachtrag wird ein „Martinus servus" genannt, bei dem es sich offenkundig um einen Knecht des zuvor erwähnten Ehepaares handelt. Als vereinzeltes Zeugnis von leibrechtlicher Abhängigkeit im Gegensatz zu sonst vorherrschender Verwendung freier Lohnarbeiter im Rahmen eines landesfürstlichen Eigenbetriebs ist die Stelle sicher nicht zu interpretieren (so Loehr, Radmeister, 8).

[174] Zu erwähnen ist in diesem Zusammenhang vielleicht die Barbara-Kapelle im Kreuzgang des Tiroler Klosters Georgenberg aus dem frühen 16. Jahrhundert, die von einer Bergleutebruderschaft gestiftet wurde. Zum Kloster Georgenberg gehörte die Mutterpfarre Vomp, die das Bergbaugebiet von Schwaz umfaßte (Schreiber, Der Bergbau in Geschichte, Ethos und Sakralkultur 68, 81).

Um das Totengedenken, überhaupt um die gemeinsame Kulthandlung formiert sich das Gemeinschaftsleben der mittelalterlichen Bruderschaft. Die Bruderschaftsordnungen sind voll von Bestimmungen über das Begräbnis von Mitgliedern der Konfraternität, über gemeinsames Gedenken an die Verstorbenen — häufig in Verbindung mit Bruderschaftstagen —, über die Teilnahmepflicht an gemeinsamen Gottesdiensten, über die Abhaltung feierlicher Messen zu bestimmten Kirchenfesten. Örtlicher Bezugspunkt der Gemeinschaft ist meist ein von der Bruderschaft gestifteter Altar oder eine Kapelle. Die Mittel zur Erhaltung und Ausschmückung werden aus den Beiträgen der Verbrüderten bestritten, ebenso auch vielfach zum Unterhalt eines eigenen Kaplans oder Benefiziaten. Daß die Stiftung von Benefizien bzw. die Errichtung von Kapellen vielfach von den Bergverwandten insgesamt ausging, wurde schon betont. Um solche Stiftungen konnte sich die ganze Berggemeinde als Standesbruderschaft organisieren. Die Teilnahme an religiösem Gemeinschaftsleben setzt freilich ein gewisses Maß örtlicher Verbundenheit voraus. Wo unter den Bergverwandten der Anteil ortsfremder Gewerken stark zunahm, waren dementsprechend die Voraussetzungen für eine die gesamte Berggemeinde umfassende Bruderschaft kaum mehr gegeben. Dies gilt in erster Linie für den Silberbergbau und hier wiederum vor allem für die großen Bergwerke.

Bei den auf die Bergknappen beschränkten Bruderschaften verlagern sich die Akzente. Die Aufgabe gegenseitiger Hilfeleistung und Unterstützung in Notsituationen tritt stärker in den Vordergrund. Mit den älteren kirchlichen Gebetsverbrüderungen verbindet die Bergbaubruderschaft die Einrichtung des Wochen- oder Monatspfennigs[175]. Die Leistung zur Bruderlade gehört ihrem Ursprung nach in den Zusammenhang des kirchlichen Abgabewesens[176]. Sie bildete die materielle Grundlage für die von den Bruderschaften wahrgenommene Fürsorgefunktion gegenüber hilfsbedürftigen Mitgliedern. Dazu kamen weiters besondere Widmungen sowie Erträgnisse von Bruderschaftsbesitz, die für diese Zwecke zur Verfügung standen. Die

---

[175] Schreiber, ebd., 164.
[176] Schreiber, ebd., 63.

Notwendigkeit genossenschaftlicher Unterstützung ergab sich unter den Bergknappen in besonderem Maße. Ungesunde und gefährliche Tätigkeit führte häufig zu Krankheit und Invalidität. Für Arbeitsunfähige sowie für Witwen und Waisen mußte vorgesorgt werden. Mit den Schwankungen der Ergiebigkeit der Fundstätten stellte sich das Problem der Arbeitslosigkeit und damit der raschen Verarmung. Die reine Lohnarbeit als Existenzgrundlage bedingte insgesamt äußerste soziale Unsicherheit. Die Hausgemeinschaft als primär schutzbietende soziale Einheit trat im Bergbau aufgrund der spezifischen Produktionsverhältnisse zurück. Die Genossenschaft mußte daher hier besondere Schutzfunktionen übernehmen. Am stärksten ausgeprägt war die soziale Unsicherheit des Bergknappen wiederum im Edelmetallbergbau. Dementsprechend hat sich hier die genossenschaftliche Selbsthilfeorganisation sehr früh und intensiv entwickelt. Als eine einmalige Fürsorgeeinrichtung verdient in diesem Zusammenhang das Schwazer Bruderhaus erwähnt zu werden, das die „Gesellschaft des Bergwerks zu Schwaz", wie sich die Knappenbruderschaft nannte, um 1510 begründete[177]. Dieses Bruderhaus war kein Spital im mittelalterlichen Sinn des Wortes. Es handelte sich vielmehr um ein Berufskrankenhaus, wie es zu dieser Zeit nirgends eine Parallele findet.

Beschränkte sich die Bruderschaft personell bloß auf die Arbeiterschaft des Montanreviers, so bildete sie eine geeignete Grundlage für die Artikulation gemeinsamer Interessen. In den Bruderschaftsversammlungen konnte man sich über das Vorgehen zur Abschaffung von Mißständen absprechen. Und für Beschwerden boten die Arbeitsverhältnisse sowie die Verproviantierung gerade in den großen Bergwerken viele Ansatzpunkte. Lohnzahlung, Arbeitszeitregelung und Trucksystem erscheinen als Hauptthemen der Unzufriedenheit[178]. Maßnahmen gegen Zusammenschlüsse der Bergleute als potentielle Unruheherde setzen schon früh ein. Bereits um die Mitte des 14. Jahrhunderts sind Einungsverbote für die Goldberg-

---

[177] Erich Egg — Franz Kirnbauer, Das Bruderhaus zu Schwaz (Leobner Grüne Hefte 68, 1963).
[178] Für Schwaz etwa Worms, Schwazer Bergbau, 93 ff.

werke im Gasteiner- und Rauristal belegt, gegen Ende des Jahrhunderts für Hall in Tirol[179]. In Anschluß an die Bauernaufstände von 1525, an denen sich Bergleute führend beteiligt hatten, kam es zur Auflösung bestehender Bruderschaften und zum Verbot der Gründung von neuen[180]. In ihrer sozialkaritativen Funktion sowie als Organisation zur Vertretung gemeinsamer Interessen stehen die Knappenbruderschaften typologisch den Gesellenverbänden des Handwerks nahe[181]. Strukturelle Übereinstimmungen ergeben sich einerseits aus dem sozialen Status der Mitglieder als Lohnabhängige, andererseits aus der Ableitung der genossenschaftlichen Organisationsform aus dem kirchlichen Bruderschaftswesen. Auch der Gesellenverband schließt ja in seiner Entwicklung an die religiöse Konfraternität an. Zu einer näheren Charakteristik der Knappenschaft scheint es jedoch wichtig, auf einige wesentliche Unterschiede hinzuweisen.

Unter rein quantitativem Aspekt ist zunächst zu bemerken, daß es in einem einzelnen Handwerkszweig — sieht man von einigen wenigen ganz großen Exportgewerbestädten ab — nie zu einer derart großen Zahl von Lohnabhängigen kommen konnte wie im Bergwerk. Der Gesellenverband war daher meist eine relativ kleine überschaubare Einheit, bei der eine straffe Organisation auch dann noch möglich war, wenn es zu einem interlokalen Zusammenschluß kam. Knappenbruderschaften konnten hingegen zu weit größeren Dimensionen anwachsen[182]. Als organisatorisches Problem stellte sich bei ihnen auch die stärkere Fluktuation. Hinsichtlich des Zusammengehörigkeitsbewußtsein ist bei den Knappen die verbindende Kraft der gemeinsamen Arbeit zu bedenken, noch dazu einer Arbeit, die durch ihre Gefährlichkeit ein besonderes Maß an Solidarität erforderte. Durch die betriebliche Trennung war bei den

---

[179] Salzburger Taidinge (Österreichische Weistümer 1, 1870), 202; Hormayr, Historisch-statistisches Archiv für Süddeutschland 1 (1807), 388.
[180] Pferschy, Strukturen, 161.
[181] Über diese allgemein Georg Schanz, Zur Geschichte der Gesellenverbände (1877).
[182] Vgl. dazu etwa Schreiber, Bergbau in Geschichte, Ethos und Sakralkultur, 72, über die Rattenberger Bruderschaft.

Handwerksgesellen dieses Moment nicht gegeben. Der wohl bedeutsamste Unterschied aber lag in der Dauer der Zugehörigkeit zur jeweiligen Vereinigung. Die Position des Gesellen war grundsätzlich als Durchgangsphase zur Erlangung der Meisterschaft und damit der Selbständigkeit konzipiert. Wurden auch den Gesellen auf diesem Weg seit dem ausgehenden Mittelalter durch Abschließung der Zünfte, Verlängerung der Wanderzeit und Erschwerung der Meisterprüfung zunehmend Hindernisse in den Weg gelegt, die manche zu einem lebenslänglichen Gesellendasein zwangen, so behielten doch die Gesellenverbände grundsätzlich den Charakter von Jugend- bzw. Jungmännerbünden. Für den Knappen hingegen gab es kaum eine Möglichkeit selbständig zu werden. Die Chancen über die Belehnung mit einem Grubenanteil zum Gewerken aufzusteigen bestand zwar im Edel- und Buntmetallbergbau grundsätzlich; aber nur ganz wenige konnten auf diese Weise tatsächlich ihre Position verändern[183]. Knappe blieb man daher meist lebenslänglich, und erst recht Arbeiter in der Schmelzhütte oder im Pfannhaus. Besonders deutlich wirkte sich dieser Unterschied hinsichtlich der Verehelichung aus. Während Gesellenverbände ihre Mitglieder im Falle der Heirat häufig ausschlossen — eine Maßnahme, die in Hinblick auf die Schlagkraft der Vereinigung bei Auseinandersetzungen mit den Meistern zu sehen ist —, findet sich bei Knappenbruderschaften nirgends eine derartige Einschränkung. Die Eheschließung war dem Knappen grundsätzlich möglich. Die Frauen der Knappen wurden sogar selbst der Bruderschaft zugezählt[184], übrigens ein Hinweis mehr auf deren Herkunft von der kirchlichen Konfraternität, in der auch die Frau ihren Platz hatte.

Gerade hinsichtlich des Charakters der Gesellenverbände als Jungmännerbünde sollte freilich der Gegensatz gegenüber den Knappenbruderschaften nicht allzu stark betont werden. Es gibt nämlich Anzeichen, die auch bei den Knappschaften auf Zusammenhänge mit Jungmannschaften deuten. Sie entstammen der Brauchtumsüberlieferung. In verschiedenen Bergbaugebieten Österreichs haben sich sehr altertümliche Formen der Reif-

---

[183] Schwarz, Bergleute, 75 ff.
[184] Schreiber, Bergbau in Geschichte, Ethos und Sakralkultur, 72.

und Schwerttänze erhalten, so im ganzen Salzkammergut, in Aussee, bei den Salzbergleuten in Hallein, weiters in obersteirischen Bergbaugebieten, vor allem in Oberzeiring, besonders ausgeprägt in Hüttenberg, schließlich in Gastein und Kitzbühel, ebenso auch in Südtirol in Sterzing. Aus Vordernberg und Eisenerz sind sie für 1760 literarisch bezeugt. Es handelt sich bei diesen Tänzen keineswegs um ein berufsständisches Brauchtum, sondern vielmehr der Wurzel nach um ein altersgruppenspezifisches. Neben den Bergleutebruderschaften erscheinen vor allem die bäuerlichen Burschenschaften als seine Träger[185]. Brauchtumsparallelen sind als Indikator für entwicklungsgeschichtliche und typologische Zusammenhänge von Sozialformen sehr bedeutsam[186]. Diesbezügliche Hinweise erfahren bei den Knappenbruderschaften insofern eine Ergänzung, als ja die Bezeichnung „Knappe" — „Knabe" ursprünglich den unverheirateten jungen Mann meint — ein sprachliches Indiz, das uns noch zu beschäftigen haben wird. Neben der Herleitung aus dem kirchlichen Bruderschaftswesen erscheinen so auch Beziehungen zu ländlichen Jungmannschaften möglich.

Betrachtet man die Teilgruppen der Berggemeinde und ihre genossenschaftlichen Organisationsformen, so kann man insgesamt sagen, daß sie stärker an den Pfarrverband als an die Gerichtsgemeinde anschließen. Das mag mit der besonderen Entwicklung der Berggerichtsbarkeit zusammenhängen. Durch die frühe Betonung der obrigkeitlich-behördlichen Komponente seitens des Landesfürsten im Interesse seiner Einnahmen aus dem Montanwesen konnte sich die kommunal-genossenschaftliche nur schwach entfalten.

Im Vergleich zur Stadt erscheint das Montanwesen ärmer an genossenschaftlichen Sozialformen. Durch die einseitige wirtschaftliche Ausrichtung ist die Differenzierung der Tätigkeiten

---

[185] Richard Wofram, Bergmännische Tänze, Der Bergmann — der Hüttenmann (1968), 373 ff.
[186] Aufgrund solcher Übereinstimmungen konnten etwa auch Verbindungen zwischen bäuerlichen Jungmannschaften und den Sozialformen der Landsknechte hergestellt werden (Günther Franz, Vom Ursprung und Brauchtum der Landsknechte, MIÖG 61, 1953, 79 ff.). Durch die Häufigkeit des Solddienstes von Bergknappen wäre auch hier an Querbeziehungen zu denken.

viel geringer. So konnte es in der Zusammenfassung berufsgleicher oder berufsverwandter Personen nicht zu einer ähnlichen Gruppenvielfalt kommen. Dafür hat der Bergbau in der Unternehmensorganisation besondere genossenschaftliche Formen entwickelt. Sie führen hinüber zu der Frage der spezifischen betrieblichen Sozialstrukturen des Montanwesens.

Der Bergbau ist durch seine natürlichen Standortbedingungen in die Agrargesellschaft eingeordnet. So sehr auch seine spezifische Produktionsweise dazu tendiert, die agrarischen Ordnungen zu überwinden — es ergibt sich für ihn doch in vielfacher Hinsicht eine enge Verbindung zu bäuerlichen Betriebsformen. Die Bauernwirtschaft ist das einzige Vorbild, an das im Montangebiet unmittelbar angeschlossen werden kann. Aus bäuerlichen Kreisen kommt ein Großteil der Bergleute. Durch sie wirken die gewohnten Formen der Arbeitsordnung immer wieder von neuem ein. Vor allem kann sich der Bergbau erst unter bestimmten Bedingungen gegenüber der Landwirtschaft verselbständigen. Er bleibt solange bäuerlicher Nebenerwerb, als er für sich allein betrieben nicht ausreichenden Lebensunterhalt gewährleistet. So finden sich in der betrieblichen Organisation des Montanwesens — nach den verschiedenen Zweigen mehr oder minder stark ausgeprägt — Zusammenhänge mit der auf Haus und Familie aufbauenden bäuerlichen Wirtschaftsordnung.

Solche Bindungen sind vor allem im Eisenwesen gegeben. Auf die durch die Produktionsweise bedingte räumliche Streuung der Werksanlagen, die eine stärkere Eingliederung in die Agrargesellschaft zur Folge hatte, wurde schon hingewiesen. Die häufig an der Oberfläche lagernden und daher leichter abbaubaren Eisenerze konnten ohne weiteres im bäuerlichen Nebenerwerb gefördert werden[187]. Andererseits waren sie von geringerem Wert als Edelmetalle. Erst bei relativ hohen Quantitäten der Produktion wurde die Gewinnung so rentabel, daß sie den Haupterwerb darstellen konnte. Eine solche Produktionssteigerung aber setzte technische Neuerungen in der Verhüttung voraus, nämlich den Einsatz der Wasserkraft.

---

[187] Sprandel, Eisengewerbe, 243.

Hinweise auf Eisengewinnung in bäuerlicher Hausarbeit gibt bereits für das frühe Mittelalter die Montanarchäologie. Diesbezügliche Untersuchungen wurden im Gebiet von Payerbach — Hirschwang im südöstlichen Niederösterreich durchgeführt. Die Bauernrennfeuer, die hier nachgewiesen werden konnten, waren durchwegs in erznaher Position. Vermutlich wurde die Schmelzarbeit im Herbst und zur Zeit der Schneeschmelze durchgeführt, wenn die Landarbeit weniger in Anspruch nahm[188]. Früh- und hochmittelalterliche Eisengewinnung durch Bauern läßt sich aber dann vor allem durch die Erwähnung von Eisenabgaben in urbarialen Aufzeichnungen und in Traditionen nachweisen. Eisendienste als Königszins werden im frühen 9. Jahrhundert im Montafon genannt[189]. Diese Nachricht des churrätischen Reichsguturbars zeigt, daß hier die Eisenherstellung nicht durch die Arbeitskräfte des Königshofs selbst, sondern durch die ihm zugeordneten freien Bauern erfolgte. Im Hochmittelalter mehren sich die Zeugnisse über bäuerliche Eisengewinnung[190]. Die Erwähnungen von Eisenzinsen in urkundlichen und urbarialen Quellen lassen erkennen, daß man viele kleinere Fundstätten in dieser Weise nutzte. Aber auch bei den großen Lagerstätten wie dem steirischen und dem Kärntner Erzberg wurden — jedenfalls bis ins 13. Jahrhundert — Bergbau und Verhüttung vorwiegend von Zinsbauern als Nebenerwerb betrieben[191]. Erst mit der Verwendung des Wasserrads für das Gebläse der Schmelzhütten tritt die Eisenerzeugung gegenüber der Bauernwirtschaft deutlich in den Vordergrund. Neue Anlagen waren jetzt notwendig. Die Öfen wurden von den Abbaustätten weg an die Bachufer verlegt. Für Rad- und Hammerwerke benötigte man spezialisierte Arbeitskräfte in grö-

---

[188] R. J. Mayrhofer — F. Hampl, Frühgeschichtliche Bauernrennfeuer im südöstlichen Niederösterreich, Archaeologia Austriaca, Beiheft 2 (1958).
[189] Bündner Urkundenbuch 1 (1955), bearb. v. Elisabeth Meyer-Marthaler und Franz Perret, Anhang 380 f.; Otto P. Clavadetscher, Das churrätische Reichsgutsurbar als Quelle zur Geschichte des Vertrags von Verdun, Zeitschrift der Savigny-Stiftung für Rechtsgeschichte, Germ. Abt. 70 (1953), 38 f.
[190] Stolz, Die Anfänge des Bergbaues, 210 ff.
[191] Pirchegger, Eisenwesen 1, 13.

ßerer Zahl, ebenso für den nun örtlich getrennten Bergbau. Erst jetzt kann in der Eisenproduktion von einem selbständigen Montanbetrieb gesprochen werden. Daneben liefen aber die älteren Erzeugungformen weiter. Bäuerliche Rennöfen waren in manchen Gegenden das ganze Mittelalter hindurch in Betrieb, zum Teil sogar bis weit hinein in die Neuzeit.

Wenn auch beim Radwerk die Verhüttungsanlage im Vordergrund stand, so war doch weiterhin die Verbindung mit einer bäuerlichen Wirtschaft gegeben. Am steirischen Erzberg bildeten grundsätzlich Berganteil, Blähhaus, Landwirtschaft und Wald eine Besitzeinheit. Die Rechte im Bergbau- und Schmelzbetrieb galten als Pertinenz einer Hube. 1389 werden in einer Verkaufsurkunde erwähnt: die vom Großvater ererbte Hube, das Haus darauf, die Schläge auf dem Erzberg, die seit alters dazugehören, sowie die ebenfalls ererbten Wälder[192]. 1560 heißt es: „Radwerk wird genannt die ganze Gerechtigkeit eines Radmeisters am Erzberg mit Haus, Hof, Grund und Boden, Wäldern und Zugehör und das Recht auf ein Blähhaus"[193]. Land- und Forstwirtschaft dienten einer möglichst weitgehenden Eigenversorgung der Radmeisterfamilie und der von ihr beschäftigten Arbeitskräfte mit Lebensmitteln, durch die freilich nie der Gesamtbedarf voll gedeckt werden konnte. Die Bauernwirtschaft der Radmeister hatte aber auch unmittelbar für den Montanbetrieb Bedeutung. Für den Transport von Erz, Kohle und Eisen wurden viele Pferde gebraucht. Weiters benötigte man Häute und Fett[194]. Die Gewerken waren daher an einer Ausweitung ihrer Eigenwirtschaft interessiert. Die starke Rodungstätigkeit zur Anlage von Wiesen und Weiden ging auf Kosten des Waldbestands. 1564 erfolgte deshalb seitens des Landesfürsten eine Beschränkung durch Fixierung einer Höchstzahl von Kühen und durch Verbot der Haltung von Ziegen[195]. Die ursprüngliche Einheit von Bauernwirtschaft und Eisengewinnung aus der Zeit des bäuerlichen Nebenerwerbsbetriebs hat sich also in komplexeren Formen viele Jahrhunderte

---

[192] Pirchegger, Geschichtliches, 35.
[193] Pirchegger, ebd., 33.
[194] Pirchegger, Eisenwesen 1, 18.
[195] Pirchegger, ebd., 111.

hindurch erhalten. Sie wirkte auch in der Arbeitsorganisation noch lange nach. Selbst die Bergknappen als die am stärksten emanzipierte Gruppe unter den vom Radmeister Beschäftigten durften in bestimmtem Ausmaß zu Diensten herangezogen werden, die man als „Hausarbeit" bzw. „Hofarbeit" bezeichnete. Vor allem zur Erntezeit hatten sie mitzuarbeiten[196]. Noch stärker als am steirischen Erzberg erhielten sich ältere Verhältnisse in Hüttenberg. Es bestand hier zum Teil noch im Spätmittelalter eine unmittelbare Verbindung der Eisengruben mit bäuerlichen Huben. Man vermutet, daß der Abbau des Erzes mitunter direkt durch die Bauern unter Mitarbeit ihrer Söhne und Knechte erfolgte[197]. Die aus der bäuerlichen Hube herausgewachsene Einheit von Hof, Erzgruben, Waldanteilen, Blähhaus sowie hier auch noch der Hammerschmiede, begegnet besonders anschaulich in der Bergordnung Graf Friedrichs von Ortenburg von 1381 für die Bergmeister von Aßling (Jesenice) in Oberkrain[198].

Für den alpinen Salzbergbau wird als ältere Form vor der Einführung des Laugwerkverfahrens der Trockenbau in Gruben angenommen, aus denen Bauern mit ihren Knechten das Salz in Platten förderten und zur Pfanne brachten[199]. Der frühe Siedebetrieb bei Solquellen erfolgte stets in Verbindung mit einer bäuerlichen Wirtschaftseinheit. In Reichenhall, wo sich diesbezüglich die Rechtsverhältnisse bis in agilolfingische Zeit zurückverfolgen lassen, waren die Sieder ursprünglich behauste Unfreie, die mit einem entsprechenden Ausmaß an

---

[196] Pirchegger, ebd., 90 f., 103, Alois Koch, Arbeitsrechtliche Bestimmungen am steirischen Erzberg im 16. Jahrhundert (1942), 66 ff.

[197] Pirchegger, ebd., 39 f., Ferdinand Tremel, Der Frühkapitalismus in Innerösterreich (1954), 60. Dagegen — freilich ohne überzeugende Argumente — Sprandel, Eisengewerbe, 153 f.

[198] „Es mugen auch die perckhmeyster ir schmitten, ir plaoffen, hofstet, ir artzgruben, ir heuser, ir garttn mit aller zuegehorung mit alln eern, rechten und nutzen, der wald, des artzpergs mit aller suechung und handlung, die darzue gehört, wie das genant ist, ..." (Müllner, Geschichte des Eisens in Innerösterreich, 379). Zu der Verbindung von Bergbau und Hüttenbetrieb allgemein Sprandel, Eisengewerbe, 346 f.

[199] Tremel, Bergbau, 99.

Grund bestiftet wurden[200]. In einer Mondseer Tradition aus dem frühen 9. Jahrhundert erscheint die Salzgewinnung an Hausstätten gebunden[201]. In Hall im Admonttal besorgten im 12. Jahrhundert bäuerliche Kolonen die Siedearbeiten[202]. Aus solchen Vorstufen wurde in den im 12. und vor allem dann im 13. Jahrhundert auf der Basis des Laugwerkverfahrens eingerichteten großen Salinenbetrieben die spezifische Organisationsform der Arbeitslehen mit ihrer auf Hausgrund und Haus radizierten Arbeitsberechtigung entwickelt. Am deutlichsten ausgeprägt begegnet dieses System in dem von städtischen Formen am weitesten entfernten Hallstatt[203]. Trotz der Haussässigkeit der Siedeberechtigten und zum Teil auch der im Bergbau Tätigen war es nicht möglich, in der Betriebsorganisation des Salzwesens unmittelbar an die bäuerliche Wirtschaft anzuschließen. Die großen Sudpfannen, wie sie mit der Einführung des Laugwerkverfahrens im 12. und 13. Jahrhundert aufkamen, konnten ja nicht die Pertinenz eines einzelnen Hofes bilden, wie die Blähhäuser der Radmeister. Es mußten ihnen vielmehr von vornherein mehrere Inhaber von Lehensgütern zur Durchführung des Siedebetriebs zugewiesen werden.

Im Edel- und Buntmetallbergbau ist die Verbindung zur bäuerlichen Wirtschaft im Vergleich zum Eisen- und Salzwesen von geringer Bedeutung. Die frühzeitige Entwicklung des Regalrechts, die mit der Eigenschaft des Silbers als Münzmetall zusammenhängen könnte, hatte eine Herauslösung aus grundherrschaftlichen Ordnungen zur Folge. Die Lagerung der Erze machte es notwendig, daß der Bergbau schon bald in größere Tiefen vorstoßen mußte. Kostspielige Investitionen waren erforderlich, die das Eindringen kapitalwirtschaftlich orientierter städtischer Kreise förderten. Ein Abbau als bäuerlicher Nebenerwerb war — jedenfalls als vorherrschende Betriebsform — nicht möglich. An eine Mitarbeit von Familienangehörigen und Knechten ist vielleicht bei manchen bäuerlichen

---

[200] Adolf Zycha, Aus dem alten Reichenhall, Festschrift des k. k. Erzherzog Rainer Realgymnasiums in Wien (1914), 149.
[201] Urkundenbuch des Landes ob der Enns 1, 12.
[202] Steirisches Urkundenbuch 1, 573.
[203] Adolf Zycha, Zur Wirtschafts- und Rechtsgeschichte der deutschen Salinen, VSWG 14 (1918), 116 ff.

Gewerken zu denken, die in der nächsten Umgebung des Bergwerks ansässig waren[204]. Die soziale Neutralität des Berglehens ermöglichte ja auch Bauern die Übernahme von Gruben. In welchem Ausmaß Kleingewerken aus der Bauernschaft beteiligt waren, läßt sich selbst dort, wo Verleihbücher vorliegen, schwer feststellen[205].

Die Hausgemeinschaft könnte für die betriebliche Einheit dort eine größere Rolle gespielt haben, wo die Gewerken stärker ortsansässig waren. Für das Bergbaugebiet des Gasteiner- und Rauristales verzeichnet eine Steuerliste von 1497 mehrfach Großhaushalte mit einer Vielzahl von sogenannten „Kostknechten". In Einzelfällen läßt sich feststellen, daß die Hausherren Bergbauunternehmer waren, die ihre Hüttenarbeiter in ihrem Haus beherbergten[206]. Auch Bergknappen wird man unter den „Kostknechten" vermuten dürfen. Ob Hausherr und Arbeitgeber ident waren, läßt sich freilich nicht generell feststellen. Die Bezeichnung „Kostknecht" scheint auf solche Beziehungen hinzudeuten. Auffallend ist überhaupt, daß der Arbeitslohn im Montanwesen „Kost" genannt wird[207], auch dort, wo keinerlei Hinweis auf Hausgenossenschaft vorliegt. Eine Verköstigung durch den Arbeitgeber analog zum Gesinde könnte als eine ursprünglich weiter verbreitete Erscheinung hinter dieser Bezeichnung stehen. Daß die Gewerken für die im eigenen Haushalt lebenden Berg- und Hüttenarbeiter die nötigen Lebensmittel beschafften, ist ja wohl auch die Wurzel

---

[204] „Daß die meisten Unternehmer unter Mitwirkung ihrer Kinder, Verwandten und mit gedungenen Leuten einen Kleinbetrieb einrichteten", vermutet für das Kitzbüheler Bergbaugebiet Georg Mutschlechner, Kitzbüheler Bergbaugeschichte, Stadtbuch Kitzbühel 2 (1968), 190. Solche Betriebsformen waren aber doch wohl nur bei Ortsansässigkeit der ganzen Familie möglich.

[205] Vgl. etwa Das Verleihbuch des Bergrichters von Trient, 33 ff. Über bäuerlichen Grubenbetrieb im Gasteinertal Zimburg, Gastein, 61.

[206] Hans Widmann, Die Einhebung der ersten Reichssteuer in Salzburg im Jahre 1497, Mitteilungen der Gesellschaft für Salzburger Landeskunde 50 (1910), 101 ff.; Zimburg, Gastein, 35 f.

[207] Zycha, Anfänge der kapitalistischen Ständebildung, 214. Zychas Feststellung, daß der Bergbau Hausgenossenschaft zwischen Arbeitgeber und Arbeitnehmer nicht kannte, läßt sich in dieser Allgemeinheit sicher nicht aufrechterhalten.

des Trucksystems, das dann in der Blütezeit des Edelmetallbergbaus zu so viel Mißbrauch seitens der Unternehmer geführt hat.

Überall dort, wo Gewinnung und Bearbeitung des Montanprodukts im bäuerlichen Nebenerwerb oder in unmittelbarer Verbindung mit einer bäuerlichen Wirtschaft betrieben wurde, stellt sich die Frage, in welcher Weise diese stark beanspruchende und von der Landwirtschaft doch stark abweichende Tätigkeit die häusliche Betriebsorganisation beeinflußte. Sie machte eine gewisse Spezialisierung, stärkere Marktorientierung und wohl auch eine größere Zahl von Arbeitskräften notwendig. Das Problem des Mitarbeiterbedarfs konnte in zweifacher Weise gelöst werde, einesteils durch verstärkte Gesindehaltung, andererseits durch genossenschaftliche Zusammenarbeit. Beide Formen erscheinen in Hinblick auf die weitere Entwicklung der Betriebsformen des Montanwesens überlegenswert.

Auf eine frühe Spezialisierung in der Eisengewinnung deuten zwei Bezeichnungen von Blähhausarbeitern, nämlich „Gradler" und „Drosger"[208]. Sie sind slawischen Ursprungs und reichen daher in der Steiermark und in Kärnten wohl noch in eine frühe Zeit zurück, in der die Eisenherstellung allgemein von Zinsbauern im Nebenerwerb betrieben wurde. Natürlich ist nicht daran zu denken, daß damals einzelne Knechte ausschließlich diese Spezialtätigkeiten verrichteten. Abbau und Verhüttung erfolgten ja wohl nur saisonmäßig. Eine stärkere arbeitsteilige Aufgliederung unter den Arbeitskräften der Bauernwirtschaft mit gegenseitig abgegrenzten Einzelfunktionen in der Montantätigkeit muß aber doch bereits bestanden haben. Diese älteren Knechtsfunktionen werden im verselbständigten Schmelzbetrieb von Lohnarbeitern ausgeführt. Auch die eigentliche Hauerarbeit, die später Bergknappen als Lohnarbeiter leisteten, muß ursprünglich — soweit sie nicht der Bauer selbst oder seine Söhne verrichtete — Aufgabe eines Knechts gewesen sein. Sie erforderte in besonderem Maße spezifische technische Kenntnisse und Fertigkeiten. Es erscheint daher durchaus wahrscheinlich, daß die „Eisenbauern" für diese Arbeit besondere Knechte hatten. Für den Übergang vom Knechtsdienst zur Lohnarbeit

---

[208] Pirchegger, Eisenwesen 1, 12.

eines nicht zur Hausgemeinschaft gehörigen Knappen war dann sicherlich die räumliche Trennung von Bergbau und Verhüttungsanlagen durch die Errichtung der wassergetriebenen Radwerke von Bedeutung[208a].

Ganz allgemein weist die Bezeichnung „Knappe" die im Bergbau genauso wie im Handwerk synonym mit Knecht gebraucht wird auf eine ursprünglich abhängige Stellung innerhalb des Hauses[209]. In jenen Zweigen des Montanwesens, die in ihren Anfängen eine enge Verbindung zur bäuerlichen Wirtschaft zeigen — also in der Eisen- und Salzgewinnung — ist eine solche Herleitung der sozialen Position des Bergknappen relativ unproblematisch. Auch im Salzwesen scheint ja die eigentliche Arbeit weniger von den Inhabern der zugeordneten bäuerlichen Stellen bzw. Lehen selbst als von deren Knechten ausgeführt worden zu sein — und zwar sowohl im Bergbau als auch im Pfannhaus[210]. Schwieriger ist eine solche Deduktion im Edel- und Buntmetallbergbau. Obwohl die Gewerken in älterer Zeit im wesentlichen aus der näheren Umgebung des Bergbaugebiets gekommen sein dürften — vor allem aus den zunächst gelegenen Städten —, war doch Haussässigkeit im Montanrevier selbst für sie nie erforderlich[211]. Auch stellt sich in Hinblick auf die frühe Ausbildung genossenschaftlicher Unternehmerverbände die Frage nach der ursprünglichen Bezugsperson einer postulierten hausrechtlichen Abhängigkeit. Soweit wir für den hier untersuchten Raum die diesbezüglichen Verhältnisse zurückverfolgen können, scheinen im Silberbergbau stets gedungene Lohnarbeiter eingesetzt worden zu sein. Die

---

[208a] Über Auswirkungen dieses Übergangs Koch, Arbeitsrechtliche Bestimmungen, 53.

[209] Vgl. dazu Jakob und Wilhelm Grimm, Deutsches Wörterbuch 5 (1873), Sp. 1341 ff.; Zur Gleichsetzung Bergknappe — Bergknecht auch Deutsches Rechtswörterbuch 2 (1932/5), Sp. 1 f.

[210] Zycha, Die Anfänge der kapitalistischen Ständebildung, 141. Für die Verrichtung der eigentlichen Arbeit in der Salzgewinnung durch abhängige Arbeitskräfte spricht auch, daß sich die Inhaber der Arbeitslehen meist zu Unternehmern entwickelt haben. Besonders anschaulich ist dieser Prozeß bei den Hallingern von Aussee zu verfolgen. Dazu Srbik, Studien, 82.

[211] Vgl. o. S. 270.

ältesten Zeugnisse liegen schon vor 1200[212]. Auch anderwärts kommt man kaum weiter zurück. Hinsichtlich der Vorstufen solcher Arbeitsverhältnisse sind wir daher weitgehend auf Vermutungen angewiesen. Adolf Zycha meinte, daß am Anfang Arbeitsgenossenschaften völlig Gleichberechtigter gestanden wären, unter denen sich aber mit fortschreitender Technik und Arbeitsteilung ein Über- und Unterordnungsverhältnis ergeben habe. Zu den erfahrensten Arbeitern, denen die Leitung der Produktion zufiel, wären dann mit dem Eindringen des Kapitals unternehmerische Kräfte hinzugekommen, die nicht mehr selbst arbeiteten. Aus diesen Führungsgruppen hätten sich die Gewerken gebildet. Die untergeordneten Mitglieder der Arbeitsgenossenschaften hingegen wären mit steigendem Wert der Berganteile durch Lohn entschädigt worden und so zu bloßen Lohnarbeitern abgesunken. Auch bei ihnen hätte es sich aber ursprünglich um Gewerken gehandelt[213]. Als eine weitere mögliche Herkunftsgruppe vermutete Zycha später Ersatzkräfte der nicht mehr selbst tätigen Mitglieder der Grubengesellschaften, wobei er einerseits an bei eigenen Unternehmungen gescheiterte Gewerken, andererseits an angelernte Kräfte denkt[214]. Dieser letzte Ansatz erscheint am ehesten weiterführend. Das Anlernen von Arbeitskräften vollzieht sich in mittelalterlichen Betriebsstrukturen grundsätzlich in hausrechtlichen Ordnungen, auch wenn es außer Haus erfolgt. Aus einer ursprünglich hausrechtlichen Abhängigkeit aber läßt sich wohl die Entwicklung zum Bergknappen besser begreifen als aus einer Ableitung von deklassierten Arbeitsgenossen. Auch der Handwerksgeselle ist ja seiner Herkunft nach nicht gleichgestellter Genosse des Meisters sondern hausrechtlich Abhängiger. Daß diesbezüglich Analogien zwischen der Entwicklung im Gewerbe und im Montanwesen bestehen, wird nicht nur durch die übereinstimmende Verwendung der Bezeichnung „Knappe" nahegelegt. Auch die Bezeichnung „Meister" findet sich hier wie dort. Im Silberbergbau werden gerade in den frühen Quellen des

---

[212] Zycha, Recht, 107 ff.
[213] Zycha, ebd., 101 f.
[214] Zycha, Anfänge der kapitalistischen Ständebildung, 138 f.

hier untersuchten Raumes die Gewerken so genannt[215]. Im Eisenwesen ist die Bezeichnung sowohl für die Besitzer der Gruben, als auch die der Verhüttungswerke allgemein verbreitet[216].

Die Gründe für eine Emanzipation der Bergknappen aus älterer hausrechtlicher Abhängigkeit, wie sie für die Eisen- und Salzgewinnung mit ziemlicher Sicherheit, für den Edel- und Buntmetallbergbau doch mit einer gewissen Wahrscheinlichkeit anzunehmen ist, dürften auf verschiedenen Ebenen zu suchen sein. Sehr wesentlich ist zunächst die Dislozierung der Arbeitsstätte und infolge davon wohl häufig auch die des Wohnsitzes. Im Eisenwesen können wir diesen Prozeß von seinen Ursachen her besonders gut fassen. Eine unmittelbare Hausgemeinschaft zwischen Gewerke und Knappen war weiters in Hinblick auf die wachsenden Knappenzahlen vielfach nicht aufrechtzuerhalten. Zu einer Versachlichung des ursprünglich stärker persönlichen Dienstverhältnisses mußte es überall dort kommen, wo die abgebaute Grube unter mehrere Besitzer aufgeteilt wurde. Schließlich ist zu bedenken, daß es sich bei der Tätigkeit des Bergmanns zum Unterschied von der Knechtsarbeit um eine spezialisierte Leistung handelte, die besondere Befähigung voraussetzte — ein Faktor, der ja auch im Handwerk zur Emanzipation des Gesellen gegenüber dem gewöhnlichen Knecht geführt hat. Zum Unterschied vom Handwerksgesellen verblieb jedoch der Bergknappe in der Regel lebenslänglich qualifizierte Arbeitskraft und gelangte nicht zur Selbständigkeit.

Die enge Verbindung des Montanwesens zu der auf der Hausgemeinschaft basierenden bäuerlichen Wirtschaftsordnung wirft ganz allgemein die Frage auf, inwieweit Organisationsformen des Bergbaus aus älteren hausrechtlichen Strukturen abgeleitet werden können. Einer näheren Betrachtung wert er-

---

[215] So werden etwa die vom Kloster Admont am Berg Zossen bei Friesach belehnten Silbergewerken als „magistri fodine" bezeichnet (MDC 3/1, 469).

[216] „magistri" am Erzberg schon vor 1241 (vgl. o. Anm. 39). Grubmeister und Radmeister in Hüttenberg (Dinklage, Kärntens gewerbliche Wirtschaft, 129). „Bergmeister" in Jesenice (Müllner, Geschichte des Eisens in Innerösterreich, 374 ff.).

scheint diesbezüglich vor allem die Möglichkeit eines Zusammenhangs zwischen der Bergbaugewerkschaft und der bäuerlichen Gemeinerschaft[217]. Die Anfänge der Gewerkschaft sind ja sicherlich nicht in genossenschaftlichen Zusammenschlüssen von Bergleuten im allgemeinen zu suchen[218]. Mit einer „kommunalen Bewegung" haben sie nichts zu tun[219]. Ihre Wurzel liegt vielmehr in spezifischen Organisationsformen von Einzelbetrieben. Die Frage nach eventuellen Beziehungen zu genossenschaftlich strukturierten bäuerlichen Hausgemeinschaften scheint daher naheliegend.

Das Modell für die bäuerliche Gemeinerschaft bildete der Gesamthandbesitz von Brüdern bzw. überhaupt die Erbengemeinschaft. Nach diesem Vorbild waren die Kommunhausungen nichtverwandter Gemeiner organisiert[220]. Über die ökonomischen Gründe, die zur gemeinsamen Bewirtschaftung eines Bauerngutes durch zwei oder mehrere einander gleichgestellte Inhaber geführt haben, wissen wir herzlich wenig. Sicherlich spielte ein besonderer Arbeitskräftebedarf dabei eine Rolle, dem andererseits die Möglichkeit, einen größeren Personenverband zu ernähren, entsprechen mußte. Beides war bei Höfen, die die Gelegenheit zu Bergbau als Nebenerwerb hatten, gegeben.

Gemeinerschaften finden sich bei Radmeisterhuben am steirischen Erzberg im ausgehenden 13. und 14. Jahrhundert[221]. Mit ähnlichen Verhältnissen darf bei den älteren „Eisenbauern"

---

[217] Stolz, Bergbau, 244, lehnt diese Möglichkeit von vornherein mit dem kurzen Hinweis ab, daß sich bei gemeinschaftlichem Besitz von Bauerngütern in deutschsprachigen Quellen bloß die Bezeichnungen „genossen" und „gemainer" finden, nie aber „Gesellen" wie bei den Bergwerksgesellschaften. Er erwähnt freilich in einem, daß die bäuerlichen Gemeinerschaften in lateinischen Quellen „socii" genannt werden — derselbe Ausdruck, der auch für Bergbaugewerken üblich ist.

[218] Dies betont zu Recht Zycha, Zur Wirtschafts- und Rechtsgeschichte der deutschen Salinen, 90, gegen Inama und Dopsch.

[219] Sprandel, Eisengewerbe, 81.

[220] Über bäuerliche Kommunhausungen allgemein Alfons Dopsch, Die ältere Sozial- und Wirtschaftsverfassung der Alpenslaven (1909), 147 ff.

[221] Die landesfürstlichen Gesamturbare der Steiermark, hrsg. v. Alfons Dopsch (Österreichische Urbare I/2, 1910) 194; Pirchegger, Geschichtliches, 36.

dieses Gebiets durchaus gerechnet werden. Unter den Bauern der steirischen Gebirgstäler waren nach dem Zeugnis der Urbare im Spätmittelalter solche Gemeinerschaften keineswegs selten[222]. In späteren Jahrhunderten bezeugter Teilbesitz an den Radwerken und damit auch an den zugehörigen Erzgruben, steht also hier wohl in direkter Kontinuität zu den Besitzverhältnissen bäuerlicher Gemeiner aus der Zeit vor der Verselbständigung der Montanproduktion. An die Stelle gemeinsamer Arbeit war freilich im Laufe der Entwicklung gemeinsame Nutzung getreten. Die Zersplitterung des Radwerksbesitzes in Nutzungsanteile ist allerdings am Erzberg nie sehr weit gegangen. Unter landesfürstlichem Einfluß kommt es im 16. Jahrhundert zu einer rückläufigen Entwicklung[223]. Nur mehr ganze oder halbe Werke durften weitergegeben werden. Im Prinzip aber sind hier Ansätze zur Entstehung von gewerkschaftlichen Unternehmergenossenschaften auf der Basis bäuerlicher Gemeinerschaften gegeben. In anderen österreichischen Eisenbergbaugebieten ist die Anteilzersplitterung viel weiter gegangen. So befand sich die Eisengrube Gottesgab in Waldenstein im Lavanttal 1539 im Besitz von 29 Gewerken, darunter 2 Frauen[224]. Gemeinschaftsbesitz war im Eisenwesen auch bei den Hammerwerken stark verbreitet, und zwar schon früh im Sinn rein unternehmerischer Beteiligung, wie aus einer Verleihung von 1352 hervorgeht[225]. Reale Hausgemeinschaft der Anteilsinhaber war also meist nicht gegeben. Das schließt freilich nicht aus, daß auch hier Gemeinerschaften den Ausgangspunkt der Entwicklung gebildet haben, wie sie ja für Radwerke belegt sind.

---

[222] Ferdinand Tremel, Die Anfänge der Gemeinerschaften in den Ostalpen, VSWG 33 (1940), 175 ff. Interessant ist der Hinweis auf besondere Verbreitung in Gebieten der Almwirtschaft. Der alpine Bergbau erlebte ja gerade durch die hoch- und spätmittelalterliche Erschließung von Höhenregionen einen besonderen Aufschwung. Er war ja auch hinsichtlich der Lebensmittelversorgung in starkem Maß auf die dort betriebene Viehzucht angewiesen.

[223] Pirchegger, Eisenwesen 2, 23.

[224] Wießner, Bergbau 3, 272.

[225] Wießner, ebd., 269.

Im Edel- und Buntmetallbergbau kommt freilich ein Zusammenhang zwischen Gewerkschaft und bäuerlicher Gemeinerschaft kaum in Frage. Eine vergleichbare Bindung von Erzgrube oder Schmelzwerk an ein Bauerngut fehlt ja. Die in diesem Montanzweig besonders früh ausgebildete Genossenschaft der Gewerken muß andere Vorstufen und Vorbilder gehabt haben. Dabei wäre wohl in erster Linie an Vergesellschaftungsformen des Handels zu denken. Ein Großteil der Gewerken kommt ja aus Kreisen des Stadtbürgertums. Solche Einflüsse wären vorwiegend für die Beziehungen der Gewerken untereinander von Bedeutung. Für deren Außenverhältnis erscheinen ganz allgemein die Formen der Gesamthandbelehnung interessant, die ihrerseits wiederum die Erbengemeinschaft zur Grundlage haben.

Eine Parallele zur genossenschaftlichen Unternehmensorganisation der Gewerken im Silberbergbau, die in gewissem Sinne eine Brücke zu den besprochenen bäuerlichen Gemeinerschaften schlägt, verdient besondere Erwähnung. Auf verschiedene Übereinstimmungen zwischen der Berggemeinde des Bergbaus und der des Weinbaus wurde in anderem Zusammenhang bereits hingewiesen[226]. Nun hat Ferdinand Tremel festgestellt, daß sich in steirischen Weinbaugebieten besonders häufig Gemeinerschaften finden[227]. Bei der Vergabe von Weinberglehen wird wiederholt von „socii" gesprochen[228], also derselbe Terminus gebraucht, der auch beim Gemeinschaftsbesitz bäuerlicher Lehensgüter begegnet. Um Kommunhausungen kann es sich hier freilich nicht handeln. Im Weinbau sind ja — ähnlich dem Edelmetallbergbau — die Lehen nach Bergrecht nicht an ein bestimmtes Haus gebunden. Nur noch die gemeinsame Bewirtschaftung verbindet also die Genossen, nicht mehr die soziale Einheit des Hauses. Hier wie dort treten diese Organisationsformen zugleich mit dem Eindringen unternehmerischer Kräfte auf, hier wie dort findet sich der Einsatz von Lohnarbeitern. Im Weinbau ist freilich dieser Gesamtkomplex von

---

[226] Vgl. u. S. 272 ff.
[227] Tremel, Die Anfänge der Gemeinerschaften, 178.
[228] Österreichische Urbare I/2, 113 ff.

Erscheinungen, die offenbar in Zusammenhang gesehen werden müssen, viel weniger stark entwickelt.

Im Edel- und Buntmetallbergbau hat sich die Organisationsform der Gewerken von ihrer Ausgangsbasis, der Gemeinsamkeit des „Werkens", am weitesten entfernt. An ein gemeinsames Wohnen, wie es bei den Gemeinerschaften des Eisenwesens angenommen werden darf, ist hier überhaupt nicht zu denken. Die Stufe gemeinsamen Arbeitens am Berg wurde schon früh überwunden, vielfach wohl bereits im 12. und 13. Jahrhundert[229]. Aber auch eine Gemeinsamkeit der Unternehmensführung ist nicht mehr gegeben, wo die Bergwerkskuxe zum bloßen Handels- und Spekulationsobjekt wird, wie das dann im 16. Jahrhundert vorkommt[230]. Manche Anteilsinhaber stehen dem Unternehmen, dessen Mitbesitzer sie sind, völlig fremd gegenüber. Die Entwicklung zur Kapitalassoziation hat nicht nur das Verhältnis zu den Bergarbeitern entpersonalisiert und versachlicht, sondern ebenso die Beziehungen der Gewerken untereinander. Die betriebliche Gruppengemeinsamkeit ging sowohl gegenüber den Arbeitenden verloren, als auch unter den Besitzern selbst.

Verfolgt man in den Organisationsformen des Montanwesens das Fortwirken von Ordnungen des bäuerlichen Hauses, so stößt man schon bald auf Grenzen. Vor allem im Silberbergbau ergeben sich wenig Möglichkeiten eines unmittelbaren Entwicklungszusammenhangs. Für die Betriebsformen des Montanwesens ist es eben gerade typisch, daß hier weit früher als anderwärts die soziale Einheit des Hauses ihre zentrale Bedeutung für die Produktion verliert. Die Abgrenzung gegenüber häuslichen Betriebsstrukturen weist so auf das bahnbrechende Neue hin, das sich im Montanwesen entwickelt hat.

Am weitesten geht die Lösung von den Ordnungen des Hauses in allen Montanzweigen bei der Arbeit am Berg. Hier findet sich die Entwicklung zum Großbetrieb am stärksten ausgeprägt — und zwar schon zu einer Zeit, in der die gewerbliche Produktion von solchen Organisationsformen noch

---

[229] Zycha, Recht, 102 ff.
[230] Jakob Strieder, Studien zur Geschichte kapitalistischer Organisationsformen (1914), 50 f.

weit entfernt ist. Die spezifische Eigenart der im Bergbau entstandenen Sozialformen hängt wesentlich mit dieser Sonderentwicklung zusammen.

Wenn die Entstehung von Großbetrieben als besonderes Charakteristikum des mittelalterlichen und frühneuzeitlichen Montanwesens hervorgehoben wird, so ist freilich auf die Frage näher einzugehen, was denn im Bergbau damals überhaupt als betriebliche Einheit zu verstehen sei. Der Versuch einer Abgrenzung begegnet nämlich gewissen Schwierigkeiten. Adolf Zycha hat betont, daß im Schwazer Bergbau nicht einmal durch das Engagement der kapitalkräftigen oberdeutschen Handelsherren konzentrierte Großbetriebe entstanden seien. Das alte System der selbständigen Kleinbetriebe mit nach gleichem Maß bemessenen Grubenfeldern blieb weiterhin aufrecht. Selbst die geldkräftigen Großgewerken verfügten jeweils nur über Grubenteile. Nur aus der Summe solcher Teile setzte sich ihre Großunternehmung zusammen[231]. Sucht man die Betriebseinheit von der Unternehmensseite her zu fassen, so muß man wohl zu einem solchen Resultat kommen. Es erhebt sich freilich die Frage, ob nicht im Bergbau schon zu früher Zeit eine schärfere Differenzierung zwischen Betrieb und Unternehmen am Platz ist.

Die Bergleute waren durch ihre Arbeit in ein vielfältiges System sozialer Beziehungen eingegliedert. Das Lohnverhältnis stellte eine Beziehung zum Einzelgewerken her, der bei Säumnis auf Überlassung seines Grubenanteils geklagt werden konnte[232]. Trotz der gesellschaftlichen Unternehmensorganisation bestand also hier eine Bindung an Einzelpersonen — wohl ein Hinweis auf eine ursprünglich stärker personal bezogene Dienstverpflichtung des Knappen gegenüber seinem Gewerken[233]. Die Einstellung der Bergarbeiter hingegen erfolgte in der Regel

---

[231] Zycha, Zur neuesten Literatur, VSWG 5, 284.

[232] Worms, Schwazer Bergbau 62.

[233] Zycha, Die Anfänge der kapitalistischen Ständebildung, 227, sieht darin eine Entsprechung zur Herkunft des Lohnverhältnisses aus der Ersatzarbeit. Anstelle persönlicher Arbeit von Gewerken werden wohl von Anfang an häufig deren Knechte eingesetzt worden sein. Vgl. dazu o. S. 292 ff.

namens der ganzen Gewerkschaft[234]. Die gemeinsame Arbeit wurde unter der Leitung und Aufsicht der für die einzelnen Gruben bestellten Hutleute geleistet. Die Grube läßt sich freilich schwer als die oberste betriebsorganisatorische Einheit verstehen. Hinsichtlich der technischen Leitung, in Personalangelegenheiten und als Aufsichtsorgan war in vielen Belangen der Bergmeister bzw. der Bergrichter für das ganze Bergwerk zuständig[235]. Der Bergbau erforderte eben in hohem Maß eine organisatorische Koordination, die über die Anteile der einzelnen Unternehmer oder Unternehmerverbände hinausgehen mußte. Der betriebliche Interaktionszusammenhang kann in der Montanproduktion nicht auf eine einzelne Grube beschränkt gesehen werden, und auch das Zusammengehörigkeitsgefühl der gemeinsam Produzierenden reichte über den Rahmen dieser Teileinheit hinaus.

Die Schwierigkeiten der Abgrenzung ergeben sich vor allem aus dem Nebeneinander zweier Ausgangspositionen für die betriebliche Organisation, denen im zeitlichen Ablauf und nach einzelnen Zweigen des Montanwesens unterschiedliche Bedeutung zukommt: Auf der einen Seite steht das als Lehen übertragene Schürfrecht bzw. das mit Bergbaugerechtigkeit verbundene Leihegut als Wurzel der Unternehmensentwicklung, auf der anderen Seite die aus den Hoheitsrechten des Regalherren abgeleitete Berggerichtsbarkeit, die die Möglichkeit zum Ausbau administrativer Kompetenzen bot. Unter dem häufig konkurrierenden Einfluß dieser beiden Faktoren hat sich die Ordnung der Betriebsverhältnisse im Bergbau entwickelt.

Für frühe Phasen wird in der Literatur häufig eine Vereinigung beider Ausgangspositionen in einer Hand angenommen, nämlich ein grundherrlicher Eigenbetrieb des Regalherren, so

---

[234] Zycha, ebd. In Hüttenberg erfolgte die Knappenaufdingung 1524 durch die einzelnen Gewerken, und zwar je nach Anzahl von deren „Knappenanteilen" (Pirchegger, Eisenwesen 1, 140). Die Beziehung zu einem einzelnen Dienstgeber scheint sich hier aus älteren Verhältnissen länger gehalten zu haben.

[235] Eine bemerkenswerte Charakteristik der Rolle des Bergrichters gibt der Gasteiner Bergreim des Knappen Wolf Prem von 1553: „der der Khnappen Vatter ist" (Zimburg, Gastein, 79).

beispielsweise für den steirischen Erzberg[236]. Das bleibt freilich Hypothese. Soweit wir in unserem Untersuchungsraum die Verhältnisse quellenmäßig zurückverfolgen können, erfolgte der Bergbau ursprünglich entweder durch Zinsbauern oder durch unmittelbar mit Bergrechten Belehnte. Frühe grundherrliche Eigenbetriebe lassen sich nicht in der Hand des Landesfürsten, sehr wohl aber bei Klöstern nachweisen[237], die jedoch ihrerseits durch die Vogtei fremder Gerichtsgewalt unterworfen waren[238]. Für die Entwicklung der betrieblichen Organisation erscheint übrigens diese Beteiligung der Klöster am Bergbau im 12. und 13. Jahrhundert von großer Bedeutung. Neben der Einführung technischer Neuerungen könnte sie auch für das Aufkommen der Lohnarbeit eine Rolle gespielt haben[239].

In der Betriebsorganisation der Salzbergwerke dominierten stets die landesfürstlichen Amtleute. Unternehmerische Kräfte konnten sich hier überhaupt kaum entwickeln. Soweit Unternehmerkonsortien Einfluß gewannen — wie etwa die Ausseer Hallinger durch die pachtweise Übernahme des Bergbaus

---

[236] Loehr, Radmeister, 8.

[237] Über Eigenbetrieb der Klöster Admont, St. Paul und Seitz Zycha, Recht, 89; Schreiber, Der Bergbau in Geschichte, Ethos und Sakralkultur, 154; Adalbert Krause, Der Bergbau des Stiftes Admont, Der Bergmann — der Hüttenmann (1968), 267. Jakob Wichner, Kloster Admont und seine Beziehungen zum Bergbau- und Hüttenbetrieb, Berg- und Hüttenmännisches Jahrbuch 39/1 (1891). Besondere Beachtung verdient die Tatsache, daß der Salzbergbau in Aussee zunächst vom Zisterzienserkloster Rein betrieben wurde (Srbik, Studien, 23 ff.).

[238] Die besonderen Vogteiverhältnisse dürften unter anderem ein Grund für die starke Beteiligung der Zisterzienser am Bergbau gewesen sein. Da sie der unmittelbaren Vogtei des Königs bzw. des Landesfürsten unterstanden, war dieser an ihrem Engagement im Montanwesen durchaus interessiert. Über seine Gerichtshoheit behielt er sie unter Kontrolle. Zum Bergbau der Zisterzienser allgemein: Schreiber, Der Bergbau in Geschichte, Ethos und Sakralkultur, 130 ff.; Sprandel, Eisengewerbe, 43 ff.

[239] Die Zisterzienser beschäftigten zur Ergänzung der Arbeit von Mönchen und Laienbrüdern grundsätzlich nur Lohnarbeiter (Zycha, Die Anfänge der kapitalistischen Ständebildung, 145). Mit dem Rückgang persönlicher Arbeit der Ordensangehörigen trat die Lohnarbeit immer mehr in den Vordergrund (Sprandel, Eisengewerbe, 46). Auch im Bergbau wird sich ihre besonders fortschrittliche Betriebs-

1360[240] — war dadurch die betriebliche Einheit des Bergwerks in keiner Weise in Frage gestellt. Durch die systematische Ablöse der Rechte privater Teilhaber und die Überführung in landesfürstliche Eigenregie im Lauf des 15. Jahrhunderts erreichte die Entwicklung zum ärarisch verwalteten Großbetrieb in der Hand des Landesfürsten ihren Abschluß.

Im Eisenbergbau verlief die Entwicklung bei den beiden großen Bergwerken anders als beim Waldeisen. Am steirischen Erzberg bildete die Berggerichtsbarkeit die Grundlage für eine immer straffer durchorganisierte Bergwerksverwaltung, ebenso nach Durchsetzung des Regalanspruchs gegenüber dem Salzburger Erzbischof auch in Hüttenberg. Dieses „regalistische Direktionsprinzip" erfaßte das gesamte Montanrevier, im Bergbau spielte es jedoch für eine betriebliche Zusammenfassung der unternehmerisch getrennten Berganteile eine andere Rolle als bei den Radwerken. Zum landesfürstlichen Eigenregiebetrieb ist es in Fortführung solcher frühmerkantilistischer Ansätze im Eisenwesen nicht gekommen. Ein von Erzherzog Karl in dieser Richtung unternommener Versuch scheiterte kläglich[241]. — Beim Waldeisenbergbau fehlten vergleichbare Ansätze in der Berggerichtsbarkeit. Die Betriebsorganisation ging daher hier vom Unternehmer aus, erfaßte jedoch in Hinblick auf den geringen Umfang meist den gesamten Bergbau[242].

Im Edel- und Buntmetallbergbau ist es nicht zu einem vergleichbaren Ausbau der landesfürstlichen Bergverwaltung in Anschluß an die Berggerichtsbarkeit gekommen. Die Bedeutung der Gewerken für die Ausbildung großbetrieblicher Formen ist hier wohl höher zu veranschlagen. Wieweit eine Konzentration von Gruben und Grubenanteilen in Unternehmerhand als betriebliche Einheit anzusehen ist, wird unterschiedlich

---

struktur ausgewirkt haben. Vielleicht hängt es mit der Wirtschaftsführung der Reiner Zisterzienser zusammen, daß im Ausseer Salzbergbau zum Unterschied von den anderen österreichischen Salzbergwerken die Einrichtung der Arbeitslehen fehlt (Srbik, Studien, 74).

[240] Srbik, Studien, 102.
[241] Pirchegger, Eisenwesen 2, 32 ff.
[242] So etwa die vier Gruben des Khevenhüllerschen und später Widmannschen Bergwerks in der Krems, das zu den größeren Waldeisenbetrieben zu rechnen ist (Wießner, Bergbau 3, 152).

zu beurteilen sein. Eine Rolle spielt dabei sicher die Frage des räumlichen Zusammenhangs. Nicht immer waren die einzelnen Besitzanteile derart zersplittert wie bei dem von Zycha zitierten Beispiel der Fugger im Tiroler Silberbergbau[243]. Im Lavanttaler Goldbergbau etwa verfügten dieselben Fugger fast durchwegs über ganze Gruben[244]. Die Auswirkungen einer Vereinigung benachbarter Grubenfelder auf die betrieblichen Verhältnisse betont ja auch Zycha[245].

Die unterschiedlichen Ausgangspunkte betrieblicher Konzentration werden ebenso in den Folgeeinrichtungen erkennbar. Während etwa im Gebiet um den steirischen Erzberg die Anlage von neuen Transportwegen oder von Holzrechen durch die landesfürstliche Bergverwaltung erfolgt, geht dieselbe Initiative im Gasteiner Bergbaugebiet von einzelnen Gewerken aus[246]. Ebenso zeigen sich die Unterschiede im Ausbau des Verwaltungspersonals. Im Silberbergbau unterhalten große Gewerken oft eine beträchtliche Zahl von Angestellten — ein neuer Sozialtyp übrigens, der hier im Entstehen ist[247] —, auf der anderen Seite wächst die Zahl der landesfürstlichen Amtleute in den Kammergutbetrieben. Solche Überlegungen führen freilich schon über die Fragen der eigentlichen Bergwerksorganisation hinaus.

Welche Einheit im mittelalterlichen und frühneuzeitlichen Bergbau nach unserem Verständnis des Wortes jeweils als „Betrieb" zu bezeichnen ist, wird letztlich schwer zu entscheiden sein. Auch dann, wenn man von der Belegschaft einzelner Gruben oder Grubenkomplexe ausgeht, darf man sicher mit voller Berechtigung von einer Entwicklung zum Großbetrieb

---

[243] Zycha, Zur neuesten Literatur, VSWG 5, 284.
[244] Wießner, Bergbau 1, 231.
[245] Zycha, Zur neuesten Literatur, VSWG 5, 284.
[246] Pirchegger, Eisenwesen 1, 5; Zimburg, Gastein, 73; Brunner, Goldbergbau, 149.
[247] Ausgangspunkt der Entwicklung bildet das Personal der Handelshäuser in den Montanorten. Mit deren unmittelbarer Beteiligung am Bergbau kommt es zu einer starken Ausweitung. Zusammenstellungen der Fuggerschen Bediensteten in den Tiroler und Kärntner Bergbaugebieten 1548—65 bei Scheuermann, Die Fugger als Montanindustrielle, 446 ff. Zu den Bergwerksangestellten der Fugger auch Mutschlechner, Kitzbüheler Bergbaugeschichte, 194.

sprechen. Einige Zahlen mögen das veranschaulichen. Im Bergbau „Alte Zeche" in Schwaz betrug im Jahre 1554 der Mannschaftsstand der drei größten Gruben 280, 264 und 226. Daneben gab es freilich auch Gruben mit bloß 12 oder 18 Knappen. Im Schnitt kamen damals auf jede der 23 Gruben 82,4 Personen. Bei den zugeordneten Scheidkramen und Pochwerken waren 144 Arbeitskräfte tätig. Weiters wurden noch 50 Bergschmiede und Zugänger beschäftigt[248]. Im Goldbergbau Kliening im Lavanttal unterhielten die Fugger in ihrer größten Grube „Gottesgab" 1560 eine Belegschaft von 134 Personen. Die Arbeiterzahlen bei den 4 Pochern, die damals in Kliening im Betrieb waren, betrugen 41, 32, 29 und 29[249]. Weit geringer war der Mannschaftsstand im Eisenbergbau. Am steirischen Erzberg beschäftigten 1565 die einzelnen Radmeister zwischen 6 und 21 Knappen, 1574 wurde eine Mindestzahl von 8, 1587 eine Höchstzahl von 9 vorgeschrieben[250]. Ein Radmeister besaß meist mehrere Gruben. Noch weniger Arbeiter kamen pro Abbaustätte im Salzbergbau. Die einzelnen Stollenbelegschaften im Hallstätter Salzbergwerk beliefen sich 1523 auf 2 bis 4[251]. Das gesamte Hilfspersonal, das zahlenmäßig stark ins Gewicht fiel, war jedoch nicht den Stollen, sondern dem Bergwerk als ganzem zugeordnet.

Die großen Arbeiterzahlen bewirkten vor allem im Edel- und Buntmetallbergbau sehr komplexe Personalstrukturen. Es kam zu differenzierten Über- und Unterordnungsverhältnissen. Die eigentliche Leitung der Arbeit in den einzelnen Gruben hatten — wo die Gewerken nicht mehr selbst tätig waren — die sogenannten Hutleute. Der Hutmann unterstand einerseits der Aufsicht des Bergmeisters bzw. des Schichtmeisters, andererseits war er Beauftragter der Gewerken und erfüllte in deren Namen Arbeitgeberfunktionen wie etwa die Aufdingung von Knappen. Der Gasteiner Bergreim charakterisiert seine Rolle

---

[248] Nöh, Bergbau Alte Zeche, 129 f. Ähnlich die Verhältnisse in Rattenberg 1589/90 nach Wolfstrigl—Wolfskron, Die Tiroler Erzbergbaue, 162 f.
[249] Wießner, Bergbau 1, 240 und 242.
[250] Pirchegger, Eisenwesen 2, 16, 21 und 37.
[251] Schraml, Die Entwicklung des oberösterreichischen Salzbergbaus, 175 ff.

als die eines Mittlers zwischen Herren und „Gesellen"[252].
Größere Grubenbelegschaften kamen mit einem Hutmann als
Leitungs- und Aufsichtsorgan nicht aus. Neben den Oberhutmann traten dann Unterhutleute. Eigene Hutleute wurden
auch an die Spitze spezieller Arbeitsgruppen gestellt. So gab
es etwa in den vereinigten Gruben St. Notburga und Heiligengeist im Kitzbühler Bergbaurevier Rerobichl im Jahre 1554
für 40 Zimmerleute einen Zimmerhutmann, für 139 Knechte
9 Knechtshutleute und für 77 Säuberbuben 2 Bubenhutleute[253].
Auch den Poch- und Waschwerken standen eigene Hutleute vor.

Von den speziellen Arbeitsgruppen ist vor allem die der
Säuberbuben von Interesse. Das Schwazer Bergbuch berichtet,
daß die Gewerken bei ihren Gruben oft 10, 15 oder 20 solcher
Buben beschäftigten. Es handelte sich um Knaben von 12 bis
14 Jahren und darüber, die den Truhenläufern das Erz zubrachten. Der größte dieser Buben, „der die anderen beherrschen kann", wurde zum Hutmann gemacht[254]. Es waren das
also reine Gruppen von Kindern und Jugendlichen, an deren
Spitze selbst ein Jugendlicher stand. In vorindustrieller Zeit
sind solche Formen der Kinderarbeit sicher einmalig.

Bei den im Bergbau beschäftigten Buben handelte es sich
zumeist um Söhne von Bergleuten. Die Kinderarbeit hat sich
aber hier nicht im Rahmen des Familienverbandes abgespielt,
wie das in Manufakturen und frühen Fabriken trotz der großbetrieblichen Organisation in Fortführung älterer gewerblicher
Strukturen mitunter der Fall war. Dasselbe gilt für die Mitarbeit von Frauen im Bergbau. Eine Beschäftigung unter Tag
kam für sie in Hinblick auf die schwere Arbeit kaum in
Frage. Der Bergmannsglaube, daß Frauen im Berg Unglück brächten[255], hat sicherlich sehr weit zurückreichende Grundlagen
der Rollenverteilung im Arbeitsprozeß. Deswegen wird man
freilich den Anteil der Frauenarbeit vor allem im Edelmetallbergbau keineswegs unterschätzen dürfen[256]. Unter den 299

---

[252] Zimburg, Gastein, 78.
[253] Mutschlechner, Kitzbüheler Bergbaugeschichte, 195.
[254] Schwazer Bergbuch, 104 ff.
[255] Pferschy, Strukturen einer Sozialgeschichte, 159.
[256] Schwarz, Bergleute, 30, weist darauf hin, daß die Ersetzung des Mannes durch die Frauen oder Kinder im Bergbau weitgehend

Beschäftigten der Fugger im Lavanttalter Goldbergbau waren 96 Frauen, also etwa ein Drittel[257]. Sie arbeiteten in den Wasch- und Pochwerken, in denen überhaupt häufig Frauen eingesetzt worden sein dürften. Hinsichtlich ihrer Entlohnung waren sie in der untersten Kategorie eingestuft[258]. Frauen und Kinder als Lohnarbeiter sind eine typische Begleiterscheinung früher großbetrieblicher Entwicklung, die mit der Überwindung des Hauses als Rahmen der Arbeitsorganisation zusammenhängt. Das Auftreten dieses Phänomens im spätmittelalterlichen und frühneuzeitlichen Montanwesen ist eine der vielen und vielleicht eine der markantesten Parallelen zur Phase der industriellen Revolution.

Die Säuberbuben konnten, wenn sie körperlich dazu in der Lage waren, zu Truhenläufern aufsteigen. Erst nach Ablauf einer solchen Dienstzeit war die Arbeit als „Hauer mit Schlägel und Eisen" möglich[259]. Eine Parallele zwischen diesen im Bergbau als Lohnarbeiter tätigen Kindern und Jugendlichen und dem Nachwuchs im Handwerk läßt sich kaum finden[260]. Ein Anlernen mit dem Ziel, eine bestimmte Qualifikation zu erwerben war ja durchaus nicht vorgesehen. Vor allem aber fehlte zum Unterschied vom Gewerbe die Eingliederung in einen Familienbetrieb.

Insgesamt wurden im Bergbau in einem Ausmaß Hilfskräfte eingesetzt wie kaum anderswo in der mittelalterlichen Gesellschaft. Der Edelmetallbergbau mit seinen komplizierten, schwierigen Förderungsbedingungen hatte diesbezüglich den höchsten

---

unmöglich sei. Das trifft für die eigentliche Hauerarbeit zu, nicht aber für die besonders arbeitskräfteintensiven Hilfsarbeiten.

[257] Wießner, Bergbau 3, 242.

[258] Eine Wäscherin am Fuggerschen Pochwerk in Kliening erhielt 1569 wöchentlich 26 Kreuzer (Wießner, ebd.). Der gleiche Betrag wurde 1554 in Kitzbühel einem Säuberhuben gezahlt (Mutschlechner, Kitzbüheler Bergbaugeschichte, 195). Zu den allgemein niedrigeren Lohnsätzen für Frauen im Mittelalter Hertha Hon-Firnberg, Lohnarbeiter und freie Lohnarbeit im Mittelalter und zu Beginn der Neuzeit (Veröffentlichungen des Seminars für Wirtschafts- und Kulturgeschichte an der Universität Wien 11, 1935), 94.

[259] Strieder, Studien, 42.

[260] So Schreiber, Der Bergbau in Geschichte, Ethos und Sakralkultur, 517.

Bedarf[261]. Auch im Salzbergbau überwogen die nichtqualifizierten Arbeitskräfte die qualifizierten. Im Eisenwesen war das Verhältnis im Bergwerksbetrieb eher umgekehrt. Das besondere Ansehen der Bergleute, auf das immer wieder hingewiesen wird, galt den spezialisierten Arbeitern. Der hohe Anteil von bloßen Hilfskräften an der Montanbevölkerung gehört mit zu den Proletarisierungserscheinungen, die sich in diesem Wirtschaftszweig so früh beobachten lassen.

Bei den Anlagen der Verhüttung und Bearbeitung des Montanprodukts bedarf die Frage, was hier unter Betrieb zu verstehen sei, keiner näheren Erörterung. Die Schmelzhütte, das Rad- und Hammerwerk sowie das Pfannhaus mit seinen zugehörigen Einrichtungen sind durchwegs klar abgrenzbare Einheiten. Die großbetriebliche Entwicklung hat in diesem Bereich der Produktion nie solche Dimensionen angenommen wie im Bergbau, doch war auch hier in einem Ausmaß Arbeitskräftebedarf gegeben, daß besondere Organisationsformen notwendig wurden.

Die Schmelzwerke des Edel- und Buntmetallbergbaus sind bis ins 16. Jahrhundert zu einer beachtlichen Größe angewachsen[262]. Ihrer Erweiterung waren keine derartigen Grenzen gesetzt wie den Blähhäusern der Eisenverhüttung. Technische Faktoren allein können die unterschiedliche Entwicklung nicht erklären. Von Bedeutung war sicher, daß es zu keiner ähnlichen bürokratischen Bevormundung seitens der Bergbehörden des Regalherren kam, wie sie sich im Eisenwesen seit der Mitte des 15. Jahrhunderts immer stärker auswirkte. Es fehlte auch die dort herrschende zünftlerische Haltung, den einzelnen Meistern jeweils gleiche Erwerbschancen zu ermöglichen[263]. Vor allem aber gab es keine Bindung des Schmelzwerkbetriebs an die Förderung aus einem bestimmten Berganteil, hinter der im Eisenwesen letztlich der Konnex zwischen Radmeisterhube und Bergbaurecht stand.

---

[261] Am Falkenstein in Schwaz arbeiteten 1532 allein 500—600 Wasserheber (Zycha, Zur neuesten Literatur, VSWG 5, 256).
[262] Vgl. o. S. 249.
[263] Zycha, Zur neuesten Literatur, 88.

Die Anlage großer Schmelzhütten, die besonders durch die Neuerungen des Saigerverfahrens aufkamen, war primär eine Frage der Investitionsmöglichkeiten[264]. Die kapitalkräftigen Großgewerken konnten so die kleineren aus dem Schmelzbetrieb verdrängen. Sie überrundeten aber auch den Landesfürsten mit seinen Fronhütten, ganz in Entsprechung zu der allgemeinen Stärke der unternehmerischen Komponente gegenüber der regalherrlichen in diesem Zweig des Montanwesens. Der hohe Kapitaleinsatz förderte gesellschaftlichen Zusammenschluß der Unternehmer. Aber auch Einzelgewerken als Hüttenbesitzer standen nur selten selbst dem Betrieb vor. Die Leitung durch Verweser trug viel zu der Entfremdung zwischen Schmelzherren und Hüttenarbeitern bei. Freilich dürfen diesbezüglich nicht Verhältnisse verallgemeinert werden, wie sie etwa bei den großen Hüttenwerken der Fugger in Tirol gegeben waren. Wiederum ist darauf zu verweisen, daß uns das Salzburger Steuerverzeichnis von 1497 in den Goldbergbaugebieten der Tauern Schmelzwerkarbeiter in unmittelbarer Hausgemeinschaft mit ihren Arbeitgebern zeigt[265]. Für die ursprüngliche Stellung der Hüttenarbeiter mag es interessant sein, daß sie noch im 15. Jahrhundert — freilich nicht in Quellen des hier behandelten Raums — den Dienstboten zugerechnet werden[266].

Obwohl bei den Rad- und Hammermeistern des Eisenwesens die Beschäftigtenzahlen zumeist über dem durchschnittlichen Personalstand der Gewerbebetriebe lagen, kann man von einer großbetrieblichen Entwicklung hier nirgends sprechen. Eine Belegschaft von 8 Mann, wie sie sich um 1500 in einem kombinierten Bläh- und Hammerwerk in Friesach findet[267], war für österreichische Verhältnisse damals schon recht hoch[268]. In den Radwerken gab es ziemlich genau umschriebene betriebliche Funktionen, so die des Blähers, des Müllners, des Drosgers

---

[264] Strieder, Studien, 46 f.
[265] Vgl. o. S. 290.
[266] Zycha, Die Anfänge der kapitalistischen Ständebildung, 230.
[267] Hans Pirchegger, Das Eisenwerk in Friesach, Beiträge zur Geschichte und Kulturgeschichte Kärntens, Festgabe für Martin Watte (Archiv f. vaterländische Geschichte und Topographie 24/25, 1936), 98.
[268] Europäische Vergleichszahlen bei Sprandel, Eisengewerbe, 337.

und des Gradlers[269]. Dazu kam dann mitunter noch ein Kohlschreiber oder ein Feuerhüter[270]. Als Arbeitskräfte des Hammerherren begegnen regelmäßig der Hammerschmied, der Heizer und der Wassergeber. Beim Deutschhammer hießen sie Eßmeister, Hammerschmied und Hainpreuer[271]. Durch doppelte Besetzung einzelner Funktionen sowie durch Einstellung zusätzlicher Hilfskräfte war ein Anwachsen des Betriebspersonals möglich. Grundsätzliche zahlenmäßige Beschränkungen wie im zünftischen Handwerk gab es jedenfalls bei den Radmeistern nie.

Gesellschaftlich organisiertes Unternehmertum hat sich bei den einzelnen Rad- und Hammerwerken nicht in größerem Ausmaß durchzusetzen vermocht. Eine Zersplitterung in mehrere Anteile kam wohl vor, hielt sich aber in bescheidenem Rahmen. Häufig handelte es sich bei den Teilbesitzern um Familienangehörige[272]. Trotz des Betriebs „mit eigenem Rükken" als Regelfall, scheint eine unmittelbare Mitarbeit des Werksinhabers schon früh zurückgetreten zu sein. Dafür spricht die Erwähnung von Frauen unter den Inhabern von Radmeisterhuben bereits im ausgehenden 13. Jahrhundert sowie die Vereinigung von mehreren Blähhäusern bzw. Blähhäusern und Hammerwerken in der Hand eines Besitzers, wie sie im 14. und 15. Jahrhundert vorkommt[273]. Die Rad- und Hammermeister waren zwar — anders als die großen Schmelzherren im Edel- und Buntmetallbergbau — meist unmittelbar bei ihrem Betrieb ansässig; sie übten jedoch nur eine Oberleitung aus, ohne unmittelbar an der Produktion mitzuwirken. Das unterschied sie wesentlich vom Handwerksmeister. Der Radmeister hatte ja auch über den Schmelzbetrieb hinausgehende wirtschaftliche Führungsaufgaben, nämlich im Bergbau, in der Land- und Waldwirtschaft sowie im Transport von Erz, Kohle und Eisen. Sein Gesamtunternehmen bedingt also komplexe Koordinationsfunktionen. Die Entlastung von unmittelbarer

---

[269] Pirchegger, Eisenwesen 1, 96 ff.
[270] Pirchegger, ebd., 117, 120.
[271] Pirchegger, ebd., 76.
[272] Vgl. o. S. 295.
[273] Pirchegger, Eisenwesen 1, 13 und 18; Loehr, Radmeister, 19.

Handarbeit war eine der Voraussetzungen für die Erhebung von Eisengewerken in den Adelsstand[274]. Umgekehrt wurden ja auch schon früh Adelige mit Radmeisterhuben belehnt[275]. Trotzdem die Rad- und Hammermeister in der Regel nicht mehr selbst im Betrieb mitwirkten, blieb eine relativ starke Bindung zu den dort Beschäftigten aufrecht. Vielfach wohnten die Blähhausarbeiter bei den Meistern. Als ein Relikt älterer patriarchalischer Verhältnisse wurde in Innerberg erst 1625 die „Hauskost" abgeschafft[276].

Der eigentliche technische Leiter des Betriebs war im Radwerk der Bläher, im Hammerwerk der Hammerschmied bzw. Eßmeister[277]. Primär von ihnen wurden auch neue Arbeitskräfte angelernt, die meist aus den Reihen der Holzknechte kamen[278]. Eine durch Vorschriften geregelte Ausbildung wie im Handwerk gab es in den Hütten- und Hammerwerken nicht. Es fehlte daher auch eine unmittelbare Entsprechung zu der Vertikalgliederung Lehrling — Geselle — Meister. Dafür war die horizontale Aufgliederung nach unterschiedlichen Tätigkeiten im Rahmen des Arbeitsprozesses stärker ausgeprägt. Die Unterschiede gegenüber dem Gewerbe sind trotz mancher Analogien insgesamt so groß, daß es kaum zulässig erscheint, den Rad- und Hammerwerksbetrieb des Eisenwesens als Sozialform in Parallele zum städtischen Handwerk zu setzen[279]. Vor allem in Hinblick auf die Sonderstellung des Meisters kann kaum von einem „Handwerk" im eigentlichen Sinn des Wortes gesprochen werden.

Im Sudwesten erfolgte der entscheidende Schritt zu größeren Betriebseinheiten, als man mit dem Übergang zum Schöpf- und Laugwerksystem auch größere Pfannen in Verwendung nahm. In Hallein dürfte damit gegen Ende des 12. Jahrhunderts

---

[274] Loehr, ebd., 25 f.
[275] Loehr, ebd., 9 ff. Beachtenswert erscheint, daß die Radmeisterhufen wie Ritterlehen vom Landesfürsten selbst verliehen wurden (ebd., 18).
[276] Pirchegger, Eisenwesen 2, 62.
[277] Pirchegger, Eisenwesen 1, 76 und 96.
[278] Pferschy, Strukturen, 164 f.
[279] Dies betont zu Recht Loehr, Radmeister, 18 f., gegen Zycha und Strieder.

begonnen worden sein[280]. Bald darauf folgte Aussee, dann Hall in Tirol und Hallstatt. Aus der Zahl der vergebenen Arbeitslehen ist zu ersehen, daß pro Pfanne etwa 12 qualifizierte Arbeiter benötigt wurden, deren Funktion aus den Bezeichnungen der einzelnen Lehen erschlossen werden kann[281]. Dazu kamen noch verschiedene nichtqualifizierte Hilfskräfte: die Fuderträger, die Kottträger, die Zustürzer, die Wasserschütter, die Holzträger. Daneben wurden in den zugehörigen Dörrhäusern weitere Arbeiter beschäftigt[282]. Die Zahl der in Betrieb stehenden Pfannen schwankte in Hallein zwischen 6 und 14[283]. In Hall in Tirol betrug sie 4, in Aussee 2 bis 3 und in Hallstatt 1[284]. Die einzelnen Pfannen bildeten jeweils getrennte Betriebseinheiten.

Die Leitung des Sudbetriebs lag bei den Amtleuten der Salinen- bzw. Pfannenbesitzer. Neben den Salinenherren konnten jedoch die Inhaber der Arbeitslehen, die sogenannten Hallinger, eigene unternehmerische Initiative entwickeln. Die Grundlage dafür bildete der ihnen als Entgelt zugewiesene Anteil an der Salzproduktion, mit dem sie selbständig Handel treiben konnten. Besonders die Ausseer Hallinger haben es auf dieser Basis zu großem Reichtum gebracht[285]. Als selbständige Unternehmer arbeiteten sie natürlich nicht mehr selbst im Pfannhaus, sondern stellten gedungene Lohnarbeiter als Ersatzleute, ursprünglich vielleicht auch Knechte. Mit den Bergbaugesellschaften sind die Hallinger als Siedegewerken nicht ohne weiteres zu vergleichen. Sie bildeten ja keine freie Assoziation und waren auch nicht zu einem gemeinsamen Unternehmen zusammengeschlossen. Eine analoge Konstellation ergab sich bei den Hallingern von Aussee erst, als sie 1360 gemeinsam vom Landesfürsten das Salzbergwerk in Pacht nahmen[286]. Die ur-

---

[280] Herbert Klein, Zur älteren Geschichte der Salinen Hallein und Reichenhall, VSWG 38 (1952) = Beiträge zur Siedlungs-, Verfassungs- und Wirtschaftsgeschichte von Salzburg (Mitteilungen der Gesellschaft für Salzburger Landeskunde 5. Erg.-Bd. 1965), 402.
[281] Srbik, Studien, 83 f.; Stolz, Bergbau 233 f.
[282] Srbik, ebd., 99.
[283] Klein, Zur älteren Geschichte, 394.
[284] Srbik, Studien, 49 ff.
[285] Srbik, ebd., 82 ff.
[286] Srbik, ebd., 102.

sprünglich als Arbeitslehen vergebenen Pfannhausstätten wurden hier mehr und mehr zu einer privilegierten Unternehmerberechtigung[287]. Als solche konnten sie verkauft, vererbt und auch geteilt werden. Meist blieben jedoch die einzelnen Anteile in einer Familie. Im Verhältnis zu den Salinenarbeitern mußte diese Entwicklung notwendig zu einer Versachlichung von Personalbeziehungen führen. Als gruppenbildendes Element stand für die „Pfannhauser" der Betrieb, nicht der Bezug zum jeweiligen Arbeitgeber im Vordergrund.

Betriebsformen und Arbeitsorganisation der Verhüttungs- bzw. Siedeanlagen hatten ihrerseits Rückwirkungen auf die mit ihnen eng verbundene Holzwirtschaft. Bei den Radwerken des Innerberger Reviers konnte 1539 noch der Versuch gemacht werden, die Kohlezufuhr durch Zuordnung einzelner „Kohlbauern" zu sichern[288]. Dieses System vermochte sich allerdings nicht zu behaupten. Die großen Schmelzherren im Edel- und Buntmetallbergbau organisierten die Brennstofflieferung ihrer Hüttenwerke damals bereits in viel größerem Maßstab. Man schloß Verträge mit sogenannten „Fürgedingern", die ihrerseits als Subunternehmer Holzknechte in Lohnarbeit beschäftigten[289]. Ebenso erforderten die Salinen eine großzügige Holzversorgungsorganisation. Auch hier wurden Zwischenunternehmer eingesetzt[290]. Im Eisenwesen hat der zunehmende Dirigismus der landesfürstlichen Bergverwaltung und die Schaffung zentraler Versorgungseinrichtungen auch die Arbeitsorganisation in der Holz- und Kohlebeschaffung auf eine neue Basis gestellt.

Holzarbeiter und Köhler waren, wie schon betont, unter der Montanbevölkerung überall eine zahlenmäßig besonders starke Gruppe. Auch für sie läßt sich jene charakteristische Grundtendenz feststellen, die in der Entwicklung des Bergbauwesens immer wieder beobachtet werden konnte: Die Ablöse ursprünglich im Rahmen der bäuerlichen Hausgemeinschaft

---

[287] Srbik, ebd., 97.
[288] Pirchegger, Eisenwesen 1, 110.
[289] Zycha, Zur neuesten Literatur, VSWG 6, 239.
[290] Zycha, Die Anfänge der kapitalistischen Ständeordnung, 218; Srbik, Studien, 65 f.

als Nebenerwerb geleisteter Tätigkeiten durch verselbständigte freie Lohnarbeit in neuen, umfassenden Arbeitsgruppen ohne jeden Rückhalt an der sozialen Einheit des Hauses.

Für hausrechtlich Abhängige war dieser Übergang zur Lohnarbeit sicherlich in vieler Hinsicht mit einer persönlichen Emanzipation verbunden. Er hatte andererseits aber auch soziale Probleme zur Folge, für die keine befriedigenden Lösungsmöglichkeiten gefunden wurden. Die durch Überwindung des Familienverbandes als Produktionseinheit entstandenen großbetrieblichen Formen bewirkten vor allem im Bereich der Familie tiefgreifende Veränderungen.

Mit der Lockerung oder Lösung hausrechtlicher Abhängigkeit war zwar prinzipiell die Möglichkeit eigener Familiengründung gegeben, es fehlte jedoch weitgehend dazu eine ausreichende wirtschaftliche Basis. Schwierigkeiten ergaben sich aus der unzureichenden Lohnhöhe, der Unsicherheit des Arbeitsplatzes, dem Fehlen eines eigenen Hauses. Ein Großteil der Bergleute dürfte daher unverehelicht geblieben sein. Für das Mittelalter haben wir diesbezüglich freilich wenig Nachrichten. Gewisse Anhaltspunkte, die in diese Richtung weisen, gibt das schon zitierte Steuerverzeichnis von 1497 für das Gasteiner- und Rauristal. Die hohe Zahl von Unverheirateten unter den Bergknappen und Hüttenarbeitern mag einer der Gründe für ihre starke regionale Mobilität gewesen sein.

Soweit Bergarbeiter eine Familie gründeten, war Frauen- und Kinderarbeit eine Notwendigkeit, um das Überleben zu sichern. Als Unterhalt einer ganzen Familie reichte der für die Einzelperson berechnete Arbeitslohn ja in der Regel nicht aus. Aus dieser Notsituation wurde Kinderarbeit zu einer Forderung der Bergarbeiter selbst[291]. Überall, wo die Familie nicht mehr Produktionsgemeinschaft ist, stellt sich das Problem der Versorgung arbeitsunfähiger Alter. Im Montanwesen, das die Lohnarbeit als bloße Durchgangsphase im Leben des einzelnen nicht kannte, war es besonders kraß gegeben. Dadurch wurde früh genossenschaftliche Hilfeleistung notwendig, etwa durch Errich-

---

[291] Hoffmann, Wirtschaftsgeschichte des Landes Oberösterreich 1, 497.

tung von Spitälern[292] oder durch Aushilfe aus der Knappschaftsbüchse. Auch die Versorgung von Witwen und Waisen hatte bei der von Lohnarbeit lebenden Montanbevölkerung andere Aspekte als bei den Bauern oder im Handwerk. Während dort in der Regel der Familienverband durch Wiederverehelichung rekonstruiert wurde, bestanden für die Bergmannswitwe, die ja nichts einem Hof oder einem Gewerbebetrieb Vergleichbares in die Ehe mitzubringen hatte, viel geringere Chancen einer neuerlichen Heirat. Wir müssen deshalb bei Bergleuten in einem viel größeren Ausmaß als sonstwo in der vorindustriellen Gesellschaft mit unvollständigen Familien und Familienresten rechnen, die schwer um einen ausreichenden Lebensunterhalt zu kämpfen hatten.

In Zusammenhang mit dem Fehlen bzw. der Auflösung des Hausverbandes als Produktionsgemeinschaft ist auch die Wohnungsproblematik der Bergarbeiterschaft zu sehen. Behauste Bergknappen dürften im Mittelalter relativ selten gewesen sein[293]. Bestenfalls besaßen sie kleine Söllhäuser, die man ihnen auf Gemeindeland zu erbauen gestattete. Aber auch dazu kam es in der Hauptsache erst im 16. Jahrhundert[294]. Der Regelfall scheint es gewesen zu sein, daß die Bergarbeiter —

---

[292] In Aussee bestand schon 1336 ein Spital für alte Arbeiter (Srbik, Studien, 106).

[293] Schwarz, Bergleute, 73.

[294] Bereits um 1427 baten in Gossensaß „etliche arme Gesellen" um die Erlaubnis, auf Gemeindegrund Söllhäuser erbauen zu dürfen. Auch in Schwaz sieht schon die Bergordnung von 1449 die Überlassung von Hofstätten auf Gemeindeland an Bergknappen gegen niedrigen Zins vor (Zycha, Zur neuesten Literatur, VSWG 6, 252). Bedenkt man aber, daß damals viele Tausende von Bergleuten in diesen Revieren wohnten, so wird man sich nur einen Bruchteil von ihnen in dieser Weise ansässig vorstellen dürfen. Nach dem Vorbild von Schwaz wurden 1552 in Kitzbühel Söllhäuser und Herbergen für Knappen errichtet (Mutschlechner, Kitzbüheler Bergbaugeschichte, 203). Im Salzkammergut steht die Erlaubnis zum Hausbau mit Anfängen landesfürstlicher Populationspolitik in Zusammenhang. In Goisern, Gosau und Ramsau wurde im frühen 16. Jahrhundert jungen Eheleuten Grund für ein Häuschen mit Hausgarten zur Verfügung gestellt (Schraml, Entwicklung des oberösterreichischen Salzbergbaus, 192). In Kärnten reichen Keuschenansiedlungen von Bergleuten nur selten ins Mittelalter zurück (Lichtenberger, Strukturwandel, 79).

mit oder ohne Familie — bei Bauern bzw. Bürgern des Montanreviers als Inleute wohnten[295]. Daraus ergaben sich oft stundenlange Anmarschwege zum Arbeitsplatz. Als Entgelt für die Unterkunft verlangten die Bauern meist Dienstleistungen in ihrer Landwirtschaft[296]. Die Forderungen der Bergknappen nach mehr arbeitsfreien Tagen müssen auch in Zusammenhang mit solchen Verpflichtungen gesehen werden.

Die soziale Unsicherheit der Montanbevölkerung im ausgehenden Mittelalter und zu Beginn der Neuzeit hat vieles mit der Situation der frühen Industriearbeiterschaft gemeinsam[297]. Auch die wirtschaftlichen Ursachen dieser Verhältnisse zeigen viele Parallelen. Sicherlich müssen bei einem solchen Vergleich über Jahrhunderte Unterschiede in den Dimensionen, in der Breite der Wirksamkeit, in der Zahl der Betroffenen bedacht werden. Strukturell gesehen war freilich die radikale Umgestaltung der Sozialformen unter dem Einfluß des Montanwesens nicht minder revolutionär.

---

[295] In Hüttenberg war es im 15. Jahrhundert ein Vorrecht der Knappen, daß die nächstwohnenden Bauern ihnen Unterkunft gewähren mußten (F. Münichsdorfer, Geschichte des Hüttenberger Erzberges, 1870, 52). Im Hochstift Salzburg waren die Bergleute und Holzknechte nach der allgemeinen Bergwerksordnung grundsätzlich von Inleuteverboten und -beschränkungen ausgenommen (Salzburger Taidinge, 253).

[296] Pirchegger, Eisenwesen 1, 104.

[297] Strieder, Studien, 40 ff.

ABKÜRZUNGEN

AÖG	Archiv für österreichische Geschichte (Archiv für Kunde österreichischer Geschichtsquellen)
BUB	Urkundenbuch zur Geschichte der Babenberger in Österreich
FRA	Fontes rerum Austriacarum
MDC	Monumenta historica ducatus Carinthiae
MGH	Monumenta Germaniae historica
MIÖG	Mitteilungen des Instituts für österreichische Geschichtsforschung
SUB	Salzburger Urkundenbuch
UBoE	Urkundenbuch des Landes ob der Enns
UBStmk	Urkundenbuch des Herzogtums Steiermark
ZRGG	Zeitschrift der Savigny-Stiftung für Rechtsgeschichte, Germanistische Abteilung